U0396550

混凝土多目标性能预测
与智能设计系统

蒋金洋　刘志勇　许文祥　王凤娟 ◎ 著

东南大学出版社
SOUTHEAST UNIVERSITY PRESS
·南京·

内 容 提 要

本书围绕混凝土材料的数字化应用和智能化发展，探索理论机理与工程实践统一的新途径。以混凝土纳-微-细-宏观多尺度结构为基础，利用理论计算、数值模拟、机器学习等数智化方法，建立了混凝土多尺度结构、性能量化、耐久性寿命预测和智能设计关联方法体系。为了推动混凝土材料数智化发展进程和付诸工程应用，开发了"混凝土多尺度结构和性能预测软件 V1.0"和"混凝土大数据库与智能设计软件 V1.0"，最终形成了本书所阐述的混凝土多目标性能预测与智能设计系统。

本书研究成果对结构混凝土科学化和数智化研究方向发展、相关标准规范的制定与修订，以及实际工程应用与指导，均具有参考价值，也适合从事土木工程材料、工程力学、结构与水利工程等方面教学与科研的高校教师、在校研究生、科研与工程技术人员参考。

图书在版编目（CIP）数据

混凝土多目标性能预测与智能设计系统 / 蒋金洋等著. — 南京：东南大学出版社，2023.12

ISBN 978-7-5766-1030-7

Ⅰ.①混… Ⅱ.①蒋… Ⅲ.①混凝土-性能检测②智能技术-应用-混凝土-建筑材料-研究 Ⅳ.①TU528.45②TU528-39

中国国家版本馆 CIP 数据核字（2023）第 232240 号

责任编辑：丁 丁　　责任校对：韩小亮　　封面设计：王 玥　　责任印制：周荣虎

混凝土多目标性能预测与智能设计系统

Hunningtu Duomubiao xingneng Yuce Yu Zhineng Sheji Xitong

著　　者	蒋金洋　刘志勇　许文祥　王凤娟
出版发行	东南大学出版社
出 版 人	白云飞
社　　址	南京市四牌楼 2 号　邮编：210096
网　　址	http://www.seupress.com
电子邮箱	press@seupress.com
经　　销	全国各地新华书店
印　　刷	南京艺中印务有限公司
开　　本	700 mm×1000 mm　1/16
印　　张	16.5
字　　数	291 千字
版　　次	2023 年 12 月第 1 版
印　　次	2023 年 12 月第 1 次印刷
书　　号	ISBN 978-7-5766-1030-7
定　　价	168.00 元

本社图书若有印装质量问题，请直接与营销部联系，电话：025 - 83791830。

序　一

　　混凝土既是城市建设的物质基石,也是人类向远海深海、极地外地等严酷环境推进探索的重要保障。其中,混凝土结构的安全性和耐久性一直是备受关注的重大问题,开展混凝土性能和寿命的预测及设计研究,一方面为混凝土既有结构的劣化失效提供预报预警,另一方面为新建结构的配比设计提供最优方案,为推动我国工程材料设计与应用的数字化和科学化进程提供重要科学支撑。

　　混凝土具有多孔、多相、多尺度复杂特性,从晶态 C-S-H 分子到无序复合多相组分的尺度跨越超过了 8 个数量级,而且各尺度间特征差异显著,传输性能主控因素由分子尺度的化学作用向大尺度的孔道特征逐渐转变,力学性能从纳观尺度传递至宏观尺度呈数量级下降。在混凝土逐尺度结构特征及性能响应探索的背后,是晶态 C-S-H 分子解码、微观水泥矿物溶解、微细观孔隙拓扑解析、细观裂缝损伤、细宏观骨料与纤维无序分布等众多科学问题,其认识和定量需要凝聚态物理、晶体化学、复合材料学、力学、计算数学等众多学科和理论的交叉融汇,因此其复杂程度远超大多数复合材料。

　　东南大学蒋金洋教授团队经十余年研究,解码了混凝土材料自分子层次至宏观尺度的多尺度结构与性能,深入探究了混凝土多尺度特征与耐久性寿命和配合比设计参数的关联关系,构建了基于混凝土纳-微-细-宏观多尺度结构的性能预测与设计数智框架,开启了混凝土数智科学的第四范式研究。该书以混凝土纳观至微细观的多尺度结构特征量化为基础,预测混凝土强度、弹模、传热传质、收缩开裂、服役寿命等特性,且基于机器学习方法进行材料逆向设计,形成混凝土多目标性能预测与逆向设计数智化系统,并指导和验证实际工程案例。

该书条理清晰、理论完备、操作翔实、特色鲜明,强调底层机理、方法应用与工程实践的统一,对该领域的教学、科研和工程设计具有指导意义和参考价值,拓展了混凝土材料学科发展的深度和广度,具有很高的学术水平和应用价值。

中国工程院院士

序　二

　　结构混凝土是国民经济建设、社会进步和国防安全的物质基础，对于我国"交通强国""海洋强国"等国家战略与"一带一路"倡议的推进具有重要战略意义。随着我国综合国力的迅猛发展，越来越多的重大工程向我国西部寒旱、北方冻融、南方炎热海洋等严酷环境推进。严酷环境下结构混凝土受到外界荷载、环境温湿度、侵蚀介质等耦合作用，混凝土承载力急剧下降，结构过早失效，对结构混凝土的建设和运维提出了更高的需求。因此，针对严酷环境下混凝土损伤劣化迅速，钢筋锈蚀严重，设计寿命不准的难题，开展混凝土性能正向预测和逆向设计的研究工作，可实现工程服役寿命延长和碳排放量降低，为重大工程的高性能、长寿命和高安全提供重要理论和技术支撑。

　　蒋金洋教授及其团队长年从事混凝土性能预测和智能设计研究。自 2009 年开始，蒋金洋教授带领研究团队，先后通过国家"973"项目、国家重点研发计划项目、国家杰出青年基金项目和系列重大工程项目的理论及实践积累，在耐久性劣化机制、设计方法和提升技术等方面取得创新成果，为工程界提供了有价值的见解和解决方案。该书系统地探明了混凝土纳-微-细-宏观各尺度组成结构，建立了力学强度、弹性模量、扩散系数和导热系数的多尺度计算模型，基于多尺度结构和耐久性关键参数，构建了结构混凝土服役寿命预测模型，提出了基于数据驱动的混凝土性能大数据库和智能设计方法。在此基础上开发出混凝土多目标性能预测与智能设计系统，并以典型严酷环境下的重大工程作为预测和验证实例。

该书作者总结了其十余年来在混凝土材料领域的研究成果和工作经验，内容丰富，覆盖了混凝土微结构与性能关联的理论模型、混凝土性能预测与智能设计的平台构建，还提供了软件系统在不同严酷环境和荷载工况下的工程应用案例。相信该书的出版将填补国内混凝土多目标性能预测与设计学术专著的空白，并对推动人工智能在混凝土领域的大规模应用发挥重要作用。

中国工程院院士

卢春房

前　言

　　混凝土材料是现代文明社会中必不可少的物质基石，承载了建筑、桥梁、隧道、道路以及各种公共设施的建设，是全世界用量最大、使用最广的材料，其重要意义不可言喻。当前，现代混凝土材料发展的重要方向之一是数字化和智能化，一方面构建完备的混凝土信息大数据库，另一方面建立混凝土组分-结构-性能关联的多尺度高保真模型。进而，对既有结构进行混凝土性能和耐久性寿命定量评估，大幅度提升计算结果精度和效率；对新建结构开展配合比智能化优化设计，极大降低人力和物力消耗，提升混凝土性能。

　　混凝土材料具有多孔、多相组分、多尺度、跨时域等复杂的非均质和非线性特征，在结构和性能方面表现出复杂的多维度特征，各个空间尺度之间差异显著，背后的物理化学机制及其外显性能交互影响，更加纷繁复杂，例如：纳观尺度的C-S-H凝胶从短程有序到长程无序的分子构型过渡，微观尺度水化过程中解聚缩聚、成核结晶和扩散沉淀的时序演变，细观尺度两相界面的化学-孔隙-传输-力学量化关联等，复杂的材料属性导致各个尺度间结构参数和性能指标的传递机制难以明晰，混凝土强度和韧性等力学指标从纳观尺度传递至宏观尺度呈数量级下降。另一方面，这也预示着材料的探究和设计需向更小尺度深入，逐尺度地探明服役条件-组分-结构特征-性能演变之间的关联机制，实现混凝土材料多目标性能预测结果的准确性，以此为基础，建立多维保真数据融合的混凝土逆向设计方法，为突破现有混凝土材料性能极限开辟了新思路。

混凝土复杂的多尺度理论研究与实际工程应用脱钩，这是近代以来混凝土学科备受关注的核心问题。本书围绕混凝土材料的数字化应用和智能化发展，探索理论机理与工程实践统一的新途径。以混凝土纳-微-细-宏观多尺度结构为基础，利用理论计算、数值模拟、机器学习等数智化方法，建立了混凝土多尺度结构、性能量化、耐久性寿命预测和智能设计关联方法体系。

本书内容共包含 4 个部分。第一部分为混凝土多尺度结构，包括纳观尺度 C-(A)-S-H 凝胶结构与性能（第 2 章）、混凝土水化微结构（第 3 章）、骨料及纤维堆积结构（第 4 章）；第二部分为混凝土多目标性能，包括混凝土抗压性能（第 5 章）、弹性性能（第 6 章）、氯离子传输性能（第 7 章）、导热性能（第 8 章）、干燥收缩性能（第 9 章）；第三部分为混凝土寿命预测与智能设计，包括混凝土结构服役寿命预测（第 10 章）、混凝土大数据库和智能设计（第 11 章）；第四部分为工程案例（第 12 章），与我国五项重大工程的配合比和各项性能指标结果相验证。

为了推动混凝土材料数智化发展进程和付诸工程应用，作者带领团队开发了"混凝土多尺度结构和性能预测软件 V1.0"和"混凝土大数据库与智能设计软件 V1.0"，最终形成了本书所阐述的混凝土多目标性能预测与智能设计系统。本书涵括内容较广、涉及模块较多、融合多学科交叉，由笔者及其团队成员通力合作完成，在此真诚感谢在本书撰写过程中作出贡献的其他老师和研究生：孙国文老师（氯离子传输性能）、睢世玉老师（水化微结构）、张宇博士（纳观尺度 C-(A)-S-H 凝胶）、冯滔滔博士（细观骨料堆积和抗压性能）、罗齐博士生（弹性性能）、曹彤宁博士生（导热性能）、苗艳春博士生（干缩开裂）、王赟程博士生（耐久性寿命预测）、李映泽博士生（大数据库和智能设计）。感谢交通运输部公路科学研究所的傅宇方在工程案例计算和验证方面给予的支持。另外，感谢国家杰出青年科学基金（No. 51925903）和国家重点研发计划（No. 2021YFF0500803）对本书相关工作的支持。

我相信本书对结构混凝土科学化和数智化研究方向发展、相关标准规范的制定与修订，以及实际工程应用与指导，均具有参考价值，也适合从事土木工程材料、工程力学、结构与水利工程等方面教学与科研的高校教师、在校研究生、科研与工程技术人员参考。由于现代混凝土多尺度理论以及理论与工程结合问题十分复杂，尽管经过多年研究和工程应用，目前仍有许多问题需要进一步解决和完善，加之笔者水平有限，书中不当之处，敬请读者赐教。

蒋金洋

南京

目 录

第1章 绪论 ……………………………………………………………… 001

1.1 研究背景与意义 ………………………………………………… 001

1.2 本书基本思路与主要内容 ……………………………………… 003

    1.2.1 基本思路 …………………………………………………… 003

    1.2.2 主要内容 …………………………………………………… 004

1.3 系统 V1.0 介绍 ………………………………………………… 005

    1.3.1 "性能预测软件 V1.0"和"智能设计系软件 V1.0" … 005

    1.3.2 输入与输出 ………………………………………………… 005

1.4 参考文献 ………………………………………………………… 007

第一部分 多尺度结构

第2章 纳观尺度 C-(A)-S-H 凝胶结构与性能 ……………………… 010

2.1 引言 ……………………………………………………………… 010

2.2 计算思路与核心算法 …………………………………………… 010

    2.2.1 分子动力学和粗粒化计算方法介绍 …………………… 010

    2.2.2 C-(A)-S-H 化学计量计算 ……………………………… 011

    2.2.3 C-(A)-S-H 分子结构和力学性能计算 ………………… 012

    2.2.4 C-(A)-S-H 凝胶团结构和力学性能计算 ……………… 014

    2.2.5 C-(A)-S-H 凝胶团传输性能计算 ……………………… 015

2.3 操作流程与算例 ………………………………………………… 017

    2.3.1 界面说明 …………………………………………………… 017

    2.3.2 操作介绍 …………………………………………………… 018

    2.3.3 算例及结果验证 ………………………………………… 020

2.4 参考文献 023

第3章 混凝土水化微结构 027
3.1 引言 027
3.2 核心算法与思路 027
 3.2.1 理论方法介绍 027
 3.2.2 初始微结构 027
 3.2.3 初始微结构分相 029
 3.2.4 水化微结构 030
3.3 操作流程与算例 032
 3.3.1 界面说明 032
 3.3.2 操作介绍 032
 3.3.3 算例分析与结果验证 034
3.4 参考文献 040

第4章 骨料及纤维堆积结构 042
4.1 引言 042
4.2 计算思路与算法 042
 4.2.1 理论方法介绍 042
 4.2.2 骨料粒子随机堆积模型 043
 4.2.3 堆积模型逻辑框架 045
 4.2.4 纤维随机堆积模型 046
 4.2.5 纤维堆积结构建模框架 051
4.3 操作流程与算例 052
 4.3.1 界面说明 052
 4.3.2 操作介绍 053
 4.3.3 算例分析与结果验证 053
4.4 参考文献 057

第二部分　多目标性能

第5章 混凝土抗压性能 060
5.1 引言 060

5.2 计算思路与算法 ⋯⋯⋯⋯⋯⋯⋯⋯⋯⋯⋯ 060
　　5.2.1 理论与方法介绍 ⋯⋯⋯⋯⋯⋯⋯⋯ 060
　　5.2.2 净浆抗压性能 ⋯⋯⋯⋯⋯⋯⋯⋯⋯ 061
　　5.2.3 砂浆抗压性能 ⋯⋯⋯⋯⋯⋯⋯⋯⋯ 062
　　5.2.4 混凝土抗压性能 ⋯⋯⋯⋯⋯⋯⋯⋯ 068
5.3 操作流程与算例 ⋯⋯⋯⋯⋯⋯⋯⋯⋯⋯⋯ 070
　　5.3.1 界面说明 ⋯⋯⋯⋯⋯⋯⋯⋯⋯⋯⋯ 070
　　5.3.2 操作介绍 ⋯⋯⋯⋯⋯⋯⋯⋯⋯⋯⋯ 071
　　5.3.3 算例分析与结果验证 ⋯⋯⋯⋯⋯⋯ 072
5.4 参考文献 ⋯⋯⋯⋯⋯⋯⋯⋯⋯⋯⋯⋯⋯⋯ 076

第6章　混凝土弹性性能 ⋯⋯⋯⋯⋯⋯⋯⋯⋯⋯ 079
6.1 引言 ⋯⋯⋯⋯⋯⋯⋯⋯⋯⋯⋯⋯⋯⋯⋯⋯ 079
6.2 计算思路与算法 ⋯⋯⋯⋯⋯⋯⋯⋯⋯⋯⋯ 080
　　6.2.1 平均场理论算法介绍 ⋯⋯⋯⋯⋯⋯ 080
　　6.2.2 不同尺度下物相划分及各组分体积分数 ⋯ 083
6.3 操作流程与算例 ⋯⋯⋯⋯⋯⋯⋯⋯⋯⋯⋯ 086
　　6.3.1 界面说明 ⋯⋯⋯⋯⋯⋯⋯⋯⋯⋯⋯ 086
　　6.3.2 操作介绍 ⋯⋯⋯⋯⋯⋯⋯⋯⋯⋯⋯ 086
　　6.3.3 算例及结果验证 ⋯⋯⋯⋯⋯⋯⋯⋯ 087
6.4 参考文献 ⋯⋯⋯⋯⋯⋯⋯⋯⋯⋯⋯⋯⋯⋯ 088

第7章　混凝土氯离子传输性能 ⋯⋯⋯⋯⋯⋯⋯ 090
7.1 引言 ⋯⋯⋯⋯⋯⋯⋯⋯⋯⋯⋯⋯⋯⋯⋯⋯ 090
7.2 多尺度氯离子扩散系数计算思路与算法 ⋯⋯ 090
　　7.2.1 方法简介 ⋯⋯⋯⋯⋯⋯⋯⋯⋯⋯⋯ 090
　　7.2.2 多尺度预测硬化水泥浆体中氯离子传输 ⋯ 091
　　7.2.3 氯离子在混凝土中的传输模型 ⋯⋯ 093
　　7.2.4 氯离子浓度分布预测的数值求解方法 ⋯ 095
7.3 操作流程与算例 ⋯⋯⋯⋯⋯⋯⋯⋯⋯⋯⋯ 099
　　7.3.1 界面说明 ⋯⋯⋯⋯⋯⋯⋯⋯⋯⋯⋯ 099
　　7.3.2 操作介绍 ⋯⋯⋯⋯⋯⋯⋯⋯⋯⋯⋯ 099
　　7.3.3 算例详解 ⋯⋯⋯⋯⋯⋯⋯⋯⋯⋯⋯ 100

7.4　参考文献 ……………………………………………………………… 101

第8章　混凝土导热性能 …………………………………………………… 103

8.1　引言 ……………………………………………………………………… 103

8.2　多尺度混凝土导热系数计算思路与算法 …………………………… 103

8.2.1　方法简介 ………………………………………………………… 103

8.2.2　导热系数模型建立 ……………………………………………… 104

8.2.3　考虑饱和度的混凝土导热系数模型 …………………………… 105

8.2.4　数值求解传热过程 ……………………………………………… 107

8.3　操作流程与算例 ……………………………………………………… 109

8.3.1　界面说明 ………………………………………………………… 109

8.3.2　操作介绍 ………………………………………………………… 109

8.3.2　算例详解与结果验证 …………………………………………… 110

8.4　参考文献 ……………………………………………………………… 111

第9章　混凝土干燥收缩性能 …………………………………………… 113

9.1　引言 ……………………………………………………………………… 113

9.2　计算思路与方法 ……………………………………………………… 113

9.2.1　模拟方法 ………………………………………………………… 113

9.2.2　几何模型 ………………………………………………………… 115

9.2.3　边界条件与网格划分 …………………………………………… 116

9.2.4　模拟参数设置 …………………………………………………… 116

9.3　操作流程与算例 ……………………………………………………… 118

9.3.1　界面说明 ………………………………………………………… 118

9.3.2　操作说明 ………………………………………………………… 119

9.3.3　算例及结果验证 ………………………………………………… 120

9.4　参考文献 ……………………………………………………………… 124

第三部分　寿命预测与智能设计

第10章　混凝土结构服役寿命预测 ……………………………………… 128

10.1　引言 …………………………………………………………………… 128

10.2　混凝土结构寿命预测思路与算法 ………………………………… 128

10.2.1　理论方法介绍 ••••••••••••••••••••••••••••• 128

10.2.2　混凝土结构服役寿命预测模型 ••••••••••••• 129

10.2.3　基于可靠度的混凝土结构寿命预测模型 •••••••• 133

10.2.4　考虑耐久性提升措施的混凝土结构服役寿命预测方法

•• 137

10.2.5　混凝土结构服役寿命预测计算参数 ••••••••••• 153

10.3　操作流程与算例 •••••••••••••••••••••••••••••••• 160

10.3.1　界面说明 ••••••••••••••••••••••••••••••••• 160

10.3.2　操作介绍 ••••••••••••••••••••••••••••••••• 161

10.3.3　算例详解 ••••••••••••••••••••••••••••••••• 161

10.4　参考文献 •••••••••••••••••••••••••••••••••••••• 165

第11章　混凝土大数据库与智能设计 •••••••••••••••••• 167

11.1　引言 •• 167

11.2　计算思路与核心算法 •••••••••••••••••••••••••••• 168

11.2.1　机器学习介绍 ••••••••••••••••••••••••••••• 168

11.2.2　混凝土数据处理方法 ••••••••••••••••••••••• 170

11.2.3　混凝土大数据库建立 ••••••••••••••••••••••• 175

11.2.4　神经网络训练原理 ••••••••••••••••••••••••• 182

11.2.5　材料逆向设计方法 ••••••••••••••••••••••••• 187

11.3　操作流程与算例 •••••••••••••••••••••••••••••••• 191

11.3.1　界面说明 ••••••••••••••••••••••••••••••••• 191

11.3.2　操作介绍 ••••••••••••••••••••••••••••••••• 192

11.3.3　算例及结果验证 ••••••••••••••••••••••••••• 209

11.4　参考文献 •••••••••••••••••••••••••••••••••••••• 214

第四部分　工程案例

第12章　工程案例计算 •••••••••••••••••••••••••••••• 218

12.1　跨海大桥 •••••••••••••••••••••••••••••••••••••• 218

12.1.1　服役环境和工程需求 ••••••••••••••••••••••• 218

12.1.2　混凝土结构服役寿命计算分析 ••••••••••••••• 219

12.2 滨海城际铁路 ·· 222

    12.2.1 服役环境和工程需求 ·························· 222

    12.2.2 墩承台混凝土性能 ··························· 223

    12.2.3 墩承台混凝土多目标性能计算分析 ·········· 225

12.3 海底隧道 ··· 233

    12.3.1 服役环境和工程需求 ·························· 233

    12.3.2 衬砌混凝土性能 ····························· 233

    12.3.3 衬砌混凝土多目标性能计算分析 ············· 235

12.4 滨海公路跨河大桥 ··································· 240

    12.4.1 服役环境和工程需求 ·························· 240

    12.4.2 公路桥梁混凝土性能 ························· 240

    12.4.3 桥梁混凝土多目标性能计算分析 ············· 242

12.5 跨江大桥 ··· 244

    12.5.1 服役条件和工程需求 ·························· 244

    12.5.2 混凝土力学性能 ····························· 245

    12.5.3 混凝土多目标性能计算分析 ················· 246

1.1　研究背景与意义

混凝土是世界上用量最大的材料,不仅大量应用于各种民用和工业建筑,还广泛服务于水利、道路、桥梁、隧道、海洋和军事等工程领域,成为现代文明社会中必不可少的物质基石。2020 年,我国水泥产量 24 亿 t,约占全球 57%,排放 CO_2 约 14.7 亿 t,而随着我国"一带一路""海洋强国"等大规模建设战略的推进,我国对混凝土的用量需求在未来十年内仍将巨大。

混凝土材料是关切国计民生的重要物质基础。我国一大批在严酷环境下服役的重大工程正在规划和建设,服役于强盐渍土、炎热海洋、高盐冻融等严酷环境下的混凝土结构,混凝土胶凝力急速下降、性能提前劣化、寿命显著缩短,不仅造成了大量安全隐患和经济损失,而且还严重危及人民生命和财产安全,故而,混凝土性能和耐久性寿命的精准预测是亟待解决的重大科学问题;此外,现代土木工程不断向超高层、深地、大跨度、大体积、远海等方向发展,这对混凝土的力学、耐久、隔热保温、体积稳定性等性能提出了更高的要求,因此,如何对混凝土进行多目标性能的科学设计是国际关注的焦点。

准确预测混凝土材料的性能演化和服役寿命,能够为混凝土结构服役安全预警提供决策,从而将衍生危害降到最低;精准设计混凝土材料性能,一方面可为新建结构混凝土提供配合比优化,另一方面可为既有结构混凝土提供性能提升方案,延长结构使用寿命。因此,混凝土性能和服役寿命预测以及设计是实现混凝土结构高安全和长耐久的重要理论和核心方法保障。

混凝土材料具有显著的多尺度结构特征,如图 1.1 所示,从纳观 C-S-H 凝胶到净浆水化微结构,再到砂浆和大体积混凝土体系,从纳观尺度到宏观尺度跨越了 9 个数量级,随着尺度的提升,在结构无序度、组成物相、缺陷复杂程度方面都有很大程度的增加[1-4]。由于混凝土在不同尺度均存在大量的如弱结合键(分子间作用力)、孔隙、裂纹、弱界面等多级缺陷[5-7],导致性能随缺陷演变呈现逐尺度非线性响应,性能在尺度跨越时发生断崖式衰退,据报道,混凝土胶凝体系主要胶凝相水化硅酸钙(C-S-H)分子的拉伸强度高达 5 GPa[8-11],而当性能传递至宏观尺度,拉伸强度则通常仅为 5 MPa 左右[12-15];而且,在复杂的服役条件下,混凝土劣化行为时常发生,加剧性能进一步衰退。这意味着,材料的探究和设计不仅需向更小尺度深入,而且更需要逐尺度地探明服役条件—多相组分—结构特征—性能演变之间的关联机制,为实现混凝土材料性能预测结果的准确性和复杂多变环境下的可迁移性奠定理论基础,也为混凝土材料突破性能极限的研究开辟了新思路。

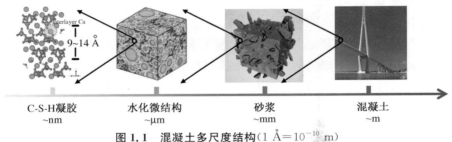

图 1.1　混凝土多尺度结构($1 \text{ Å} = 10^{-10} \text{ m}$)

　　然而,混凝土材料从宏观尺度跨越至分子尺度包含信息数据量大、参数指标多、关联机制复杂,传统的配合比设计方法受限于人工经验,存在试错成本高、研究规模小、研发周期长、迁移应用难等问题[16]。随着算力和算法的不断更新提升,传统混凝土材料的研究和设计由经验试配法逐步向数据驱动的第四范式[17]转变,基于试验、理论和计算获取的海量数据,形成多维度、跨时域信息融合的混凝土大数据库,是实现混凝土材料全服役周期性能预知和基于多目标需求的材料设计的科学捷径。因此,混凝土数智赋能将为国家战略的基础设施建设革新换代注入强劲的动力和广阔的空间。

　　以混凝土材料自分子尺度至宏观尺度的多尺度结构信息为基础,充分利用试验研究、理论计算、数值模拟、机器学习等方法,建立混凝土多场耦合—多相组分—多尺度结构—多目标性能一体化关联体系,为混凝土多尺度性能高效精准预测和设计的提供科学支撑。

　　在本书中,提出了基于混凝土多尺度理论的性能与寿命预测设计方法,从混凝土纳观结构演变和材料劣化本源入手,基于理论计算、模拟和机器学习方法,实现混凝土性能和寿命预测设计的高效精准计算。一方面,避免了传统设计方法过程中人力和物力的消耗;另一方面,基于多尺度基础理论的计算结果具有较强的可迁移性,满足不同复杂环境下混凝土性能与寿命的高效准确预测与设计,弥补了传统混凝土耐久性寿命预测模型半经验化、传统材料设计方法适配化的不足。

1.2 本书基本思路与主要内容

1.2.1 基本思路

全书内容以理论计算和模拟为基础,对基于多尺度结构的混凝土性能预测和设计开展研究,在以下 5 个部分展开论述:混凝土多尺度结构、混凝土多目标性能、混凝土寿命预测、混凝土大数据库和智能设计、工程案例。

本书的基本思路如图 1.2 所示。首先,基于原材料和配比,分别计算混凝土纳观 C-(A)-S-H 凝胶、微观水化微结构和细观骨料堆积;进而,基于上述所计算多尺度结构结果,进一步计算混凝土抗压强度、弹模、氯离子扩散系数、热导率和干缩变形。其中,纳观 C-(A)-S-H 凝胶的化学计量数是基于微观水化微结构模块中水化前后的结果计算所得,纳观 C-(A)-S-H 凝胶模块所计算的高密度和低密度 C-(A)-S-H 凝胶的传输和力学性能,为水泥净浆抗压强度、弹性模量、传输性能的计算提供基础参数,微观水化微结构模块所给出的多元物相组成和分布,很大程度决定了混凝土性能,为本书涉及的所有性能提供关键参数。寿命预测模块的计算需要引入混凝土传输参数,而智能设计模块则将上述多尺度结构和多目标性能全部涵盖,分别基于文献采集、计算模拟结果构建混凝土多尺度结构与性能大数据,为智能设

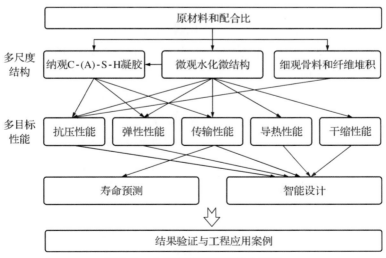

图 1.2 本书章节架构与基本思路

计提供数据支撑,可基于混凝土性能目标进行配合比设计优化。

本书作者旨在推进混凝土材料科学化和数智化发展方向,将上述计算模块集成为软件形式,形成"混凝土多尺度结构和性能预测软件 V1.0"和"混凝土大数据库与智能设计软件 V1.0"两套计算平台系统,便于相关成果的应用与推广。在每一模块末尾,都提供了计算案例和结果验证;在本书的最后一部分,提供了工程应用案例,基于实际工程案例给予结果验证。

1.2.2　主要内容

本书第一部分为混凝土多尺度结构,由第 2 章至第 4 章组成。分别研究了纳观尺度 C-(A)-S-H 凝胶结构与性能、混凝土水化微结构、骨料及纤维堆积结构。通过分子动力学、粗粒化和随机游走算法,计算了 C-(A)-S-H 分子和凝胶团的结构、力学和传输性能;基于数值模拟方法建立混凝土胶凝体系的水化微结构演变模型,定量表征微结构物相含量、水化程度以及孔结构等信息;基于骨料及钢纤维形貌特征,提出混凝土骨料及纤维生成与重叠检测方法,实现骨料与钢纤维的几何重构,建立骨料及纤维三维堆积结构模型。

第二部分为混凝土多目标性能,由第 5 章至第 9 章组成,分别研究混凝土材料抗压性能、弹性性能、氯离子传输性能、导热性能和干缩变形性能。基于有限元计算模型,进行净浆、砂浆混凝土抗压强度的定量预测;采用平均场理论与 Eshelby 夹杂模型,开展了基于材料配比的混凝土弹性模量计算工作;基于细观力学理论和多尺度过渡理论,研究水泥基复合材料传输性能并量化氯离子扩散系数;通过多夹杂细观力学和多尺度过渡理论,研究不同饱和度水泥基复合材料热导率;基于菲克定律和塑性损伤模型,研究了低湿度环境下混凝土内部的湿度场分布、干燥收缩裂纹分布以及干燥收缩应变的经时演变规律。

第三部分为混凝土寿命预测与智能设计,由第 10 章、第 11 章组成,分别为混凝土耐久性寿命预测和智能设计。将可靠度设计理念和工程中常用的几类耐久性提升措施作用效应引入服役寿命预测模型,建立起了综合考虑耐久性协同提升技术的混凝土结构寿命预测模型;基于建立的混凝土多尺度结构和性能大数据库,通过机器学习的随机森林、神经网络与非支配排序遗传算法,开展了混凝土特征分析、力学与耐久性智能预测、多目标优化材料配合比逆向设计。

第四部分为工程案例,为第 12 章,包含了我国五项重大建设工程,基于工程所在地的环境因素和配合比,进行混凝土材料服役性能、耐久性寿命以及配合比的预测和验证。

1.3 系统 V1.0 介绍

1.3.1 "性能预测软件 V1.0"和"智能设计系软件 V1.0"

本书将 1.2 节中所提及的模块代码化和集成化,创建了两套计算平台:"混凝土多尺度结构和性能预测软件 V1.0"和"混凝土大数据库与智能设计软件 V1.0"[①]。

"混凝土多尺度结构和性能预测软件 V1.0"以理论计算和数值模拟为手段,计算混凝土材料纳观、微观、细观多尺度结构信息和抗压性能、弹性性能、氯离子传输性能、导热性能、干缩性能多目标性能信息,给出不同环境和附加措施下的混凝土耐久性寿命。

"混凝土大数据库与智能设计软件 V1.0"以大数据库和机器学习为手段,通过文献调研和理论计算,获得混凝土多尺度结构和性能海量数据,建立大数据库,并基于机器学习逆向设计方法,给出特定服役环境和性能需求的混凝土配合比。

上述系统囊括了本书从第一部分到第三部分的 10 章内容,对应该系统的 10 个模块,分别可计算分析混凝土材料纳观、微观、细观多尺度结构信息,以及强度、弹模、离子传输、导热、收缩多目标性能信息,最后分别进行混凝土材料的寿命预测和智能设计。

该软件操作简便,为用户提供了快速建模计算方案,解决了复杂建模和计算工作的理论门槛高等问题。例如,C-S-H 分子结构和力学性能的计算,需要使用复杂的分子动力学模拟方法,在本系统中,用户仅需要设置初始反应条件,便可自动计算出 C-S-H 的化学计量数,相应可获得 C-S-H 分子结构建模结果,并计算得到其本构关系和关键力学指标。

此外,该软件向用户提供了专家模式,针对复杂且非常问题进行定制化选择,增加计算对象的针对性,确保获得精确的计算结果。

1.3.2 输入与输出

系统 V1.0 输入项为原材料配合比,其中包括水泥、粉煤灰、硅灰、矿渣、细骨料、粗骨料、纤维、减水剂、水,其中项目可进行详细定义。例如,原材料水泥项目中,可设置水泥掺量、水泥种类以及其组分含量;再如细骨料项目,可具体定义细骨料

---

① 软件的获取可通过邮件与作者联系(邮箱:jiangjinyang16@163.com)。

掺量、细骨料种类、级配种类和粒径范围。输入选项满足多种原材料环境下材料制备和应用的广泛需求,该系统具有可推广性。原材料配合比输入案例见图1.3所示。

（a）水泥基本参数设定

（b）细骨料基本参数设定

（c）纤维基本参数设定

图1.3 原材料配合比输入案例

基于上述原材料配比信息,进行混凝土材料多尺度结构、性能、服役环境下寿命预测和智能设计的计算和模拟,输出项目包括以下内容:

（1）C-(A)-S-H 分子晶格参数、C-(A)-S-H 分子本构关系和力学指标、高密和低密 C-(A)-S-H 凝胶拉伸性能、高密和低密 C-(A)-S-H 凝胶氯离子和水分的扩散系数等。

（2）胶凝材料体系的水化微结构三维视图、水化放热曲线、水化程度时变曲线以及孔隙体积分数等。

（3）细骨料堆积结构三维视图及级配曲线，粗骨料堆积结构三维视图及级配曲线，钢纤维堆积结构三维视图以及二维切面。

（4）微观尺度净浆、细观尺度砂浆以及宏观尺度混凝土有限元模型，以及各尺度结构抗压力学性能数值模拟应力-应变曲线。

（5）水化过程中水化物弹性模量发展曲线、C-S-H、水化物、水泥浆、砂浆、混凝土以及纤维混凝土尺度下的弹性模量等。

（6）硬化水泥浆体、砂浆和混凝土的氯离子扩散系数。

（7）硬化水泥浆体、砂浆和混凝土的导热系数。

（8）混凝土二维随机骨料模型、湿度场分布、干燥收缩裂纹分布和干燥收缩应变随时间的变化规律。

（9）输出设定的服役环境和提升材料下混凝土结构的服役寿命，并判断是否满足预期服役寿命要求。

（10）混凝土特征重要性排序、特征分布图、神经网络训练拟合结果与误差指标、单目标预测结果、多目标优化结果与误差对比、材料配合比逆向设计等。

1.4　参考文献

[1] Zhang W, Hou D, Ma H. Multi-scale study water and ions transport in the cement-based materials: from molecular dynamics to random walk[J]. Microporous and Mesoporous Materials, 2021, 325 (7): 111330.

[2] Gaitero J, Zhu W, Campillo I. Multi-scale study of calcium leaching in cement pastes with silica nanoparticles[C]//Nanotechnology in Construction 3. Cham: Springer, 2009: 193 - 198.

[3] Jennings H M, Thomas J J, Gevrenov J S, et al. A multi-technique investigation of the nanoporosity of cement paste[J]. Cement and Concrete Research, 2007, 37(3): 329 - 336.

[4] Zhou T, Ioannidou K, Ulm F-J, et al. Multiscale poromechanics of wet cement paste[J]. Proceedings of the National Academy of Sciences, 2019, 116(22): 10652 - 10657.

[5] 杜修力, 揭鹏力, 金浏. 不同加载速率下界面过渡区对混凝土破坏模式的影响[J]. 水利学报, 2014(S1): 19 - 23.

[6] Wu K, Shi H, Xu L, et al. Microstructural characterization of ITZ in blended cement concretes and its relation to transport properties[J]. Cement and Concrete Research, 2016, 79: 243 - 256.

[7] Liu J, Tian Q, Wang Y, et al. Evaluation method and mitigation strategies for shrinkage cracking of modern concrete[J]. Engineering, 2021, 7(3): 348 - 357.

[8] Zhang Y, Guo L, Shi J, et al. Full process of calcium silicate hydrate decalcification: molecular structure, dynamics, and mechanical properties [J]. Cement and Concrete Research, 2022, 161: 106964.

[9] Fan D, Yang S. Mechanical properties of CSH globules and interfaces by molecular dynamics simulation[J]. Construction and Building Materials, 2018, 176: 573 - 582.

[10] Němeč ek J, Králik V, Šmilauer V, et al. Tensile strength of hydrated cement paste phases assessed by micro-bending tests and nanoindentation[J]. Cement and Concrete Composites, 2016, 73: 164 - 173.

[11] Hlobil M, Šmilauer V, Chanvillard G. Micromechanical multiscale fracture model for compressive strength of blended cement pastes[J]. Cement and Concrete Research, 2016, 83: 188 - 202.

[12] Zhang Y, Wan X, Hou D, et al. The effect of mechanical load on transport property and pore structure of alkali-activated slag concrete[J]. Construction and Building Materials, 2018, 189: 397 - 408.

[13] Chen X, Wu S, Zhou J. Influence of porosity on compressive and tensile strength of cement mortar [J]. Construction and Building Materials, 2013, 40: 869 - 874.

[14] Consoli N C, da Fonseca A V, Cruz R C, et al. Voids/cement ratio controlling tensile strength of cement-treated soils[J]. Journal of Geotechnical and Geoenvironmental Engineering, 2011, 137 (11): 1126 - 1131.

[15] Silvestro L, Gleize P J P. Effect of carbon nanotubes on compressive, flexural and tensile strengths of Portland cement-based materials: a systematic literature review[J]. Construction and Building Materials, 2020, 264: 120237.

[16] Biernacki J J, Bullard J W, Sant G, et al. Cements in the 21st century: challenges, perspectives, and opportunities[J]. Journal of the American Ceramic Society, 2017, 100: 2746 - 2773.

[17] Tolle K M, Tansley D S W, Hey A J. The fourth paradigm: data-intensive scientific discovery [C]//Proceedings of the IEEE, 2011.

第一部分

多尺度结构

第 2 章
纳观尺度 C-(A)-S-H 凝胶结构与性能

2.1 引言

    C-(A)-S-H 凝胶作为水泥混凝土材料"基因"的概念在国内已被广泛提及和认可,可见其对于水泥混凝土材料微结构和各种性能的决定性意义。水化硅酸钙(C-S-H)可由水泥熟料中的硅酸三钙和硅酸二钙水化形成,环境中铝相浓度的提升将使之有机会掺入 C-S-H,生成 C-A-S-H 凝胶。其作为水化产物的主体,决定了混凝土材料逐尺度的力学性能和传输性能,最终影响混凝土材料的宏观力学与耐久性。因此,从纳观尺度 C-(A)-S-H 凝胶入手,从混凝土"本源"算起,获取混凝土材料微结构、力学和传输的本征参数,是准确计算混凝土宏观性能指标的关键一步。

    在本章中,通过分子动力学方法,计算了 C-(A)-S-H 分子结构和力学性能;采用粗粒化方法,模拟了高密和低密 C-(A)-S-H 凝胶的堆积结构和应力应变关系;在 C-(A)-S-H 凝胶堆积结构的基础上,基于随机走算法和全原子模拟所获得的离子在近孔道壁的动力学特性,计算了高密和低密 C-(A)-S-H 凝胶的氯离子和水分子自扩散系数。实现 C-(A)-S-H 在几个纳米至亚微米级的结构、力学和传输性能的模拟计算。

2.2 计算思路与核心算法

2.2.1 分子动力学和粗粒化计算方法介绍

    分子动力学主要依靠牛顿力学来模拟分子体系的运动,在不同构型的分子体系中抽取样本,进行计算体系的构型积分,并以构型积分的结果为基础进一步计算体系的热力学量和其他宏观性质。它能够求解以原子/离子为最小单位的多系统的运动方程,是一种能够解决大规模原子体系动力学问题的计算方法。其最小可计算原子与原子间的相互作用,例如离子吸附位点的判断、离子水化膜的定量,其结果可与试验结果高度相符;对于更大的尺度则可计算硅酸盐大分子,分析分子结构的动态演变机制、体系能量的演变趋势等。

相比于第一性原理，分子动力学中对原子间相互作用力的描述通常是第一性原理和实验相结合的结果，是半经验化描述，这导致分子动力学无法完全揭示电子键合的多体性质，尤其对于缺陷附近与自身结构和化学性有关的复杂自洽变分函数，计算精度也相应下降。但是，这种处理有益于计算效率的大幅提升，其可计算的原子规模可扩大约 10 000 倍。实际上，为了满足计算精度，分子动力学会针对单独的体系开发针对性的力场，所以其所获得的计算结果被证明是可以和第一性原理相媲美的。

由于计算量随粒子数呈指数增长，使用大量原子来体现所有分子细节非常耗时。在大分子模拟中，一种典型的用于访问长时间尺度的模拟是粗粒化模拟。在粗粒化模型中，一个粒子代表至少包含几个原子或化学基团，这个区域在分子尺度上很大，但在宏观上仍然很小。与原子模拟相比，粗粒化模拟具有简单、高效的特点，是研究介观尺度性质和揭示大分子普适性作用机制的绝佳工具。

目前，主流的分子动力学研究模拟软件有 NAMD、AMBER、CHARMM、Materials Studio 及 LAMMPS 等，分别具有不同的优缺点。本文基于 LAMMPS（Large-scale Atomic/Molecular Massively Parallel Simulator）进行分子动力学模拟，该平台软件由美国 Sandia 国家实验室开发，现已开放源代码供免费下载使用。虽然 LAMMPS 不具备图形化界面，不能自动建立模型和分配力场，且对使用者的编程水平要求较高，但其具有支持并行计算、分布式内存 MPI、良好的并行拓展性等特点，可支持气态、液态或固态物质百万级的原子或者分子体系，并支持各种势函数，广泛应用于材料的分子动力学计算和模拟工作。

2.2.2　C-(A)-S-H 化学计量计算

水泥水化体系 C-(A)-S-H 化学计量（钙硅比、铝硅比、水硅比）的计算需要提供水化反应前后关键矿物种类和含量数据，反应前常见的矿物种类有硅酸三钙、硅酸二钙、铝酸三钙、铁铝酸四钙、矿渣、硅灰、粉煤灰等，产物种类除了上述未反应完的原材料外，还有新生成产物，如钙矾石、氢氧化钙、石膏、水化硅（铝）酸钙，计算方法为如下方程组的求解：

$$f_1(cs, as, hs) = n_{Ca\_反应物} - n_{Ca\_生成物} \tag{2.1}$$

$$f_2(cs, as, hs) = n_{Al\_反应物} - n_{Al\_生成物} \tag{2.2}$$

式中，cs 是 C-(A)-S-H 的钙硅比；as 是 C-(A)-S-H 的铝硅比；hs 是 C-(A)-S-H 的水硅比；$n_{Ca\_反应物}$ 和 $n_{Ca\_生成物}$ 分别是反应物和生成物中所有 Ca 元素的物质的量；

$n_{Al\_反应物}$ 和 $n_{Al\_生成物}$ 分别是反应物和生成物中所有 Al 元素的物质的量。

基于报道文献[1,2]可知，hs 是 cs 的函数，故在系统中设定为

$$hs = -0.6cs + 1.8 \tag{2.3}$$

所以，基于导入水化前后的结果，以表 2.1 为例，可以通过矿物质量和矿物摩尔质量之比，获得对应矿物的物质的量，进而获得其中的 Ca 元素和 Al 元素的物质的量，晶体特征的矿物具有较为固定的分子结构和分子式，其摩尔质量已知，其中无定形态 C-(A)-S-H 凝胶的摩尔质量为

$$M_{C\text{-}(A)\text{-}S\text{-}H} = 56cs + 60 + 102as + 18(-0.6cs + 1.8) \tag{2.4}$$

水化前后的矿物种类及含量数据源自水化微结构模块的计算，在该模块中，设定了矿渣、粉煤灰、硅灰等复合相材料中的矿物组分种类及比重，并详细介绍了水化反应计算方法。

表 2.1　反应物和生成物中的矿物组成及含量案例

	反应物	生成物
C_3S	0.355	0.179
C_2S	0.116	0.050
SLAG	0.000	0.038
CH	0.000	0.053
CSH	0.000	0.300
ETTRI	0.010	0.012
C_3A	0.038	0.038
C_4AF	0.069	0.014
POZZ	0.278	0.202
CAS_2	0.130	0.107
OTHERS	0.002	0.003

2.2.3　C-(A)-S-H 分子结构和力学性能计算

C-S-H 分子结构的计算包含建模和分子动力学计算两个过程。根据参考文献[3]的方法构建接近真实的 C-S-H 模型，C-S-H 分子建模过程以钙硅比为 1.65 为例展开说明，分为以下 3 个步骤：首先，以 C-S-H 分子的相似矿物晶体 Tobermorite 11 Å①分子模型作为初始构型，它是一个具有无限硅链的晶体。而 C-S-H 分子是具有大量晶格缺陷的半晶体，其具有大量硅链缺陷，因此通过删除 Tobermorite 11 Å 晶体在桥接位点的 SiO_2 来构建模型中的硅链缺陷，其平均链长

①　1 Å = 10^{-10} m。

（MCL）由下式确定：

$$MCL = 2(Q_1 + Q_2)/Q_1 \qquad (2.5)$$

该研究所构建的 C-S-H 模型 Ca/Si 比为 1.65，聚合度为 $Q^1 = 78.8\%$、$Q^{2p} = 17\%$、$Q^{2b} = 4\%$，同时满足实验所表征的 Ca/Si 比和聚合度[3-5]；然后，利用蒙特卡罗（GCMC）法将水分子吸附到 C-S-H 层间，直到在 300 K 和 0 eV 化学势[6]下饱和，该过程中水分子可自由旋转和位移；最后，在 LAMMPS 平台中使用反应力场（ReaxFF[7]）对上述结构进行弛豫，激发水解反应，钝化硅链断裂所产生的活性氧，形成 Ca—OH 和 Si—OH，即化学结合水。

对于含铝相的 C-A-S-H，则在上述钙硅比为 1.65 的 C-S-H 的基础上，通过替代桥接硅和层间钙离子的方式实现建模。为保持电荷守恒，每个铝原子替代一个硅原子的同时，添加一个氢原子；每两个铝原子替代三个钙离子。

然后为分子动力学计算过程，该过程是统一流程，不随 C-(A)-S-H 化学计量数而改变。在 LAMMPS 中，长程相互作用极限距离设置为 10 Å，时间间隔为 0.25 fs，通过 Verlet 算法对原子运动轨迹进行计算，使用 Nose-Hoover 方法调控温度[8]。采用共轭梯度算法进行能量最小化计算，然后在温度为 300 K 下使用分子动力学在反应力场下进行结构弛豫。将 C-(A)-S-H 分子结构在恒定压力和温度（NPT 系综）下运行 100 ps，然后在温度为 300 K 的正则系综（NVT）下弛豫 100 ps，以获得热力学稳定的 C-(A)-S-H 分子结构。典型的 C-(A)-S-H 分子结构模型如图 2.1 所示。分子模型的表征与实验验证如图 2.2 所示，实验表征结果证实了本书所建立的分子模型的准确性。

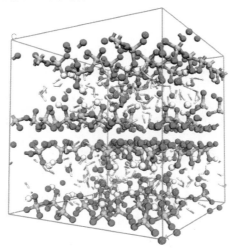

图 2.1 C-(A)-S-H 分子结构示意图

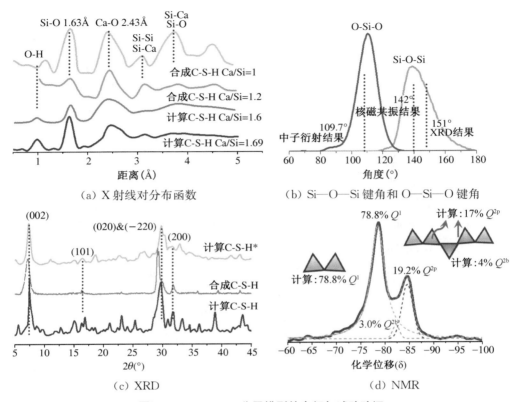

图 2.2　C-(A)-S-H 分子模型的表征与试验验证

(a)中 Ca/Si 为 1 和 Ca/Si 为 1.2 的合成 C-S-H 分别取自文献[9]和文献[10],模拟 C-S-H 结果取自文献[10];(b)中标记结果分别取自中子衍射[11]、核磁共振[12]和 X 射线衍射[13]实验;(c)中模拟的 C-S-H* 数据来源于文献[4];(d)C-S-H 分子模型的聚合度,插图结果为固态 ^{29}Si MAS NMR 的实验结果。

C-(A)-S-H 分子拉伸性能的计算如下:在 LAMMPS 中基于 ReaxFF 力场进行单轴拉伸试验。模拟盒子在等压等温系综(NPT)下以 0.08/ps 的应变速率沿 c 轴方向逐渐拉长,同时 a 轴和 b 轴方向的压强设为零以反映泊松效应。以此方法获得应力应变曲线,依此可进一步计算相应的杨氏模量、拉伸强度和断裂应变。

2.2.4　C-(A)-S-H 凝胶团结构和力学性能计算

建立介观尺度 C-(A)-S-H 凝胶结构模型来模拟硬化水泥浆体 C-(A)-S-H 物相。使用基于泊松-玻耳兹曼分布的蒙特卡洛法向盒子中丢置刚性小球,以模拟 C-(A)-S-H 凝胶的沉淀过程[14-15]。该循环过程在正则 NVT 系综下进行,包括 C-(A)-S-H 小球插入、删除,该过程中小球可以移动,每运行 100 步进行一次小球插入,因此盒子内的小球数量围绕几个原始成核位点不断增加。当在 10 000 步内小球数量变化小于 10 时,认为该堆积结构已达致密(即高密度 C-(A)-S-H 相),期间逐个时间片段所得到的堆积结构为非致密结构,可实现堆积密度从 10% 到 90% 梯度变化的 C-(A)-S-H 凝胶团堆积模型。颗粒间的势能场使用如下的广义 Lennard-Jones:

$$U_{ij}(r_{ij}) = 4\varepsilon(\bar{\sigma}_{ij}) \left[\left(\frac{\bar{\sigma}_{ij}}{r_{ij}} \right)^{2\gamma} - \left(\frac{\bar{\sigma}_{ij}}{r_{ij}} \right)^{\gamma} \right] \tag{2.6}$$

式中,r_{ij} 为达到平衡态时颗粒间的距离,$r_{ij} = 2^{1/\gamma} \cdot \sigma_{ij}$;$\sigma_{ij}$ 是直径为 σ_i 和 σ_j 的两个颗粒间的井深(well depth),$\sigma_{ij} = (\sigma_i + \sigma_j)/2$,$\gamma = 12$。在 LAMMPS 的标准单位 (LJ unit)下,温度 $T = 0.15$,化学势 $\mu = -1$。根据中子散射和原子力显微镜试验结果[16-19],粒径 σ 在 6~9 nm 之间呈随机分布。设定 C-(A)-S-H 颗粒间的黏结强度为其分子层间的黏结强度,故而颗粒间刚度为 MA/r,其中 M 为 C-(A)-S-H 分子垂直层间方向的杨氏模量,其结果由上一步的全原子分子动力学计算所得,$A = \pi r_{ij}^2$ 为承载面。

粗粒化模型的本质是将连续的基体用若干刚性小球表示,小球之间相互作用构成整体。因此,对于上述堆积结构,其微结构特征的计算不能基于粗粒化参数中的小球半径。根据比表面积和孔隙率的试验结果假设了小球放大系数 ψ,使计算结果与实际值相符,如图 2.3 所示。本文采用放大系数 $\psi = 0.37$,以准确计算 C-(A)-S-H 凝胶团的孔隙率。将基于 10%~90% 堆积密度梯度的 C-(A)-S-H 凝胶团堆积模型置于正则系综(NVT)下弛豫,设置压强为 0 atm①,实现凝胶堆积结构在能量上的稳定性。

介观尺度 C-(A)-S-H 堆积结构的力学性能计算方法如下:在 LAMMPS 中进行单轴拉伸试验,在正则系综(NVT)下,以 0.08/ps 的应变率沿 a 轴方向(该结构为各向同性结构)进行盒子整体的拉伸。记录 C-(A)-S-H 晶粒在该过程中的位移和作用在晶粒上的应力,以此获得应力应变曲线,进而可计算相应的杨氏模量、拉伸强度和断裂应变。

2.2.5 C-(A)-S-H 凝胶团传输性能计算

扩散是一种由浓度差驱动的宏观传输现象,在微观尺度上可以视为布朗运动或扩散粒子的随机行走。悬浮在溶液中的所有离子种类都以相近的概率随机在任

---

① 1 atm=101.325 kPa。

何方向移动。Einstein-Smoluchowski 方程建立了宏观扩散观和微观扩散观之间的联系,在随机行走模拟系统中,此方程可以表达为[20-21]:

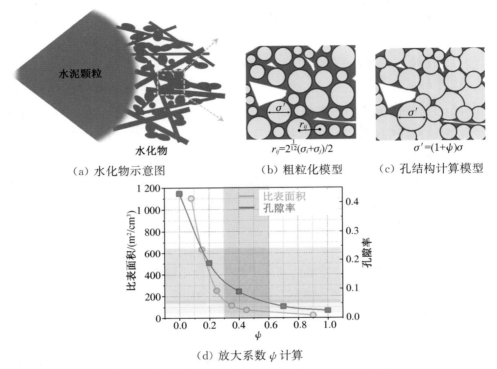

（a）水化物示意图 （b）粗粒化模型 （c）孔结构计算模型

（d）放大系数 ψ 计算

图 2.3　在粗粒化模型中设置晶粒尺寸进行微结构量化

以比表面积和孔隙率试验结果为基准(d),对粗粒化模型(b)(c)中的晶粒尺寸参数放大,以较为准确地量化 C-(A)-S-H 微结构。(d)图中的绿色和黄色阴影区分别为孔隙率和比表面积的适宜范围,蓝色区域对应合适的放大系数 ψ。

$$\langle l^2 \rangle = 6D_i^{\text{self}}t \tag{2.7}$$

式中,$\langle l^2 \rangle$,D_i^{self} 和 t 分别是平均距离的平方、自扩散系数和传输时间;式中的因子 6 是离子跳到下一个位置的 6 个方向($+x$、$-x$、$+y$、$-y$、$+z$、$-z$),本方程认为扩散是离子随机运动的统计结果。

在随机走模拟中,基于上述粗粒化所建立的 C-(A)-S-H 堆积模型,使用周期性边界条件分别在 x、y、z 三个方面扩展 3 倍以获得 27 倍的体积,这可以提升系统的统计意义。然后将该堆积模型分割转换为体素模型,体素大小为 0.5 nm,步长为 100 fs。离子的起点在体系中随机选择,如果离子所选择的当前位置不是孔隙体素,则将随机选择另一个起点,直到是孔隙体素为止;然后,离子将尝试移动到周围六个方向的相邻体素之一，方向以相等的概率随机选择；如果下一个位置是不可穿透的固体体素，则离子保持其位置，并且增加单位时间 t；如果下一个位置是孔隙体素，则离子移动到该位置，并且增加单位时间 t。

在进行了足够的传输时间和足够的离子模拟后，自扩散系数由下式计算：

$$D^{\text{self}} = \frac{1}{6} \left\langle \frac{l^2(t_j)}{t_j} \right\rangle \tag{2.8}$$

$$\left\langle \frac{l^2(t_j)}{t_j} \right\rangle = \frac{1}{N_w} \sum_{j=1}^{N_w} \left\langle \frac{[x_j(t_j) - x_j(0)]^2 + [y_j(t_j) - y_j(0)]^2 + [z_j(t_j) - z_j(0)]^2}{t_j} \right\rangle \tag{2.9}$$

式中，N_w 是平均传输离子数；t_j 是最终传输时间，j 表示第 j 个传输离子。

扩散是离子随机运动的统计结果，因此 N_w 和 t_j 必须充足，以获得具有统计意义的数据结果[21,22]。Promentilla 等人[21] 提出 N_w 应大于 50 000。此外，如果 t_j 可以确保平均行进距离与 REV（代表性基本体积）大小相当，则可认为其"充足"。基于参考文献[22]，t_j 可设置为

$$t \approx \varphi_e F_{\text{estimated}} L_{\text{REV}}^2 \tag{2.10}$$

式中，L_{REV} 是以体素为单位的立方体 REV 的边长；φ_e 为有效孔隙率；$F_{\text{estimated}}$ 是评估形成因子。

$F_{\text{estimated}}$ 从文献[23]中可得，该方程已在水泥基材料中广泛用于估计有效扩散率[24-25]：

$$1/F_{\text{estimated}} = \varphi_e^{3/2} \tag{2.11}$$

式中，本模型考虑了离子吸附、脱附效应以及双电层的影响作用。当离子进入固体孔壁双电层范围则有概率被吸附，亦有概率脱附，基于文献计算结果[26]，双电层距离设定为 3 nm，氯离子吸附概率设定为 20%，脱附概率设定为 92%，孔道氯离子吸附饱和设定为统计意义上的 20%。氯离子在非双电层区域扩散速率取用其在大体积水的中的结果，即 $1.72 \times 10^{-9} \text{ m}^2 \cdot \text{s}^{-1}$[27]。水分子传输无需考虑吸附脱附效应，但不同尺寸纳米孔道的约束效应和毛细效应对水分子传输影响较为明显，该传输速率为侯东帅等人[28]计算所得的不同纳米孔道中水分子传输的自扩散系数。

2.3 操作流程与算例

2.3.1 界面说明

本模块界面如图 2.4 所示。功能涵盖混凝土纳米尺度 C-(A)-S-H 凝胶的分子

结构及其力学、传输性能预测,具体包含【化学计量计算】、【分子计算】、【凝胶团】、【数据操作】4 个操作模块,位于界面上方一栏,以及【分子模型】、【晶格参数】、【分子力学性能】、【凝胶团传输与力学性能】5 个结果显示模块,位于操作模块下方。

图 2.4　操作界面

2.3.2　操作介绍

图 2.5　C-(A)-S-H 化学计量计算

首先点击【化学计量】模块中的【计算参数】按钮,系统将自动导入基于原材料的水化结果数据,计算此时的 C-(A)-S-H 的化学计量,即钙硅比和铝硅比,操作模块及结果显示如图 2.5 所示。

点击【分子计算】模块中的【分子结构立即计算】,计算成功后会在右上角弹出【计算成功】提示框,并且【分子模型】会显示出该分子结构模型,可通过鼠标左键点击、拖动旋转观看展示 C-(A)-S-H 分子三维结构(图 2.6),其中红色小球表氧,绿色小球代表钙,黄色小球代表硅,白色小球代表氢,紫色小球代表铝。此外,【晶格参数】栏会展示 C-(A)-S-H 分子晶格信息,包括【钙硅比】、【铝硅比】、【平均链长】、【密度】、三轴方向的【晶胞参数】。

点击【分子计算】模块中的【力学性能立即计算】,计算成功后会在右上角弹出【计算成功】提示框,并且【分子力学性能】会显示出 C-(A)-S-H 在 a、b、c 三个方向的应力应变曲线,以及对应的【杨氏模量】、【拉伸强度】、【断裂应变】数据结果(图 2.7)。

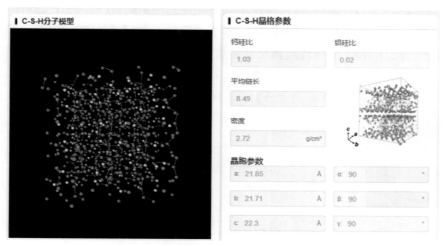

图 2.6   C-(A)-S-H 分子结构和晶胞参数

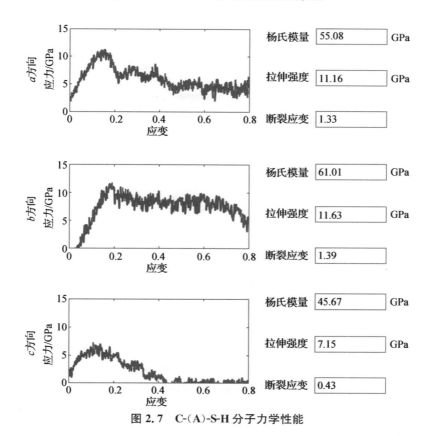

图 2.7   C-(A)-S-H 分子力学性能

点击【凝胶团】模块中的【传输性能立即计算】，计算成功后会在右上角弹出【计算成功】提示框，并且【凝胶团传输与力学性能】模块会显示出 C-(A)-S-H 凝胶团的传输性能。C-(A)-S-H 凝胶团尺寸约为几十纳米至几百纳米，属于亚微米尺度，其中可分为高密度 C-(A)-S-H 和低密度 C-(A)-S-H。其对应的传输结果包括【水分子扩散系数】和【氯离子扩散系数】，计算结果如图 2.8 所示。

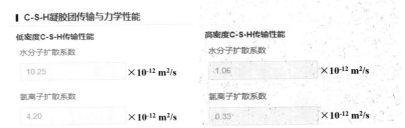

图 2.8　高/低密度 C-(A)-S-H 凝胶传输性能

点击【凝胶团】模块中的【力学性能立即计算】，计算成功后会在右上角弹出【计算成功】提示框，并且【凝胶团传输与力学性能】模块会显示出 C-(A)-S-H 凝胶团的杨氏模量、拉伸强度、断裂应变（图 2.9）。

图 2.9　高/低密度 C-(A)-S-H 凝胶力学性能

点击【数据操作】的【清空数据】按钮，可以使该界面恢复默认情况，或通过单击第一栏的【C-(A)-S-H】右上角关闭按钮，再次点击左侧【C-(A)-S-H】栏，同样可实现清空数据功能。点击【导出结果】按钮可将本模块计算结果导出至本地电脑。

2.3.3　算例及结果验证

1）算例 1：C-S-H 分子聚合度随钙硅比的变化

通过原材料配比设计页面中的水泥基体系中硅灰掺量的增加，使体系中不掺入额外铝相就实现 C-S-H 钙硅比的降低。通过【化学计量】模块和【分子计算】模块,分别计算 C-S-H 凝胶的钙硅比以及对应的聚合度参数,聚合度一般通过【晶格参数】中的【平均链长】反映(图 2.10)。

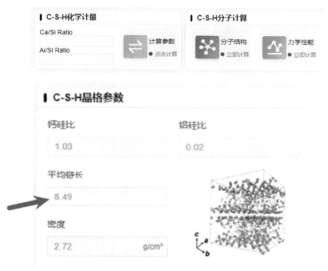

图 2.10　C-S-H 化学计量和分子平均链长计算

计算结果如图 2.11 所示,C-S-H 分子平均链长随着钙硅比的增加而下降,且下降速率逐渐降低。当钙硅比为 1 时,C-S-H 分子平均链长约为 8;当钙硅比为 2

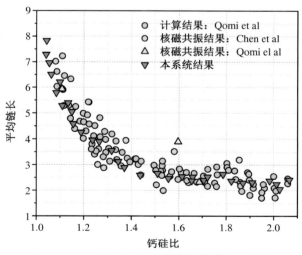

图 2.11　C-S-H 分子平均链长随钙硅比的演变

其中部分计算和核磁共振试验数据源于 Qomi et al.[29] 和 Chen et al.[30]。

时,其数值降低为 2 左右。这源于钙离子的增加将占据硅链位点,打断硅链分布,将完整的长链结构转变为二体或单体,即引入晶格缺陷,导致分子结构从有序的结晶态向无序态转变。

本系统针对 C-S-H 分子结构聚合度计算结果与当前文献报道结果相近,结果准确度较高。

2) 算例 2:C-(A)-S-H 凝胶团力学性能

图 2.12　C-(A)-S-H 凝胶团力学性能计算

通过在配合比页面更改配合比参数,改变 C-(A)-S-H 不同化学计量数,通过【凝胶团】模块点击【力学性能】(图 2.12),计算不同化学计量数下的高密度和低密度 C-(A)-S-H 凝胶的力学性能。

在水泥基体系中,低密度和高密度 C-(A)-S-H 凝胶以水泥熟料原轮廓线为边界进行划分。一般认为,水泥基体系中低密度 C-(A)-S-H 凝胶和高密度 C-(A)-S-H 凝胶的力学性能为本身固有属性,其中低密度 C-S-H 凝胶模量为 20 GPa 左右,而高密度 C-S-H 凝胶模量为 30 GPa 左右,如图 2.13 所示。

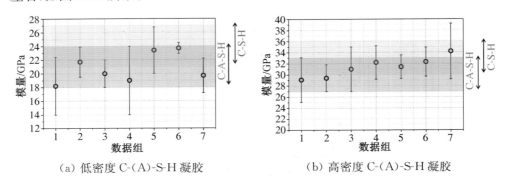

（a）低密度 C-(A)-S-H 凝胶　　　　　（b）高密度 C-(A)-S-H 凝胶

图 2.13　本系统计算 C-(A)-S-H 凝胶团模量与纳米压痕计算结果对比

数据源 1~7 源于文献综述[34],本系统计算 C-S-H 结果区间用蓝色阴影表示,C-A-S-H 结果用橙色阴影表示。

本系统计算结果显示,低密度 C-S-H 凝胶的弹性模量为 21.06 GPa±3.05 GPa,高密度 C-S-H 凝胶的弹性模量为 29.89 GPa±3.11 GPa,如图 2.13 中的蓝色阴影部分,表现出较高的结果准确性。其中,富铝相 C-A-S-H 凝胶的弹性模量比 C-S-H 凝胶高出约 3 GPa,这是因为铝相掺入 C-S-H 分子将强化其分子层间结构,提升分子强度[31-32],进而提升微观尺度 C-(A)-S-H 凝胶团力学性能[33],该结论趋势与试验和计算结果相吻合。

3) 算例 3:C-(A)-S-H 凝胶团传输性能与结果验证

通过在配合比页面更改配合比参数,改变 C-(A)-S-H 不同化学计量数,通过【凝胶团】模块点击【传输性能】(图 2.12),计算不同化学计量数下的高密度和低密度 C-(A)-S-H 凝胶的传输性能。

高密度和低密度 C-(A)-S-H 凝胶中水和氯离子的传输系数如表 2.2 所示。本系统计算结果与报道结果相近或处于同一数量级,结果较为准确。

表 2.2　本系统计算扩散系数与模拟和实验结果的比较　　　　单位:m^2/s

低密度 C-(A)-S-H		高密度 C-(A)-S-H		文献
水分子	氯离子	水分子	氯离子	
0.9×10^{-11}	8.2×10^{-12}	1.0×10^{-12}	2.0×10^{-13}	[35 - 36]
0.52×10^{-11}	$1.9 \times 10^{-12} \sim$ 24.0×10^{-12}	1.1×10^{-13}	$0.21 \times 10^{-13} \sim$ 4.47×10^{-13}	[37]
1.55×10^{-11}	1.77×10^{-12}	1.01×10^{-12}	1.2×10^{-13}	[28]
—	3.4×10^{-12}	—	8.3×10^{-13}	[38]
$1 \times 10^{-11} \pm$ 0.3×10^{-11}	$4 \times 10^{-12} \sim$ 5×10^{-12}	$1.2 \times 10^{-12} \pm$ 0.4×10^{-12}	$2 \times 10^{-13} \sim$ 6×10^{-13}	本系统

在本系统的计算结果中,水分子的传输系数随着 C-(A)-S-H 化学计量波动较小,而氯离子的传输随着其化学计量则展现出波动,这与 C-(A)-S-H 钙硅比变化导致其表面离子吸附能力变化有关。

2.4　参考文献

[1] Thomas J J,Chen J J,Allen A J,et al. Effects of decalcification on the microstructure and surface area of cement and tricalcium silicate pastes[J]. Cement and Concrete Research,2004,34(12):2297 - 2307.

[2] Zhang Y,Guo L,Shi J,et al. Full process of calcium silicate hydrate decalcification:molecular structure,dynamics,and mechanical properties[J]. Cement and Concrete Research,2022,161:106964.

[3] Hou D,Zhao T,Ma H,et al. Reactive molecular simulation on water confined in the nanopores of the calcium silicate hydrate gel:structure,reactivity,and mechanical properties [J]. The Journal of Physical Chemistry C,2015,119(3):1346 - 1358.

[4] Pellenq R J-M, Kushima A, Shahsavari R, et al. A realistic molecular model of cement hydrates [J]. Proceedings of the National Academy of Sciences, 2009, 106(38): 16102 – 161027.

[5] Wan H, Zhang Y. Interfacial bonding between graphene oxide and calcium silicate hydrate gel of ultra-high performance concrete[J]. Materials and Structures, 2020, 53(2): 34.

[6] Bonnaud P A, Ji Q, Coasne B, et al. Thermodynamics of water confined in porous calcium-silicate-hydrates[J]. Langmuir, 2012, 28(31): 11422 – 11432.

[7] Van Duin A C, Dasgupta S, Lorant F, et al. ReaxFF: a reactive force field for hydrocarbons[J]. The Journal of Physical Chemistry A, 2001, 105(41): 9396 – 9409.

[8] Hoover W G. Canonical dynamics: equilibrium phase-space distributions[J]. Physical Review A, 1985, 31(3): 1695.

[9] Maddalena R, Li K, Chater P A, et al. Direct synthesis of a solid calcium-silicate-hydrate (C-S-H)[J]. Construction and Building Materials, 2019, 223: 554 – 565.

[10] Soyer-Uzun S, Chae S R, Benmore C J, et al. Compositional evolution of calcium silicate hydrate(C-S-H) structures by total x-ray scattering[J]. Journal of the American Ceramic Society, 2012, 95(2): 793 – 798.

[11] Grimley D I, Wright A C, Sinclair R N. Neutron scattering from vitreous silica IV. Time-of-flight diffraction[J]. Journal of Non-Crystalline Solids, 1990, 119(1): 49 – 64.

[12] Mauri F, Pasquarello A, Pfrommer B G, et al. Si-O-Si bond-angle distribution in vitreous silica from first-principles ^{29}Si NMR analysis[J]. Physical Review B, 2000, 62(8): R4786.

[13] Mozzi R L, Warren B E. The structure of vitreous boron oxide[J]. Journal of Applied Crystallography, 1970, 3(4): 251 – 257.

[14] Ioannidou K, Pellenq R J, Del G E. Controlling local packing and growth in calcium-silicate-hydrate gels[J]. Soft Matter, 2014, 10(8): 1121 – 1133.

[15] Ioannidou K, Kanduč M, Li L, et al. The crucial effect of early-stage gelation on the mechanical properties of cement hydrates[J]. Nature Communications, 2016, 7(1): 1 – 9.

[16] Allen A J, Thomas J J, Jennings H M. Composition and density of nanoscale calcium-silicate-hydrate in cement[J]. Nature Materials, 2007, 6(4): 311.

[17] Chiang W-S, Fratini E, Baglioni P, et al. Microstructure determination of calcium-silicate-hydrate globules by small-angle neutron scattering[J]. The Journal of Physical Chemistry C, 2012, 116(8): 5055 – 5061.

[18] Ridi F, Fratini E, Baglioni P. Cement: a two thousand year old nano-colloid[J]. Journal of Colloid and Interface Science, 2011, 357(2): 255 – 264.

[19] Garrault S, Finot E, Lesniewska E, et al. Study of C-S-H growth on C_3S surface during its early hydration[J]. Materials and Structures, 2005, 38(4): 435 – 442.

[20] Liu L, Sun W, Ye G, et al. Estimation of the ionic diffusivity of virtual cement paste by random walk algorithm[J]. Construction and Building Materials, 2012, 28(1):405 – 413.

[21] Promentilla M A B, Sugiyama T, Hitomi T, et al. Quantification of tortuosity in hardened cement pastes using synchrotron-based X-ray computed microtomography[J]. Cement and Concrete Research, 2009, 39(6):548 – 557.

[22] Ma H, Hou D, Li Z. Two-scale modeling of transport properties of cement paste: formation factor, electrical conductivity and chloride diffusivity[J]. Computational Materials Science, 2015, 110:270 – 280.

[23] Dormieux L, Lemarchand E. Homogenization approach of advection and diffusion in cracked porous material[J]. Journal of Engineering Mechanics, 2001, 127(12):1267 – 1274.

[24] Pivonka P, Hellmich C, Smith D, et al. Microscopic effects on chloride diffusivity of cement pastes—a scale-transition analysis[J]. Cement and Concrete Research, 2004, 34(12):2251 – 2260.

[25] Yang C-C, Su J J C, Research C. Approximate migration coefficient of interfacial transition zone and the effect of aggregate content on the migration coefficient of mortar[J]. Cement and Concrete Research, 2002, 32(10):1559 – 1565.

[26] Zhang Y, Yang Z, Jiang J. Insight into ions adsorption at the C-S-H gel-aqueous electrolyte interface: From atomic-scale mechanism to macroscopic phenomena[J]. Construction and Building Materials, 2022, 321:126179.

[27] Youssef M, Pellenq R J M, Yildiz B. Glassy nature of water in an ultraconfining disordered material: the case of calcium-silicate-hydrate[J]. Journal of the American Chemical Society, 2011, 133(8):2499 – 2510.

[28] Zhang W, Hou D, Ma H. Multi-scale study water and ions transport in the cement-based materials: from molecular dynamics to random walk[J]. Microporous and Mesoporous Materials, 2021, 325:111330.

[29] Qomi M J A, Krakowiak K J, Bauchy M, et al. Combinatorial Molecular Optimization of Cement Hydrates[J]. Nature Communications, 2014, 5:4960.

[30] Chen J J, Thomas J J, Taylor H F, et al. Solubility and structure of calcium silicate hydrate [J]. Cement and Concrete Research, 2004, 34(9):1499 – 1519.

[31] Yang J, Hou D, Ding Q. Structure, dynamics, and mechanical properties of cross-linked calcium aluminosilicate hydrate: a molecular dynamics study[J]. ACS Sustainable Chemistry and Engineering, 2018, 6(7):9403 – 9417.

[32] Wan X, Hou D, Zhao T, et al. Insights on molecular structure and micro-properties of alkali-activated slag materials: a reactive molecular dynamics study[J]. Construction and Building Materials, 2017, 139:430 – 437.

[33] Puertas F, Palacios M, Manzano H, et al. A model for the C-A-S-H gel formed in alkali-activated slag cements[J]. Journal of the European Ceramic Society, 2011, 31(12): 2043 - 2056.

[34] 赵素晶, 孙伟. 纳米压痕在水泥基材料中的应用与研究进展[J]. 硅酸盐学报, 2011, 39(1): 164 - 176.

[35] Bary B, Béjaoui S. Assessment of diffusive and mechanical properties of hardened cement pastes using a multi-coated sphere assemblage model[J]. Cement and Concrete Research, 2006, 36(2): 245 - 258.

[36] Bejaoui S, Bary B. Modeling of the link between microstructure and effective diffusivity of cement pastes using a simplified composite model[J]. Cement and Concrete Research, 2007, 37(3): 469 - 480.

[37] Zhang Y, Liu C, Liu Z, et al. Modelling of diffusion behavior of ions in low-density and high-density calcium silicate hydrate[J]. Construction and Building Materials, 2017, 155: 965 - 980.

[38] Yang R, Lemarchand E, Fen-Chong T, et al. Micromechanics Modeling the Solute Diffusion in Unsaturated Hardened Cement Paste[C]//RILEM International Symposium on Concrete Modelling. Beijing, 2015.

第 3 章
混凝土水化微结构

3.1 引言

水化微结构是影响混凝土宏观性能的重要单元,学者们主要采用试验手段对微结构进行表征,如 X 射线衍射分析技术、X 射线断层扫描技术、压汞法以及热重分析等[1-3]。然而,试验分析方法存在样品制备复杂、测试周期长,且难以实时监测等缺陷,导致试验结果难以准确反映真实水化过程。随着计算机技术的不断发展,数值模拟技术被广泛应用于水泥基材料的水化微结构分析研究,相对于试验方法,数值模拟技术可以对微结构物相组成和空间分布进行适时研判和定量表征,为水泥基材料微结构研究提供了有效手段[4]。

本章基于 CEMHYD3D 水化模型,结合经典的水泥化学理论,将粉煤灰、矿渣以及硅灰的二次火山灰反应耦合入水化模型中,建立水泥基材料的水化微结构演变模型,实现混凝土微结构的可视化重构,定量解析微结构的物相含量以及孔隙结构参数,为混凝土微观力学和耐久性能分析提供基础。

3.2 核心算法与思路

3.2.1 理论方法介绍

微结构重构模型的基础为 Bentz 等[5-9]开发的数字图像基水化模型——CEMHYD3D 水化模型,该模型为一个 $100~\mu m \times 100~\mu m \times 100~\mu m$ 大小的立方体,边长 $1~\mu m$ 的立方体代表一种物相,不同数量的体素单元构成胶凝材料颗粒。水化过程中,基于元胞自动机算法,代表不同矿物的体素单元执行溶解、扩散和反应规则,微结构不断变化,并且伴随着新相的生成,可以较好地反映出水泥基材料的水化微结构特征。

3.2.2 初始微结构

基于 CEMHYD3D 模型进行混凝土水化微结构模拟的过程可以概括为三个

主要步骤,即投球、分相以及水化。以下是对模型构建机制的简要概述:

"投球"意指将胶凝材料颗粒投放至空间模型中,以初步构建混凝土的微观结构。在 CEMHYD3D 模型中,模型的尺寸为 $100\ \mu m^3$ 的立方体,这个立方体被分割成具有 $1\ \mu m$ 边长的最小体积单元,这些单元构成了胶凝材料颗粒的基本组成单位。在建立初始微结构时,首先根据水胶比、胶凝材料的含量以及颗粒尺寸的分布曲线,计算空立方体容器中水泥以及辅助胶凝材料颗粒的数量。接下来,按照颗粒尺寸从大到小的次序将水泥和辅助胶凝材料逐一引入模型空间。在颗粒引入的过程中,严格要求颗粒之间不得发生重叠。此外,模型采用了周期性边界条件,如果颗粒的某部分体积超出了容器的边界,那么超出部分将会在相应的立方体界面上对称生成。

根据水泥和辅助胶凝材料的实际特点,CEMHYD3D 模型采用不同方法处理水泥、矿渣、粉煤灰和硅灰颗粒。对于水泥和矿渣,以不规则颗粒形式进行重建,粉煤灰则被建模成为球形颗粒,而硅灰的粒径在纳米级别,在 CEMHYD3D 模型中,最小体素单元的边长为 $1\ \mu m$,因此硅灰采用最小体素单元进行构建。在颗粒的投放过程中,未被水泥、矿渣或粉煤灰颗粒占据的体素点被随机选取,然后被用作硅灰颗粒的位置。此外,由于水泥中包含石膏,一部分水泥颗粒在投放到系统空间后会被随机地分配为石膏相,以模拟石膏对 C_3A 等熟料水化过程的影响。通过这些方法,建立水胶比为 0.30 条件下水泥-矿渣-粉煤灰三元胶凝体系的初始微结构,如图 3.1 所示。

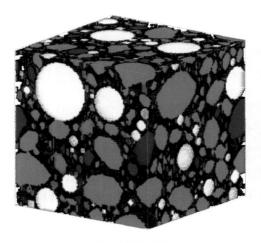

(a) 三元视图   (b) 二元视图

图 3.1 水泥-矿渣-粉煤灰三元胶凝体系初始微结构

3.2.3　初始微结构分相

水泥的水化反应及其与辅助胶凝材料之间的火山灰反应实际上涉及不同矿物相之间的相互作用,因此必须对胶凝材料颗粒进行物相划分。一旦"投球"步骤完成,即可在初始微结构基础上进行物相划分。根据水泥的主要组成成分,水泥颗粒被划分为四种不同的矿物相,包括硅酸三钙(C_3S)、硅酸二钙(C_2S)、铝酸三钙(C_3A)以及铁铝酸四钙(C_4AF)。物相划分的示意图如图 3.2 所示。

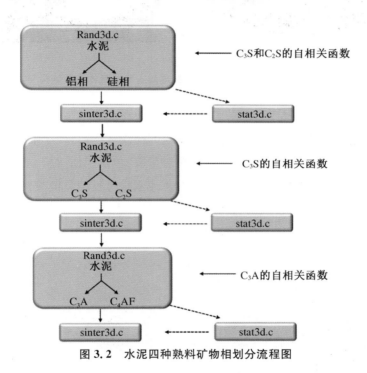

图 3.2　水泥四种熟料矿物相划分流程图

完成水泥颗粒的物相划分后,对粉煤灰颗粒进行物相划分。对于粉煤灰,其活性成分含有 SiO_2、Al_2O_3、CaO 以及 $CaSO_4$,而其余成分包括莫来石、石英等惰性组分。根据矿物组分,采用"随机分相法"[10]对粉煤灰进行物相划分;对于矿渣,将其作为单一的物相参与反应,不再对其进行分相;对于硅灰,物相基本由玻璃态的 SiO_2 构成,将其作为单一的 SiO_2 组成相参与反应,不再执行分相步骤。水泥-矿渣-粉煤灰三元胶凝体系分相后的微结构如图 3.3 所示。

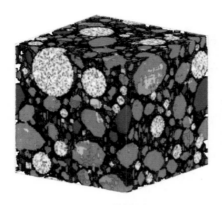
（a）三维视图

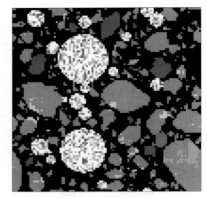
（b）二维视图

图 3.3 分相后的水泥-矿渣-粉煤灰三元胶凝体系微结构

3.2.4 水化微结构

根据元胞自动机原理，令大量"元胞"在空间中相互作用，用于描述胶凝体系的水化进程，物相划分后的"元胞"经历四个关键步骤：包括固相溶解、溶解相扩散、扩散相成核以及反应，这些步骤共同实现了对水泥水化过程的数值重构，矿物相演变过程详细见图 3.4 所示。

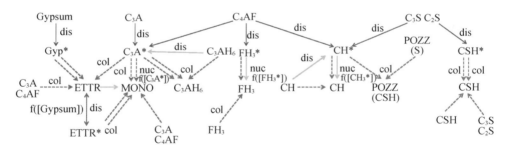

图 3.4 水泥水化过程矿物相演变

（＊—扩散相，ETTR—钙矾石，MONO—单硫型水化硫铝酸钙，POZZ—火山灰材料，GYP—石膏，col—碰撞作用，nuc—成核作用，dis—溶解作用）

CEMHYD3D 模型中，粉煤灰中活性组分包括 CaO、SiO_2 和 Al_2O_3，而硅灰的活性物质基本为 SiO_2，三类矿物组分的模型反应规则如式（3.1）～（3.3）所示；对于矿渣，程序将其作为单一的物相参与反应，颗粒在原地与周围水分接触，发生反应后矿渣颗粒周围增加水化产物体素单元。

$$CaO + H \longrightarrow CH \tag{3.1}$$

$$Al_2O_3 + 3CH + 3H \longrightarrow C_3AH_6 \tag{3.2}$$

$$SiO_2 + 1.1CH + 2.8H \longrightarrow C_{1.1}SH_{3.9} \tag{3.3}$$

水化 28 d 后,水泥-矿渣-粉煤灰三元胶凝体系微结构如图 3.5 所示。

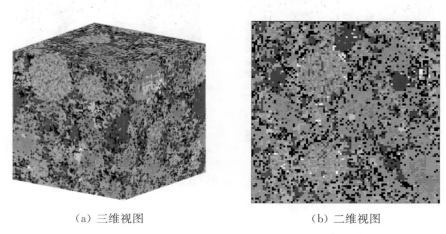

(a) 三维视图   (b) 二维视图

图 3.5 水泥-矿渣-粉煤灰三元胶凝体系水化 28 d 后的微结构

实际上,根据堆积密度的差异,C-S-H 凝胶可以被分为高密 C-S-H(HD C-S-H)和低密 C-S-H(LD C-S-H)[11-12]。其中,LD C-S-H 主要在水化早期及中期生成,形成位置位于开放的毛细孔内;而 HD C-S-H 主要在水化的中后期生成,并形成在原胶凝材料颗粒的位置[13]。基于以上判定原则,对水化生成的微结构进行划分,示意图如图 3.6 所示。

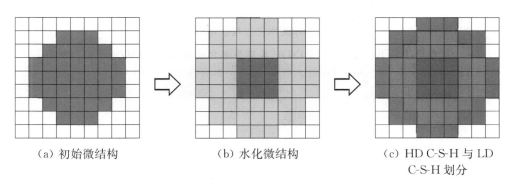

(a) 初始微结构   (b) 水化微结构   (c) HD C-S-H 与 LD
                                                    C-S-H 划分

图 3.6 HD C-S-H 与 LD C-S-H 的划分示意图

下面对混凝土二维微结构中的 C-S-H 凝胶进行划分,结果如图 3.7 所示。

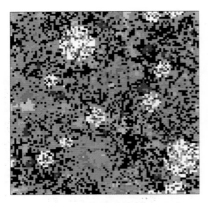 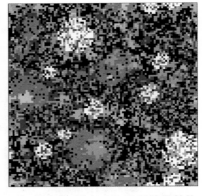

（a）水化微结构　　　　　　　（b）划分高、低密 C-S-H 后的微结构

图 3.7　HD C-S-H 和 LD C-S-H 划分

CEMHYD3D 水化程序执行结束后,对输出文件进一步分析,可以得到物相组成及空间分布、孔隙率以及水化放热等信息。

3.3　操作流程与算例

3.3.1　界面说明

本模块功能涵盖混凝土微观尺度水化微结构的建模及水化程度、孔隙率以及曲折度等微结构信息的分析,具体包含【构建微结构】、【生成图像】、【绘制曲线】3个操作模块,位于界面上方一栏,以及【水化热】、【孔隙率】、【总孔径分布】、【曲折度】、【水化程度】、【孔隙连通度】、【连通孔孔径分布】、【比表面积】、【固相连通度】、【累计孔径分布】、【扩散系数】共 11 个结果显示模块,操作界面如图 3.8 所示。

3.3.2　操作介绍

首先点击【构建微结构】按钮,系统将根据混凝土配合比信息,自动执行投球、分相以及水化步骤,建立混凝土水化微结构。随后,点击【生成图像】按钮,系统将生成的微结构信息进行可视化,如图 3.9 所示。

点击【绘制曲线】模块,系统自动对系统生成微结构进行统计分析,点击界面上方栏【水化热】、【孔隙率】、【总孔径分布】、【曲折度】等模块,系统将绘制水化热、孔隙率、总孔径分布以及曲折度等微结构信息时变曲线,如图 3.10 所示。

图 3.8 操作界面

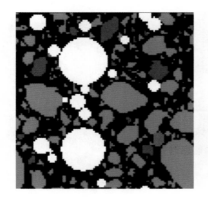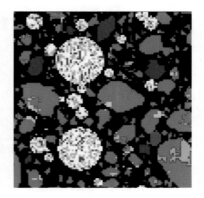

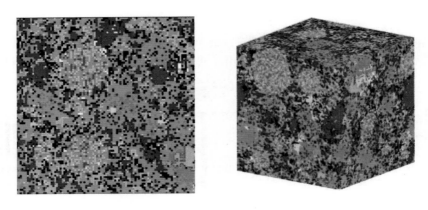

图 3.9　混凝土水化微结构可视化结果

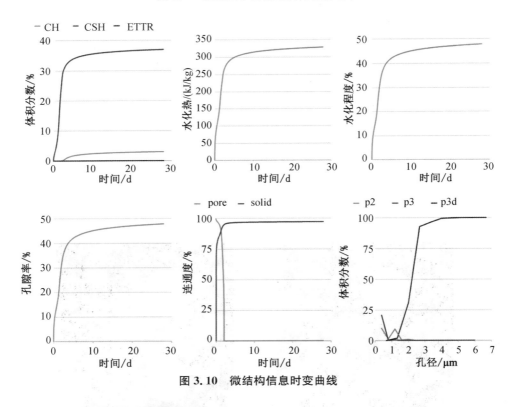

图 3.10　微结构信息时变曲线

3.3.3　算例分析与结果验证

1) 算例 1：不同配合比净浆水化模拟

对 3 种水胶比（W/B）的水泥净浆的水化放热过程进行了定量模拟，图 3.11 为水泥净浆的 28 d 水化放热模拟曲线。对比发现:3 个样品在水化初期的放热量几乎相同,由于水泥颗粒初始水化速率慢,水灰比的影响不太明显。随着水化进行1 d,水灰比越大的试样放热越多,这是由于水灰比越大,水泥颗粒与水接触得越充分,水泥越容易水化完全,水化放热总量越大。

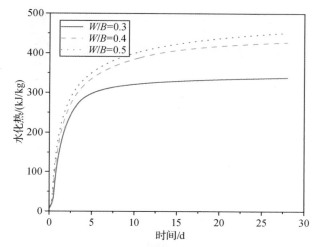

图 3.11 不同水胶比的水泥净浆 28 d 水化热累积值变化图

对水胶比为 0.3 的三组净浆体系进行胶凝材料微结构随时间变化的水化热预测,三组分别为纯水泥,90%水泥-10%粉煤灰二元胶凝体系与 70%水泥-20%粉煤灰-10%矿渣三元胶凝体系。从图 3.12 中可以看出,粉煤灰掺量越大,浆体水化放热量越小,由此可见,掺入一定量的粉煤灰时有助于降低净浆体系的总放热量;

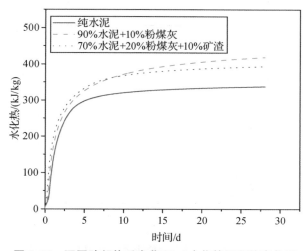

图 3.12 不同胶凝体系净浆 28 d 水化热累积值变化图

同时可以从图中发现,在水化早期,粉煤灰掺量越大的浆体其放热速率越快,这是因为早期净浆的有效水灰比提高,增大了水泥熟料的反应速率。

统计水化过程中水泥熟料的变化,可以计算出水泥净浆的水化程度。图3.13显示的是3种水胶比(0.3,0.4,0.5)的水泥净浆的28 d水化程度变化模拟曲线。

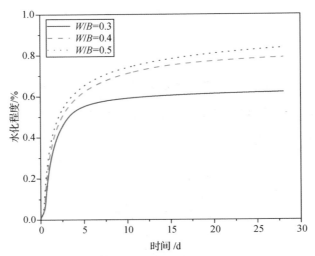

图 3.13　不同水胶比的水泥净浆 28 d 水化程度变化图

在CEMHYD3D模型中,通过逐点统计可快速地计算出孔体素的数量,并能通过后期绘图,清晰地分辨出孔体素在空间中的分布;同时可连续监测水泥净浆孔隙率的变化情况。图3.14显示的是水胶比为0.5的水泥净浆连续水化28 d的孔隙率变化图,从图中可以看出随着水化龄期的增加,孔隙率不断降低。

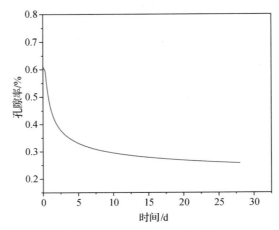

图 3.14　水胶比为 0.5 的水泥净浆 28 d 孔隙率变化图

对水泥-粉煤灰-矿渣三元胶凝体系进行水化进程与微结构演的预测。选取掺加 20% 粉煤灰和 10% 矿渣的胶凝材料在水胶比为 0.3 的情况下进行预测。图 3.15 分别是微结构未进行水化、水化 1 d、水化 3 d、水化 7 d 与水化 28 d 的微结构水化结果二维示意图。从图中可以看出,水泥快速水化产生大量 C-S-H 凝胶,水化进行 28 d 后水泥颗粒已几乎分辨不出,粉煤灰和矿渣周围也包裹了大量的水化产物,但是仍能看出粉煤灰和矿渣的物相。

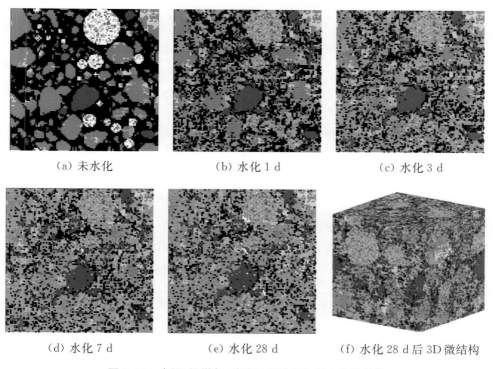

| (a) 未水化 | (b) 水化 1 d | (c) 水化 3 d |

| (d) 水化 7 d | (e) 水化 28 d | (f) 水化 28 d 后 3D 微结构 |

图 3.15　水泥-粉煤灰-矿渣三元胶凝体系水化微结构

使用该软件,可预测三元胶凝材料在复掺情况下粉煤灰和矿渣之间的相互作用及对水泥水化体系的影响。在 0.3 的水胶比下,掺加 20% 粉煤灰与 10% 矿渣的三元胶凝体系粉中各物相含量随时间变化关系如图 3.16 所示,可以看出,随着水化龄期的增长,未水化颗粒数量逐渐降低,而水化产物数量不断增加;此外,由曲线发展规律可知,水泥水化主要发生在前 7 d,而后期水化速率较为缓慢。

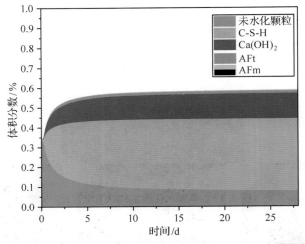

图 3.16 水泥-粉煤灰-矿渣三元胶凝体系主要物相含量变化

2）算例 2：水化微结构数值模拟对比验证

为了验证模型的可靠性，利用 CEMHYD3D 模型对水泥浆体的水化过程进行数值模拟，并对 3D 微结构进行重构。根据文献[14]，胶凝材料采用水泥、水泥-粉煤灰以及水泥-矿渣三种体系，水胶比为 0.5，胶凝材料氧化物组成如表 3.1 所示，粒径分布参数按文献中数据进行取值。按照表 3.2 中 3 组配合比净浆，执行水化规则，得到 C1 配合比净浆水化微结构如图 3.17 所示。

表 3.1　胶凝材料氧化物组成　　　　　　　　单位：%

原材料	CaO	SiO$_2$	Al$_2$O$_3$	Fe$_2$O$_3$	MgO	SO$_3$	F	P$_2$O$_5$	R$_2$O	Ig. Loss
水泥	61.68	21.28	3.96	5.05	1.77	2.27	—	—	0.39	2.20
粉煤灰	6.23	50.91	25.66	4.46	1.69	1.32	—	—	2.25	4.61
矿渣	43.59	39.15	4.87	0.47	4.33	0.91	2.26	1.57	1.03	0.91

表 3.2　净浆配合比　　　　　　　　单位：g

编号	水泥	粉煤灰	矿渣	水
C1	450	0	0	
FA25	337.5	112.5	0	225
SG25	337.5	0	112.5	

图 3.17 净浆水化微结构（C1 配合比）

进一步的,对水化微结构模型体素单元统计分析,得到 C_3S、C_2S 以及 $Ca(OH)_2$ 等物相含量以及孔隙率信息,将模拟结果与文献中试验结果进行对比,如图 3.18 所示。对比不同配合比净浆物相含量分析结果,可以看出,试验—模拟物相含量发展趋势相似,当水化龄期由 3 d 增至 28 d 时,C_3S、C_2S、C_3A 以及 C_4AF 逐渐被消耗,而 $Ca(OH)_2$ 含量呈增加趋势。值得注意的是,相对于 C_3S、C_2S 和 C_3A,C_4AF 含量的模拟误差较大,此外,对于 SG25 样品,水化 28 d 时,C_2S 的试验—模拟误差较大,可能是由于试验误差所导致。尽管如此,数值模拟仍能够较好地反映微结构物相含量信息。进一步地对比二者孔隙率,可以看出,数值模拟结果可以很好地预测出各配合比净浆的孔隙率。以上结果表明,说明所建立模型适用于分析混凝土的水化微结构特征。

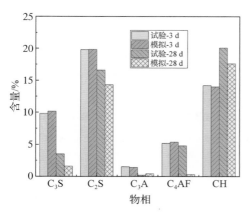
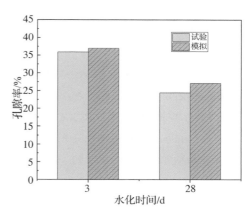

（a）C1

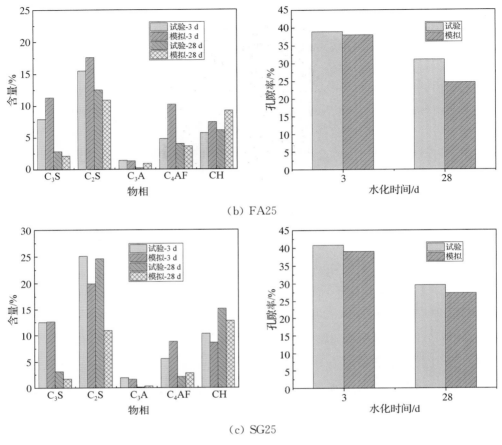

（b）FA25

（c）SG25

图 3.18　水化模拟结果验证

3.4　参考文献

［1］ Zhao S J,Sun W. Nano-mechanical behavior of a green ultra-high performance concrete［J］. Construction and Building Materials,2014,63:150－160.

［2］ Long G,Wang X Y,Xiao R,Xie J. The influences of ultra-fine powders on the compatibility of cement and superplasticiser with very low water/binder ratio［J］. Advances in Cement Research,2003,15(1):17－21.

［3］ Lei D Y,Guo L P,Sun W,et al. A new dispersing method on silica fume and its influence on the performance of cement-based materials［J］. Construction and Building Materials,2016,115:716－726.

［4］ Scrivener K L, Crumbie A K, Laugesen P. The interfacial transition zone(ITZ) between cement paste and aggregate in concrete[J]. Interface Science, 2004, 12(4):411 – 421.

［5］ Benta D P. Modelling cement microstructure: pixels, particles, and property prediction[J]. Materials and Structures, 1999, 32(217):187 – 195.

［6］ Benta D P. Three-dimensional computer simulation of portland cement hydration and microstructure development[J]. Journal of the American Ceramic Society, 1997, 80(1):3 – 21.

［7］ Benta D P. Influence of internal curing using lightweight aggregates on interfacial transition zone percolation and chloride ingress in mortars[J]. Cement and Concrete Composites, 2009, 31(5):285 – 289.

［8］ Benta D P. Critical observations for the evaluation of cement hydration models [J]. International Journal of Advances in Engineering Sciences and Applied Mathematics, 2010, 2(3):75 – 82.

［9］ Benta D P. Modeling the influence of linestone filler on cement hydration using CEMHYD3D [J]. Cement and Concrete Composites, 2006, 28(2):124 – 129.

［10］ 刘诚. 多元水泥基材料微结构演变与传输性能的数值模拟[D]. 南京:东南大学, 2016.

［11］ Tennis P D, Jennings H M. A model for two types of calcium silicate hydrate in the microstructure of Portland cement pastes[J]. Cement and Concrete Research, 2000, 30(6):855 – 863.

［12］ Jennings H M. Refinements to colloid model of C-S-H in cement: CM-Ⅱ[J]. Cement and Concrete Research, 2008, 38(3):275 – 289.

［13］ Richardson I G. Tobermorite/jennite- and tobermorite/calcium hydroxide-based models for the structure of C-S-H: applicability to hardened pastes of tricalcium silicate, β-dicalcium silicate, Portland cement, and blends of Portland cement with blast-furnace slag, metakaolin, or silica fume[J]. Cement and Concrete Research, 2004, 34(9):1733 – 1777.

［14］ Lv X D, Yang L, Wang F Z, et al. Hydration, microstructure characteristics, and mechanical properties of high-ferrite Portland cement in the presence of fly ash and phosphorus slag [J]. Cement Concrete Composites, 2022, 136:104862.

第 4 章

骨料及纤维堆积结构

4.1 引言

建立颗粒材料堆积结构是混凝土细观力学性能数值分析的重要基础,以骨料颗粒为例,其建模方法主要分为 2 种,即图像分析法与数值算法。其中图像分析方法指借助于专业的成像设备(X 射线断层扫描技术(X-CT)技术、三维激光扫描(LS)技术等)对骨料粒子进行三维重构,并结合图像分析软件将骨料粒子离散为像素点,因此,骨料颗粒可视为由大小不一的像素集合构成[1-2]。图像分析法能够反映出骨料的真实形貌特征以及空间中骨料的实际分布情况,然而,模型的准确度与设备分辨率直接相关。受扫描精度的限制,骨料的某些边界难以与其他组分区分开来,导致部分骨料粒子之间出现重叠[3-5]。此外,图像分析法测试成本相对较高,限制了其推广应用。数值算法指根据几何及代数理论知识进行计算机编程,构造出骨料粒子的几何形貌。然后,结合颗粒形状特征对粒子进行重叠检测,最终构建出混凝土骨料的堆积模型。与骨料类似,建立纤维随机堆积模型也是进行纤维混凝土细观学数值分析的关键[6]。综上所述,为了对混凝土力学性能做出较为准确的分析,有必要建立骨料及钢纤维堆积结构几何模型。

本章将首先提出单颗粒骨料及钢纤维的重构算法,并通过 Visual Studio C++编程构建其单颗粒几何模型;然后基于骨料及纤维形貌特征,分别提出骨料之间、纤维之间重叠检测算法,最终分别建立骨料和纤维的三维堆积结构模型。

4.2 计算思路与算法

4.2.1 理论方法介绍

建立近似真实骨料形貌的三维粒子随机堆积模型是水泥基材料细观数值分析的重要基础。由于骨料通常呈凸多面体特征,因此本章基于几何延拓法生成随机凸多面体颗粒对骨料进行重构;此外,利用分离轴算法对骨料进行重叠判定。另一方面,钢纤维是纤维混凝土的重要组分,考虑到钢纤维长径比较大,可近似其为圆柱体或球柱体以实现生成与重叠判定,下文是骨料及纤维堆积结构的建模过程。

4.2.2　骨料粒子随机堆积模型

随机凸多面体骨料粒子的构造方法如下:首先,在全局笛卡尔坐标系 $O-XYZ$ 中,以原点 O 为中心生成一个虚拟圆(该圆的直径 R 为骨料粒径),并在虚拟圆内生成一个正三角形 ABC,如图 4.1(a)所示;其次,以该三角面为基础,在三角形外接球的上球面生成一个随机点 D,构成随机四面体 $ABCD$(图 4.1(b));随后,在外接球下球面生成一个随机点 E,即以三角面 ABC 为基础对四面体 $ABCD$ 进行几何延拓。需要注意的是,若使新生成的多面体 $ABCDE$ 为凸多面体,必须满足点 E 在延拓面 ABC 的外侧,且在其余三角形面(ABD、ADC 及 BCD)的内侧,即符合式(4.1):

$$\begin{cases} \boldsymbol{V}_{AE} \cdot \boldsymbol{V}_{ABC} > 0 \\ \boldsymbol{V}_{AE} \cdot \boldsymbol{V}_{ABD} < 0 \\ \boldsymbol{V}_{AE} \cdot \boldsymbol{V}_{ADC} < 0 \\ \boldsymbol{V}_{BE} \cdot \boldsymbol{V}_{BCD} < 0 \end{cases} \tag{4.1}$$

式中,$\boldsymbol{V}_{AE}$ 代表向量 $\boldsymbol{AE}$;$\boldsymbol{V}_{BE}$ 代表向量 $\boldsymbol{BE}$;$\boldsymbol{V}_{ABC}$、$\boldsymbol{V}_{ABD}$、$\boldsymbol{V}_{ADC}$、$\boldsymbol{V}_{BCD}$ 分别为三角形面 ABC、ABD、ADC 以及 BCD 的外法向量。

经过第一次几何延拓后生成的六面体骨料如图 4.1(c)所示。对粒子进一步延拓则可生成任意形状的凸多面体骨料,延伸条件是:遍历新生成多面体的每一个表面,若面 $C_iC_jC_k$ 的面积 S 大于限定值 $S_{\min}$(该值关系到骨料粒子的形状),则在该面基础上进行几何延拓。方法是以三角面的重心 O 为球心,以点 O 到面 $C_iC_jC_k$ 三个顶点的最大值 $L_{\max}$ 为半径做球生成多面体新的顶点,其坐标为:

$$\begin{cases} x = \dfrac{x_i + x_j + x_k}{3} + L_{\max} ran0 \cos(360 ran1) \sin(180 ran2) \\ y = \dfrac{y_i + y_j + y_k}{3} + L_{\max} ran0 \sin(360 ran1) \sin(180 ran2) \\ x = \dfrac{z_i + z_j + z_k}{3} + L_{\max} ran0 \cos(180 ran2) \end{cases} \tag{4.2}$$

式中,$ran0$、$ran1$ 以及 $ran2$ 是 0 到 1 之间的随机数。

几何延拓过程中,控制延拓次数 N,可以生成不同表面数的几何粒子。按上述方法,生成的随机凸多面体骨料如图 4.1(f)所示。

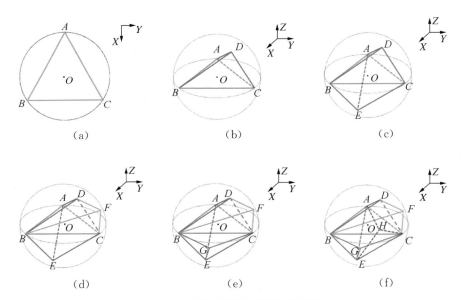

图 4.1　随机骨料粒子的生成过程

以坐标原点为几何中心的粒子生成完毕后,令其在空间中发生平移—旋转变换,即可获取空间中随机位置和方向的骨料颗粒,具体算法如下:

(1) 首先,将全局坐标系 $O\text{-}XYZ$ 平移到三维空间随机位置 $O'(x_0,y_0,z_0)$,并以 O' 为原点建立一级局部坐标系 $O'\text{-}X'Y'Z'$,则凸形粒子的顶点在一级局部坐标系下坐标 (x',y',z') 与全局坐标系下坐标 (x,y,z) 之间存在以下关系:

$$\begin{cases} x = x' + x_0 \\ y = y' + y_0 \\ z = z' + z_0 \end{cases} \tag{4.3}$$

(2) 其次,令一级局部坐标系 $O'\text{-}X'Y'Z'$ 在三维空间中旋转,其中 X'、Y' 和 Z' 三个方向的旋转角度分别为 α、β 以及 γ,则可以得到新的局部坐标系 $O'\text{-}X''Y''Z''$,同样的,可以建立凸形粒子的顶点在坐标系 $O'\text{-}X''Y''Z''$ 下的坐标 (x'',y'',z'') 与坐标系 $O'\text{-}X'Y'Z'$ 下的坐标 (x',y',z') 之间的对应关系:

$$\begin{pmatrix} x' \\ y' \\ z' \end{pmatrix} = \begin{bmatrix} \cos\alpha & -\sin\alpha & 0 \\ \sin\alpha & \cos\alpha & 0 \\ 0 & 0 & 1 \end{bmatrix} \begin{bmatrix} 1 & 0 & 0 \\ 0 & \cos\beta & -\sin\beta \\ 0 & \sin\beta & \cos\beta \end{bmatrix} \begin{bmatrix} \cos\gamma & -\sin\gamma & 0 \\ \sin\gamma & \cos\gamma & 0 \\ 0 & 0 & 1 \end{bmatrix} \begin{pmatrix} x'' \\ y'' \\ z'' \end{pmatrix} \tag{4.4}$$

(3) 进一步的,可以得到凸形粒子的顶点在全局坐标系 $O\text{-}XYZ$ 下的坐标 (x,y,z) 与局部坐标系 $O'\text{-}X''Y''Z''$ 下的坐标 (x'',y'',z'') 之间的关系:

$$
\begin{pmatrix} x-x_0 \\ y-y_0 \\ z-z_0 \end{pmatrix} = \begin{bmatrix} \cos\alpha & -\sin\alpha & 0 \\ \sin\alpha & \cos\alpha & 0 \\ 0 & 0 & 1 \end{bmatrix} \begin{bmatrix} 1 & 0 & 0 \\ 0 & \cos\beta & -\sin\beta \\ 0 & \sin\beta & \cos\beta \end{bmatrix} \begin{bmatrix} \cos\gamma & -\sin\gamma & 0 \\ \sin\gamma & \cos\gamma & 0 \\ 0 & 0 & 1 \end{bmatrix} \begin{pmatrix} x'' \\ y'' \\ z'' \end{pmatrix} \quad (4.5)
$$

按照上述方法,对几何粒子进行平移—旋转变换,即可得到空间中任意位置与方向的骨料颗粒,即实现骨料的随机投放,如图 4.2 所示。

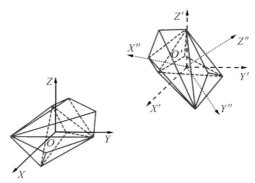

图 4.2　三维空间中骨料粒子的平移—旋转变换

真实情况下,骨料颗粒之间不发生重叠现象。因此,在投放过程中,需对骨料粒子进行碰撞检测。由于颗粒形状为随机凸多面体,因此采用分离轴算法[7]对骨料间的位置关系进行判断。所谓分离轴算法,即当两个凸多面体互不侵入对方,则必然存在一条轴,使得两个多面体在这条轴上的投影区域不重叠,且该轴垂直于其中一个凸多面体的一个面或一条边,分离轴算法的示意图如图 4.3 所示。

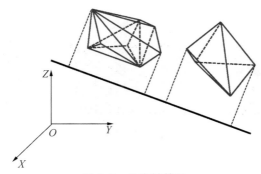

图 4.3　分离轴算法

4.2.3　堆积模型逻辑框架

根据上文颗粒的生成及重叠检测算法,建立骨料粒子的三维随机堆积模型逻

辑框架,如下所示:

(1)输入立方体容器尺寸,并设定模型边界条件(刚性边界条件、周期性边界条件)。

(2)骨料建模时,对于每个级配区间,骨料粒子的尺寸 d_{average} 根据该级配区间两端筛分孔径大小圆球体积的平均值计算得到,如粒径范围为 $d_1 \sim d_2$ 时,该区间骨料颗粒的粒径为 $d_{\text{average}} = \sqrt[3]{\dfrac{d_1^3 + d_2^3}{2}}$。

(3)输入骨料粒子的体积分数,结合骨料级配曲线,程序自动计算出不同粒径区间的粒子数量。

(4)根据粒子生成算法,分别生成不同粒径的骨料颗粒。

(5)将骨料粒子按照粒径由大到小的排列方式投放于立方体容器中。根据模型边界条件,若为刚性边界条件,则粒子的所有顶点均不能超过容器边界;若为周期性边界条件,当粒子与边界相交时,采用补偿机制在对应边界生成补偿粒子。

(6)令新生成的粒子与骨料库中存在的粒子进行重叠判断,若新生成的粒子(以及补偿粒子)与骨料库中所有粒子均不重合,则将其存储于骨料库中,并继续投放下一颗粒;若新生成的粒子(或补偿粒子)与骨料库中任一粒子发生重叠,则返回至步骤(5)重新进行投放。

(7)循环步骤(5)~(6),当所有颗粒均投放完毕,结束程序。

根据以上程序,构建了单粒径、三级配以及四级配随机凸多面体骨料的堆积模型,如图4.4所示。

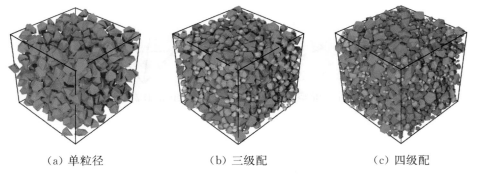

(a)单粒径　　　　　(b)三级配　　　　　(c)四级配

图 4.4　三维随机凸多面体骨料模型

4.2.4　纤维随机堆积模型

钢纤维是纤维混凝土的重要组分,建立近似真实空间分布的纤维堆积模型是

纤维混凝土细观力学分析的重要内容,下面介绍纤维随机投放的建模方法:

首先,根据试件尺寸、纤维尺寸以及纤维体积分数,计算出容器中纤维的具体投放数量;随后对纤维进行几何重构:纤维的生成与骨料粒子类似,在全局笛卡儿坐标系 O-XYZ 中,以 O 原点为中心生成单根纤维,并令其在空间中进行平移-旋转变换,如图 4.5 所示。

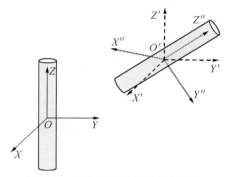

图 4.5　圆柱纤维的三维空间变换

假定纤维相对于 X 轴、Y 轴以及 Z 轴的位移分别为 x_0、y_0、z_0,相对于 X 轴、Y 轴以及 Z 轴的旋转角度分别为 α、β 以及 γ,则可得到平移矩阵 $\boldsymbol{T}$ 和旋转矩阵 $\boldsymbol{R}$:

$$\boldsymbol{T}=\begin{pmatrix} 1 & 0 & 0 & x_0 \\ 0 & 1 & 0 & y_0 \\ 0 & 0 & 1 & z_0 \\ 0 & 0 & 0 & 1 \end{pmatrix} \tag{4.6}$$

$$\boldsymbol{R}=\begin{pmatrix} \cos\gamma & -\sin\gamma & 0 & 0 \\ \sin\gamma & \cos\gamma & 0 & 0 \\ 0 & 0 & 1 & 0 \\ 0 & 0 & 0 & 1 \end{pmatrix}\begin{pmatrix} \cos\beta & 0 & -\sin\beta & 0 \\ 0 & 1 & 0 & 0 \\ \sin\beta & 0 & \cos\beta & 0 \\ 0 & 0 & 0 & 1 \end{pmatrix}\begin{pmatrix} 1 & 0 & 0 & 0 \\ 0 & \cos\alpha & -\sin\alpha & 0 \\ 0 & \sin\alpha & \cos\alpha & 0 \\ 0 & 0 & 0 & 1 \end{pmatrix} \tag{4.7}$$

进一步的,可以得到三维空间中任意位置处的纤维坐标信息:

$$\boldsymbol{P}'_v=\boldsymbol{R}\cdot\boldsymbol{T}\cdot\boldsymbol{P}_v \tag{4.8}$$

式中,$\boldsymbol{P}_v$ 为位置变换前的纤维坐标;$\boldsymbol{P}'_v$ 为位置变换后的纤维坐标。

需要注意的是,空间内纤维不允许超出规定边界,当端点坐标超过容器边界时,纤维生成无效。

在对钢纤维进行投放时,需保证纤维之间互不相交。实际上,纤维的形状为细长的圆柱体,而圆柱体的重叠判断是一个复杂的问题。为了简化计算,近似将圆柱体的钢纤维当作等长等直径的球柱体,即由"圆柱体＋两端球帽"构成,如图 4.6 所示,这样将大大降低重叠判断的分析难度。由于钢纤维的长径比比较大(平直纤维为 65),因此由"球帽"带来的误差非常小。

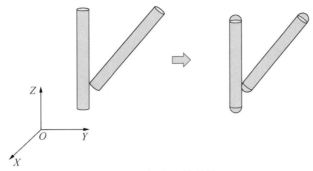

图 4.6　纤维形状转换

投放至容器中的纤维需保证互不相交。假定纤维半径为 R,由图 4.7 可以看出,当两个球柱的轴线段间的最短距离 $a=2R$ 时,二者关系为相切;$a<2R$ 时二者相交;$a>2R$ 时二者相离。因此,若要两个球柱互不重叠,则需满足 $a\geqslant2R$ 这一条件,即若使两根平直纤维互不相交,需确保两根纤维的轴线段间的最短距离 $a\geqslant$ $2R$。对于端勾形钢纤维,可将其视为由 5 段球柱拼接而成,因此,若纤维 A 的五段球柱与纤维 B 的五段球柱互不相交,则可保证两根端勾纤维互不重叠。

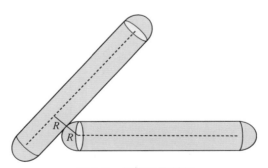

图 4.7　纤维重叠判断

两球柱体的相交问题可以简化为空间中两条线段间距离的问题进行求解。假定空间中存在两条线段 AB 与 CD,二者的距离问题可以分为以下两种情况:① 两条线段的公垂线 L 为两线段间的最短距离,如图 4.8(a)所示,此时公垂线与两条线段的交点均在线段的两端点之间;② 两条线段的公垂线在其中一条线段之外,如图 4.8(b)所示,此时分别求出点 A 至点 C、D 的距离以及点 B 至点 C、D 的距离,四个值中的最小值即为两条线段间的最短距离 L。

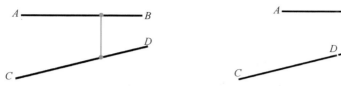

（a）公垂线的交点在两条线段之内　　（b）公垂线的交点在线段 CD 的延长线上

图 4.8　两线段位置关系

空间中两条线段 AB 和 CD，A 点的坐标为 (x_1, y_1, z_1)，B 点的坐标为 (x_2, y_2, z_2)，C 点的坐标为 (x_3, y_3, z_3)，D 点的坐标为 (x_4, y_4, z_4)。令 P 为线段 AB 所在直线上的一点，则点 P 的坐标 (X, Y, Z) 可以表示为：

$$\begin{cases} X = x_1 + s(x_2 - x_1) \\ Y = y_1 + s(y_2 - y_1) \\ Z = z_1 + s(z_2 - z_1) \end{cases} \tag{4.9}$$

当 $0 \leqslant s \leqslant 1$ 时，点 P 位于线段 AB 上；当 $s < 0$ 时，点 P 位于线段 BA 的延长线上；当 $s > 1$ 时，点 P 位于线段 AB 的延长线上。

类似的，令 Q 为线段 CD 所在直线上的一点，其坐标 (U, V, W) 可以表示为：

$$\begin{cases} U = x_3 + t(x_4 - x_3) \\ V = y_3 + t(y_4 - y_3) \\ W = z_3 + t(z_4 - z_3) \end{cases} \tag{4.10}$$

当 $0 \leqslant t \leqslant 1$ 时，点 Q 位于线段 CD 上；当 $t < 0$ 时，点 Q 位于线段 DC 的延长线上；当 $t > 1$ 时，点 Q 位于线段 CD 的延长线上。

则 P, Q 两点之间的距离可以表示为：

$$PQ = \sqrt{(X-U)^2 + (Y-V)^2 + (Z-W)^2} \tag{4.11}$$

进一步可以得到下式：

$$\begin{aligned} f(s,t) = PQ^2 &= (X-U)^2 + (Y-V)^2 + (Z-W)^2 = \\ & [(x_1 - x_3) + s(x_2 - x_1) - t(x_4 - x_3)]^2 + \\ & [(y_1 - y_3) + s(y_2 - y_1) - t(y_4 - y_3)]^2 + \\ & [(z_1 - z_3) + s(z_2 - z_1) - t(z_4 - z_3)]^2 \end{aligned} \tag{4.12}$$

若要求解直线 AB 与 CD 之间的最短距离，即求解 $f(s,t)$ 的最小值：对 $f(s,t)$ 分别求关于 s 和 t 的偏导数，并令偏导数为 0：

$$\begin{cases} \dfrac{\partial f(s,t)}{\partial s}=0 \\[2mm] \dfrac{\partial f(s,t)}{\partial t}=0 \end{cases} \tag{4.13}$$

若从式(4.13)求解出的参数 s、t 值满足 $0\leqslant s\leqslant1$ 且 $0\leqslant t\leqslant1$，说明点 P 位于线段 AB 上且点 Q 位于线段 CD 上，如图 4.9(a)所示，此时 PQ 的长度即为线段 AB 与 CD 之间的最短距离；若从式(4.13)求解出的参数 s 和 t 的值无法同时满足 $0\leqslant s\leqslant1,0\leqslant t\leqslant1$ 这一条件，表明无法同时在线段 AB 上找到一点 P 且在线段 CD 上找到一点 Q，使得 PQ 的长度为线段 AB 与 CD 之间的最短距离。此时，分别求解点 A 到线段 CD 的最短距离 L_1、点 B 到线段 CD 的最短距离 L_2、点 C 到线段 AB 的最短距离 L_3 以及点 D 到线段 AB 的最短距离 L_4，并对比 L_1、L_2、L_3 以及 L_4 的大小，其中的最小值即为线段 AB 与线段 CD 之间的最短距离，证明如下：

直线 CD 的参数形式的方程为：

$$\begin{cases} x=x_3+t(x_4-x_3) \\ y=y_3+t(y_4-y_3) \\ z=z_3+t(z_4-z_3) \end{cases} \tag{4.14}$$

设空间中一点 $P(x_0,y_0,z_0)$，则通过点 P 且与直线 CD 垂直的平面方程为：

$$(x_4-x_3)(x-x_0)+(y_4-y_3)(y-y_0)+(z_4-z_3)(z-z_0)=0 \tag{4.15}$$

令 Q 为该平面与直线 CD 的交点，显然，$PQ\perp CD$，因此点 Q 为从点 P 向直线 CD 作垂线的垂足点。将式(4.14)代入平面方程(4.15)，化简后解得：

$$t=\frac{(x_3-x_0)(x_3-x_4)+(y_3-y_0)(y_3-y_4)+(z_3-z_0)(z_3-z_4)}{(x_3-x_4)^2+(y_3-y_4)^2+(z_3-z_4)^2} \tag{4.16}$$

然后，将 t 代入直线 CD 方程(4.14)，可以得到垂足点 Q 的坐标 (X,Y,Z)：

$$\begin{cases} X=x_3+t(x_4-x_3) \\ Y=y_3+t(y_4-y_3) \\ Z=z_3+t(z_4-z_3) \end{cases} \tag{4.17}$$

则线段 PQ 的长度，即点 P 到直线 CD 的垂直距离可以表示为：

$$PQ=\sqrt{(X-x_0)^2+(Y-y_0)^2+(Z-z_0)^2} \tag{4.18}$$

若所求出的参数 t 的值满足 $0\leqslant t\leqslant1$，说明垂足点 Q 位于线段 CD 上，此时 PQ 的长度为点 P 到线段 CD 的最短距离，如图 4.9(a)所示；若参数 t 的值满足 $t<0$，说明垂足点 Q 位于 DC 的延长线上，此时，点 P 到点 C 的距离即为点 P 到线段 CD 的最短距离，如图 4.9(b)所示，表达式如下：

$$PC = \sqrt{(x_3 - x_0)^2 + (y_3 - y_0)^2 + (z_3 - z_0)^2} \tag{4.19}$$

若所求出的参数 t 的值满足 $t > 1$，说明垂足点 Q 位于 CD 的延长线上，此时，点 P 到点 D 的距离即为点 P 到线段 CD 的最短距离，如图 4.9(c)所示，表达式如下：

$$PD = \sqrt{(x_4 - x_0)^2 + (y_4 - y_0)^2 + (z_4 - z_0)^2} \tag{4.20}$$

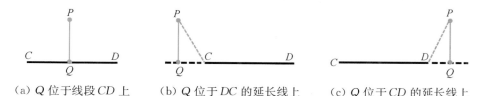

(a) Q 位于线段 CD 上　　(b) Q 位于 DC 的延长线上　　(c) Q 位于 CD 的延长线上

图 4.9　垂足点 Q 与线段 CD 的关系

4.2.5　纤维堆积结构建模框架

根据上文纤维的生成及重叠检测算法，建立钢纤维的三维随机堆积模型逻辑框架，如下所示：

（1）设置空间容器的形状与尺寸，规定容器为刚性边界条件；

（2）选取钢纤维形状（平直型、端勾型）并输入纤维体积分数，计算出容器中纤维具体数量；

（3）投放纤维，判断纤维与容器边界的相交情况，规定纤维的所有顶点坐标均不超过容器边界；

（4）令新生成的纤维与纤维库中的纤维逐一进行重叠判断，若新生成的纤维与纤维库中所存在的纤维均不重叠，则将其存储至容器中并继续投放下一根纤维；若新生成的纤维与纤维库中任一纤维发生重叠，则返回至步骤（3）重新进行纤维投放；

（5）循环步骤（3）～（4），当所有纤维均投放完毕，结束程序。

根据以上程序，构建出端勾型纤维圆柱体试件的三维随机堆积模型如图 4.10(a)所示，纤维体积分数为 2.5%；图 4.10(b)为端勾纤维圆柱体试件的 X-CT 三维扫描视图，与数值重构图对比，二者对应良好，说明所建立的纤维随机堆积模型可以较好地反映钢纤维在三维空间中的分布情况。

（a）数值模拟结果视图　　　　　　　（b）X-CT 试验结果视图

图 4.10　端勾型纤维的空间分布对比

4.3　操作流程与算例

4.3.1　界面说明

本模块功能涵盖混凝土细观尺度砂浆以及宏观尺度混凝土堆积结构的建模，具体包含【计算细骨料堆积结构】、【计算粗骨料堆积结构】、【计算纤维堆积结构】3个操作模块，位于界面上方一栏，以及【细骨料堆积结构】、【粗骨料堆积结构】、【纤维堆积结构】3 个结果显示模块，位于操作模块下方。

图 4.11　操作界面

4.3.2　操作介绍

　　首先点击【计算细骨料堆积结构】按钮,系统将根据混凝土配合比信息计算细骨料体积分数,自动执行骨料建模步骤,生成细骨料堆积模型。随后,用户根据混凝土配合比信息,选择【计算粗骨料堆积结构】或【计算纤维堆积结构】按钮,系统将根据混凝土配合比信息计算粗骨料或钢纤维体积分数,自动执行建模步骤,生成骨料或钢纤维堆积模型,如图 4.12 所示。

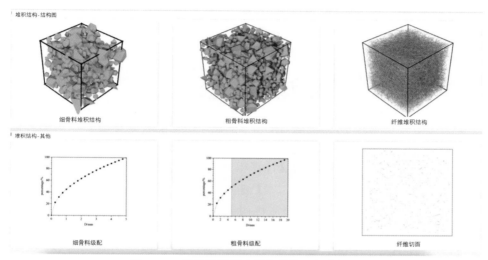

图 4.12　砂浆及混凝土堆积结构可视化结果

4.3.3　算例分析与结果验证

　　1) 算例 1:细骨料颗粒堆积模型

　　下面建立细骨料堆积结构模型,细骨料粒径范围为 0～5 mm,级配曲线采用 Fuller 分布曲线,如图 4.13 所示。

　　根据本章提出的建模方法,构建出砂浆细骨料堆积模型如图 4.14 所示,其中骨料体积分数分别为 25%、30%、35%、40% 以及 45%。

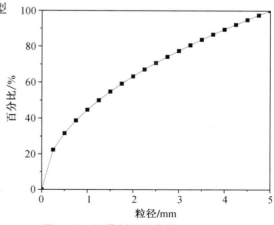

图 4.13　细骨料级配曲线(0～5 mm)

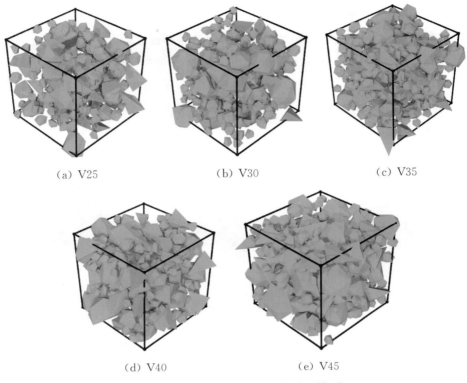

(a) V25　　　　　　　(b) V30　　　　　　　(c) V35

(d) V40　　　　　　　(e) V45

图 4.14　不同体积分数细骨料堆积模型

2）算例 2：粗骨料颗粒堆积模型

细骨料堆积模型建立完毕后，对混凝土粗骨料堆积结构进行建模，粗骨料粒径分布采用 Fuller 分布曲线，当粒径范围为 5～25 mm 时，级配曲线如图 4.15 所示。设置体积分数分别为 20％、25％、30％、35％、40％和 45％，粗骨料颗粒堆积模型见图 4.16 所示。

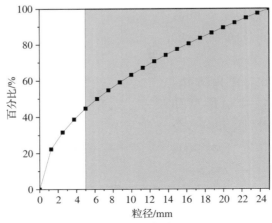

图 4.15　粗骨料级配曲线（5～25 mm）

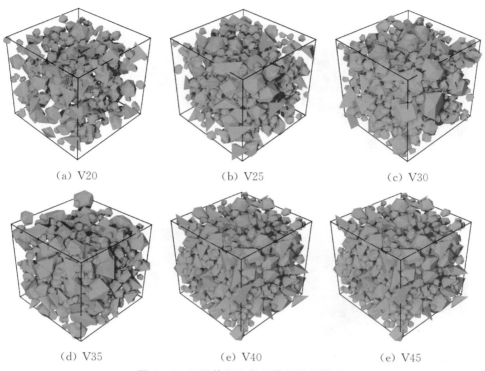

(a) V20　　　　　　　（b) V25　　　　　　　（c) V30

(d) V35　　　　　　　（e) V40　　　　　　　（e) V45

图 4.16　不同体积分数粗骨料堆积模型

3）算例 3：纤维堆积模型

考虑到混凝土中通常含有纤维，下面建立纤维混凝土几何模型。以平直纤维为例，当纤维体积分数分别为 0.5％、1.0％、1.5％、2.0％以及 2.5％时，钢纤维三维堆积模型以及二维切面如图 4.17 所示。

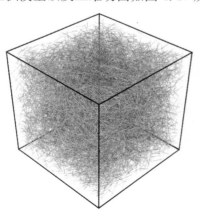

(a) V0.5

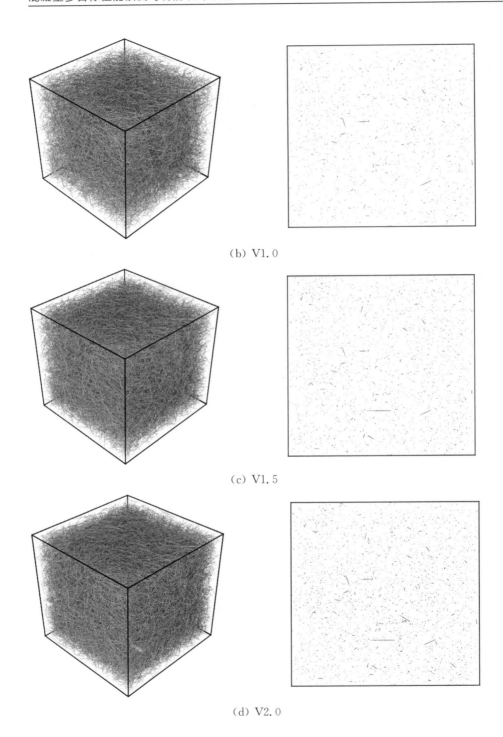

(b) V1.0

(c) V1.5

(d) V2.0

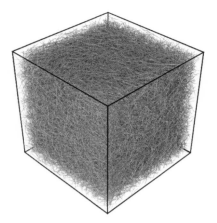

(e) V2.5

图 4.17 钢纤维三维堆积模型及二维切面

以上分别建立了混凝土细骨料、粗骨料以及钢纤维的堆积结构模型,其可用于水泥基材料的多尺度力学性能分析。关于堆积模型的可靠性,众多文献[8-11]采用凸多面体建立混凝土细观模型,并进行了混凝土力学性能数值分析,取得了良好的模拟效果。方秦等[12]提出了一种三维颗粒随机生长和粒子凸性的判定方法,并开发了颗粒生长过程中形状控制技术,避免了尖角、薄片状骨料的出现。Wu 等[13]基于文献[12]的算法,构建了珊瑚骨料的三维堆积模型,在探究了单轴压缩荷载下珊瑚骨料混凝土的力学行为。此外,Feng 等[14]和 Sui 等[15]采用圆柱体对纤维进行建模,并在纤维混凝土的动态冲击力学性能数值模拟中取得了较好的验证。以上结果表明,分别采用凸多面体和圆柱体用于重构骨料和钢纤维具有适用性,其为水泥基材料的多尺度力学性能分析奠定了基础。

4.4 参考文献

[1] Jia X, Williams R A. A packing algorithm for particles of arbitrary shapes[J]. Powder Technology,2001,120(3):175-186.

[2] Garboczi E J, Bullard J W. Contact function, uniform-thickness shell volume, and convexity measure for 3D star-shaped random particles[J]. Powder Technology,2013,237:191-201.

[3] Wittmann F H, Roelfstra P E, Sadouki H. Simulation and analysis of composite structures [J]. Materials Science and Engineering,1985,68(2):239-248.

[4] Wang Z M, Kwan A K H, Chan H C. Mesoscopic study of concrete I: generation of random

aggregate structure and finite element mesh[J]. Computers & Structures,1999,70(5): 533-544.

[5] Wriggers P,Moftah S O. Mesoscale models for concrete:homogenisation and damage behaviour[J]. Finite Elements in Analysis and Design,2006,42(7):623-636.

[6] 程书怀,任志刚,余细东,等. 钢纤维混凝土细观二维建模与数值研究[J]. 武汉理工大学学报,2015,37(3):69-74.

[7] Xu W X,Chen H S,Liu L. Evaluation of mesostructure of particulate composites by quantitative Stereology and random sequential packing model of mono-/polydisperse convex polyhedral particles [J]. Industrial & Engineering Chemistry Research,2013,52(20):6678-6693.

[8] Ma H Y,Guo J B,Liu T,et al. Experimental and numerical studies on the mechanical behaviors of basic magnesium sulfate cement concrete under dynamic split-tension[J]. Journal of Building Engineering,2023,77:107525.

[9] Guo J B,Zhang J H,Ma H Y,et al. Dynamic behavior of a new type of coral aggregate concrete:experimental and numerical investigation [J]. Journal of Materials in Civil Engineering,2023,35(6):14821.

[10] Chen L,Yue C J,Zhou Y K,et al. Experimental and mesoscopic study of dynamic tensile properties of concrete using direct-tension technique[J]. International Journal of Impact Engineering,2021,155:103895.

[11] Yue C J,Ma H Y,Yu H F,et al. Experimental and three-dimensional mesoscopic simulation study on coral aggregate seawater concrete with dynamic direct tensile technology[J]. International Journal of Impact Engineering,2021,150:103776.

[12] 方秦,张锦华,还毅,等. 全级配混凝土三维细观模型的建模方法研究[J]. 工程力学,2013, 30(1):14-21.

[13] Wu Z Y,Zhang J H,Yu H F,et al. 3D mesoscopic investigation of the specimen aspect-ratio effect on the compressive behavior of coral aggregate concrete[J]. Composites Part B: Engineering,2020,198:108025.

[14] Feng T T,Wang F J,Tab Y S,et al. Dynamic compression mechanical properties of eco-friendly ultra-high performance concrete produced with aeolian sand:experimental and three-dimensional mesoscopic investigation[J]. International Journal of Impact Engineering, 2022,164:104192.

[15] Sui S T,Tan Y S,Wang F J,et al. Dynamic mechanical properties and failure mechanism investigation of multiscale toughened basic magnesium sulfate concrete[J]. Materials Today Communications,2023,37:107130.

第二部分

多目标性能

第 5 章

混凝土抗压性能

5.1 引言

混凝土是一种多相、多组分的复杂非均质材料,从尺度上划分,混凝土可以分为纳观、微观、细观以及宏观四个尺度[1-3]。纳观尺度上,C-S-H 凝胶由结晶不良且形状、化学组成均不同的颗粒组成;微观尺度上,硬化水泥浆体由 C-S-H 凝胶、未水化水泥颗粒、$Ca(OH)_2$ 和孔隙等物相组成;细观尺度上,混凝土由骨料、砂浆基体及二者之间的界面过渡区构成;而宏观尺度即工程结构尺度,反映一种工程平均值。不同尺度上,各组分的材料属性直接影响了混凝土的宏观力学性能,仅从宏观尺度上无法揭示混凝土力学性能与内部结构、组成之间的内在关系[4]。因此,科学认识混凝土微观结构与宏观性能之间的联系,有助于分析预测混凝土的力学性能,为混凝土的配合比设计提供指导。

细观数值分析方法能够反映出混凝土材料的非均质特性,可以对裂纹的萌生、发展以及断裂行为进行重构,是研究水泥基材料破坏行为及损伤机制的一种有效技术手段。本章基于第 3 章、第 4 章建立的混凝土水化微结构模型以及骨料、纤维堆积模型,利用有限元软件 ANSYS/LSDYNA,结合多尺度过渡理论,逐尺度计算出净浆、砂浆以及混凝土力学性能,实现由原材料组成到混凝土宏观力学性能的定量预测。

5.2 计算思路与算法

5.2.1 理论与方法介绍

本章基于混凝土水化微结构模型,利用 Visual Studio C++编程建立净浆力学性能数值分析有限元模型,并确定出适用于微观尺度物相的本构关系及材料参数,利用 ANSYS/LSDYNA 加载分析计算得到净浆抗压力学性能;其次,基于骨料、纤维堆积结构模型,编程建立砂浆及混凝土细观模型,并分别确定骨料、ITZ 和纤维等物相的本构关系及材料参数,提出净浆、砂浆力学参数传递方法,定量预测宏观混凝土抗压强度。

5.2.2　净浆抗压性能

利用有限元分析软件 ANSYS/LS-DYNA,对硬化净浆的力学性能进行模拟研究。有限元数值分析中,材料本构模型主要用于描述材料的宏观力学行为,在混凝土材料的微观力学分析中仍具有较好的适用性。微结构有限元实体单元模型的建模方法如下:首先,在软件内部嵌入微结构与有限元软件的接口,将微结构物相信息导入 ANSYS/LS-DYNA 中,并生成尺寸为 $100~\mu m \times 100~\mu m \times 100~\mu m$ 的净浆均质模型;其次,以与微结构对应的网格对对均质模型进行网格剖分,生成混凝土微结构实体单元模型。模型共计空间六面体八节点单元 100 万个,如图 5.1 所示。

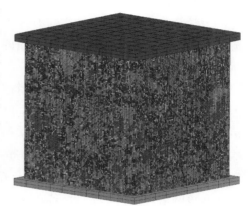

图 5.1　微观尺度净浆有限元模型

微观尺度下,微结构内不同物相可采用线弹性本构关系进行描述[5],因此选用有限元中 MAT_ELASTIC 材料模型为净浆物相的本构模型。MAT_ELASTIC 材料模型指荷载作用下,当物相的应力低于材料的屈服极限时,其表现为弹性行为,模型可用如下关系表示:

$$E = 3K(1-2\nu) \tag{5.1}$$

$$G = \frac{3(1-2\nu)}{2(1+\nu)} \tag{5.2}$$

$$K = \frac{E}{2(1+\nu)} \tag{5.3}$$

式中,E、ν、G、K 分别代表物相的弹性模量、泊松比、剪切模量与体积模量。

有限元模型中,微结构和上、下压板均采用 Solid 164 单元类型,其中,压板为刚性材料,材料模型为 MAT_ELASTIC,具体材料参数如表 5.1 所示。对于 C-S-H 凝胶,其力学性能通过分子动力学计算结果传递而来。此外上、下压板与微结构实体单元模型之间采用 AUTOMATIC_SURFACE_TO_SURFACE 的接触方式,摩擦系数设置为 0.3。对净浆有限元模型进行压缩加载,进而可以计算出微结构的压缩力学性能。

表 5.1　压板的模型参数

密度/(kg/m³)	弹性模量/GPa	泊松比
7 830	210	0.28

5.2.3　砂浆抗压性能

细观层次上,砂浆由净浆基体、细骨料以及二者之间的界面过渡区构成。各组分的力学特性直接影响了砂浆的力学性能,因此需要开发出细观组分识别算法,准确划分出基体、骨料以及 ITZ 单元,明确三相的含量以及三维空间分布,为砂浆力学性能的数值分析提供基础。

有限元数值分析时特征单元采用正六面体网格,因此采用立方体单元对各物相进行网格剖分,方法如下:首先确定出立方体砂浆模型的网格数量(假定为 $n \times n \times n$ 个),并将模型均一划分成 $n \times n \times n$ 个立方体特征单元,如图 5.2(a)所示;其次,将 $n \times n \times n$ 个立方体网格按顺序逐一与容器内部的凸形粒子进行位置关系判断:对于某一立方体特征单元:① 若存在一个凸多面体,使得特征单元在其内部,则定义该网格为骨料单元;② 若存在一凸多面体,使得该多面体的一个表面与特征单元相交,则定义网格为 ITZ 单元;③ 若网格单元相对于容器内的所有凸多面体,均在这些颗粒的外部,则定义其为净浆单元。以上细观组分判定依据的二维示意图如图 5.2(b)所示。

特征单元与凸形粒子的位置关系判断算法如下:如图 5.2(c)所示,网格单元顶点记为 $P_m(m=1-8)$,$C_iC_jC_k$ 为凸多面体任意一个三角形面,其外法向量记为 V_c,C_iP_m 为经点 C_i 指向 P_m 的向量,则顶点 P_m 与面 $C_iC_jC_k$ 的位置关系如下:

$$C_iP_mV_c \geqslant 0 \qquad (P_m \text{ 在 } C_iC_jC_k \text{ 外部})$$
$$C_iP_mV_c < 0 \qquad (P_m \text{ 在 } C_iC_jC_k \text{ 内部}) \qquad (5.4)$$

因此,对于一个立方体单元,令其与容器中的凸多面体逐一进行判断:① 若存在一个凸多面体,使得对于其所有表面,均存在关系 $C_iP_mV_c < 0(m \in [1,8])$,则该特征单元为骨料单元;② 若对于一个凸多面体,存在一个三角形面 $C_iC_jC_k$ 使得 $C_iP_mV_c < 0$ 且 $C_iP_mV_c \geqslant 0(m、n \in [1,8], m \neq n)$,则该特征单元为 ITZ 单元;③ 若容器中所有凸多面体与单元网格的关系均为 $C_iP_mV_c \geqslant 0(m \in [1,8])$,则该特征单元为净浆单元。

基于以上算法,开发砂浆的细观组分判定程序,将生成的物相信息嵌入到有限元软件 ANSYS/LS-DYNA 中,得到典型的骨料-基体-ITZ 三相细观模型如图 5.3 所示。

（a）网格初划分

（b）网格属性判定示意图

白色：基体单元
黄色：骨料单元
红色：ITZ单元

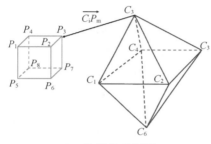

（c）位置关系判断

图 5.2　有限元网格属性判断方法

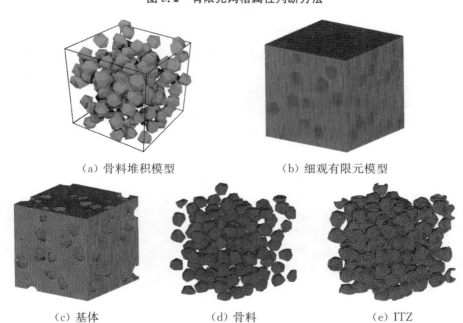

（a）骨料堆积模型　　　　　　　（b）细观有限元模型

（c）基体　　　　　（d）骨料　　　　　（e）ITZ

图 5.3　骨料-基体- ITZ 三相细观模型

为了对砂浆进行细观力学性能分析,需要确定不同材料的本构模型及其模型参数。净浆基体、骨料和 ITZ 均采用 Solid 164 单元进行建模,其优点是位移求解计算结果比较精确、省时,有利于克服材料非线性和单元的大变形所造成的计算困难[6]。对于基体,材料模型选用 CONCRETE_DAMAGE_Rel3(K&C)模型,该模型能够模拟材料的应变软化、剪切膨胀等行为,已被广泛用于不同类混凝土材料(混凝土、砂浆、岩石等)[7-9]的数值分析。K&C 材料模型包括初始屈服面、极限强度面和残余强度面,可以模拟强化面在初始屈服面和极限强度面之间以及软化面在极限强度面和残余强度面之间的变化,还考虑了应变率效应、损伤效应、应变强化以及软化作用等效应[10]。图 5.4(a)为 K&C 材料模型的破坏面(点 1、2、3 分别代表屈服强度面、最大强度面和残余强度面),图 5.4(b)为单轴应力-应变关系(点4、5、6 分别代表极限强度、初始屈服强度和残余强度),该模型中,混凝土的破坏可以分为三个阶段:弹性阶段、塑性强化阶段以及软化阶段。在使用时,K&C 模型仅需输入材料的密度(ρ)、泊松比(ν)、抗压强度(f_c)以及动态增强因子(DIF)关系曲线几类参数。

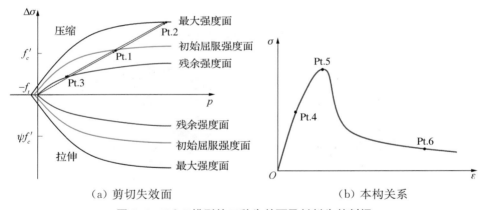

$$(a)\ 剪切失效面 \qquad (b)\ 本构关系$$

图 5.4　K&C 模型的三种失效面及材料失效判据

模型的破坏面函数为[11]:

$$\Delta\sigma_y=\begin{cases}a_{0y}+\dfrac{p}{(a_{1y}+a_{2y}p)} & p\geqslant 0.15f_c \\[2mm] 1.35f_t+\dfrac{3p}{1-\dfrac{3f_t}{f_c}} & 0\leqslant p<0.15f_c \\[2mm] 1.35(p+f_t) & p<0\end{cases} \qquad (5.5)$$

$$\Delta\sigma_m = \begin{cases} a_0 + \dfrac{p}{(a_1 + a_2 p)} & p \geqslant f_c/3 \\[2mm] 1.35/\psi(p + f_t) & 0 \leqslant p \leqslant 0.15 f_c \\[2mm] 3(p/\eta + f_t) & p < 0 \end{cases} \tag{5.6}$$

$$\Delta\sigma_r = a_{0f} + p/(a_{1f} + a_{2f} p) \tag{5.7}$$

式中，$\Delta\sigma_y$、$\Delta\sigma_m$、$\Delta\sigma_r$ 分别为初始屈服强度面、最大强度面以及残余强度面；a_0、a_1、a_2、a_{0y}、a_{1y}、a_{2y}、a_{0f}、a_{1f}、a_{2f} 为由无侧限压缩试验和三轴压缩试验确定的材料常数；f_c 和 f_t 分别代表抗压强度和抗拉强度；p 代表压强；η 代表损伤计算参数；ψ 为拉压子午线比。

屈服破坏面分为应变硬化段和应变软化段，表达形式如式(5.8)所示：

$$\Delta\sigma_m = \begin{cases} \eta(\Delta\sigma_m - \Delta\sigma_y) + \Delta\sigma_y & \triangleright (\text{strain harding}, \lambda \leqslant \lambda_m) \\[2mm] \eta(\Delta\sigma_m - \Delta\sigma_r) + \Delta\sigma_r & \triangleright (\text{strain harding}, \lambda > \lambda_m) \end{cases} \tag{5.8}$$

式中，λ_m 为损伤转折点，用于区分应变硬化段和应变软化段；λ 为损伤变量，表达式如下：

$$\lambda = \begin{cases} \displaystyle\int_0^{\overline{\varepsilon_p}} \dfrac{\mathrm{d}\overline{\varepsilon_p}}{\gamma_f (1 + p/f_t)^{b_1}} & p \geqslant 0 \\[4mm] \displaystyle\int_0^{\overline{\varepsilon_p}} \dfrac{\mathrm{d}\overline{\varepsilon_p}}{\gamma_f (1 + p/f_t)^{b_2}} & p < 0 \end{cases} \tag{5.9}$$

式中，$\mathrm{d}\overline{\varepsilon_p} = \sqrt{2/3\,\mathrm{d}\varepsilon_{ij}^p \mathrm{d}\varepsilon_{ij}^p}$ 为有效塑性应变增量；$\mathrm{d}\varepsilon_{ij}^p$ 指应变增量张量；b_1 和 b_2 分别代表压缩和拉伸情况下的损伤标度参数；γ_f 为动态增加因子。

此外，应变率增强效应是 K&C 模型的重要因素，强度增强 $\Delta\sigma_{me}$ 是 p 和 γ_f 的函数，表达式如下：

$$\Delta\sigma_{me} = \gamma_f \times \Delta\sigma_m \left(\dfrac{p}{\gamma_f}\right) \tag{5.10}$$

LS-DYNA 中的 EOS_TABULATED_COMPACTION(EOS_8)模块可以用 K&C 模型来描述压力与体积应变的关系：

$$p = C(\mu) + \gamma_0 T(\mu) E_0 \tag{5.11}$$

式中，μ 为体积应变；E_0 为单位体积的内能；$C(\mu)$ 为压力和体积应变的函数；$T(\mu)$ 和 γ_0 均为温度参数。

细骨料采用 HOLMQUIST-JOHNSON-COOK(HJC)材料模型，HJC 模型能够较为准确地反映出混凝土、岩石等材料在荷载作用下的力学响应。模型主要包

括三个方面:状态方程、损伤演化方程及屈服面方程[12],状态方程如图 5.5 以及式(5.12)所示:

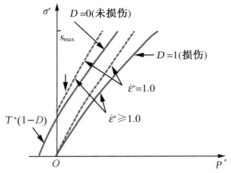

图 5.5 HJC 模型状态方程曲线

$$\sigma^* = [A(1-D) + BP^{*N}](1 + C\ln\dot{\epsilon}^*) \leqslant S_{max}, \quad P^* \geqslant 0 \qquad (5.12)$$

式中,$\sigma^* = \sqrt{3J_2}/f_c$ 是归一化等效应力;J_2 是第二偏应力常量;f_c 为抗压强度;A、B、N、C 分别为归一化内聚强度、压力硬化系数、压力硬化指数和应变率数;$P^* = P/f_c$ 为标准化压缩应力;$\dot{\epsilon}^* = \dot{\epsilon}/\dot{\epsilon}_0$,为无量纲应变率;$S_{max}$ 为材料极限强度;D 为等效塑性应变和塑性体积应变引起的累积损伤,其中 $0 \leqslant D \leqslant 1$,当 D 为 0 时,表示材料未出现损伤,D 为 1 时表示材料发生断裂并失去抗拉与抗剪能力。损伤演化过程的表达式如下:

$$D = \sum \frac{\Delta\epsilon_p + \Delta\mu_p}{\epsilon_p^f + \mu_p^f} \qquad (5.13)$$

式中,$\Delta\epsilon_p$、$\Delta\mu_p$ 分别代表等效塑性应变和塑性体积应变;$\epsilon_p^f + \mu_p^f$ 为加载过程中产生的塑性应变,由标准化压缩应力 P^* 及标准化拉伸强度 $T^* = T/f_c$ 决定:

$$\epsilon_p^f + \mu_p^f = D_1(P^* + T^*)^{D_2} \geqslant \text{EFMIN} \qquad (5.14)$$

式中,D_1、D_2 为损伤常数,EFMIN 代表控制拉伸断裂行为的材料常数。

考虑到材料的非均匀性,压力—体积关系可分为三个响应阶段,如图 5.6 所示。第一阶段:线弹性阶段,发生在 $P \leqslant P_{crush}$ 时,P_{crush}、μ_{crush} 分别为单轴压缩试验下的压力和体积应变,$T(1-D)$ 为拉伸极限值,弹性体积模量 $K_{elastic} = P_{crush}/\mu_{crush}$;第二阶段:弹性变形到压实阶段,发生在 $P_{crush} < P \leqslant P_{lock}$ 时,此阶段混凝体内部孔隙被压实产生弹性体积应变;第三阶段:当 $P = P_{lock}$ 时材料完全密实,关系式为:

$$P = K_1\bar{\mu} + K_2\bar{\mu}^2 + K_3\bar{\mu}^3 \qquad (5.15)$$

$$\bar{\mu} = \frac{\mu - \mu_{lock}}{1 + \mu_{lock}} \qquad (5.16)$$

式中，K_1、K_2、K_3 为材料常数；$\bar{\mu}$ 为修正的体积应变；μ_{lock} 为锁定体积应变。

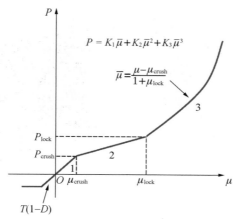

图 5.6　失效面曲线

河砂的 HJC 模型参数如表 5.2 所示。

表 5.2　河砂的细观模型参数

$\rho/(\text{kg}/\text{m}^3)$	G/GPa	A	B	N	C	f_c'/MPa
2560	21.5	0.9	2	0.65	0.1	160
f_t/MPa	EFMIN	SMAX	P_{crush}/MPa	μ_{crush}	P_{lock}/MPa	μ_{lock}
10	0.01	4	53	0.0012	800	0.01
D_1	D_2	K_1/MPa	K_2/MPa	K_3/MPa	f_s	$mxpes$
0.08	1.0	1.4E4	-20E5	25E5	0	0.1

　　界面过渡区指骨料与基体之间的过渡区域，是混凝土中力学性能薄弱的区域，实际上，净浆基体与细骨料之间同样存在界面过渡区[13]。砂浆细观有限元模型如图 5.7 所示，模型由上、下压板以及立方体试件组成，压板与砂浆之间的接触方式为 AUTOMATIC_SURFACE_TO_SURFACE，摩擦系数为 0.3。LS-DYNA 提供了多种单元失效准则，主要有基于应变的失效准则和基于应力的失效准则，尽管单元失效并不代表材料真正的物理特性，但其能够克服单元畸变所造成的计算困难，并能够表征混凝土的宏观损伤[14-15]。为了模拟荷载作用下砂浆的损伤形态，采用最大等效应变准则，定义材料参数时添加 MAT_ADD_EROSION 关键字来计算物相的侵蚀失效单元，即当单元最大等效应变达到失效主应变时便删除该单元。

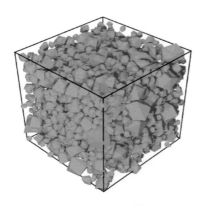 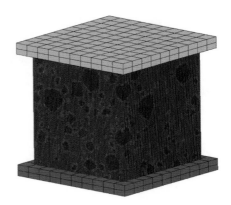

　　　　(a) 细骨料堆积模型　　　　　　　　　　(b) 有限元模型

图 5.7　砂浆的细观模型

　　在加载分析时,将微观尺度净浆的强度计算结果作为力学参数带入净浆基体的材料输入参数,并进行加载分析,可以计算出细观尺度砂浆的压缩力学性能。

5.2.4　混凝土抗压性能

　　细观数值模拟是分析混凝土宏观力学性能的重要技术手段,在细观尺度,混凝土由砂浆基体、骨料以及 ITZ 构成。对于混凝土细观模型的建立,与砂浆类似,将粗骨料几何堆积模型嵌入有限元分析软件 ANSYS/LS-DYNA 中,构建包含砂浆、骨料和 ITZ 的有限元模型,如图 5.8 所示。其中基体与 ITZ 采用 K&C 模型,而粗骨料采用 HJC 模型。在加载分析时,将细观尺度砂浆的强度计算结果作为力学参数带入砂浆基体的材料输入参数,并进行加载分析,可以计算出宏观尺度砂浆的压缩力学性能。

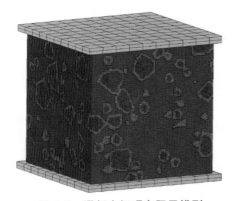

图 5.8　混凝土细观有限元模型

　　对于纤维混凝土,其细观模型可视为由砂浆基体与钢纤维两相构成。由于基体与纤维之间没有明显的薄弱区,一般认为二者之间不存在界面过渡区[16]。纤维三维随机堆积模型建立完毕后,将纤维坐标信息嵌入有限元软件 ANSYS/LS-DYNA 中生成混凝土的三维细观模型,进而可以对压缩荷载作用下 UHPC 的静态力学性能进行数值模拟。细观模型由上、下压板以及立方体试件组成,混凝土试件尺寸为 100 mm×100 mm×100 mm,包含砂浆基体与纤维两相。考虑到计算的精确性与计算量的限制,立方体试件划分网格数量为$(100×100×100)$个,即砂浆基体的特征单元尺寸为 1 mm,纤维混凝土细观模型如图 5.9 所示。其中,钢纤维采用 beam 单元,砂浆基体和压板采用 Solid 164 实体单元。

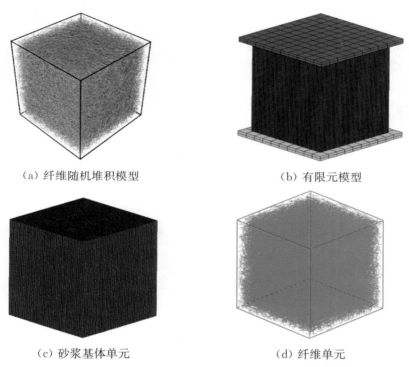

(a) 纤维随机堆积模型　　　　　　　　(b) 有限元模型

(c) 砂浆基体单元　　　　　　　　　(d) 纤维单元

图 5.9　纤维混凝土细观模型

实际上,纤维混凝土的力学性能不仅取决于材料属性,还受到钢纤维与砂浆基体之间相互作用的影响,纤维与基体的界面黏结特性显著改善了混凝土的力学性能。由于纤维的桥接作用限制了裂缝的扩展与延伸,从而增加了混凝土强度并延缓了其发生破坏[17-18],因此,纤维与基体间相互作用的准确描述对于混凝土的细观力学数值模拟及其重要。文献[19]在分析纤维混凝土的静动态力学性能时,未考虑纤维与基体之间的作用,尽管取得了较好的模拟结果,然而,纤维与基体之间的黏结为理想状态这一假定,显然与实际不符。为了模拟纤维与基体间的相互作用,二者之间的接触采用 Constrained_Lagrange_In_Solid 方式进行控制。

MAT-PLASTIC-KINEMATIC(Mat_003)模型是一种与应变率相关和带有失效的弹塑性材料模型,考虑了钢纤维在各种应力条件下的弹塑性特性,采用 Mat_003 模型来描述纤维在基体中的非线性行为。Mat_003 模型已被广泛应用于纤维

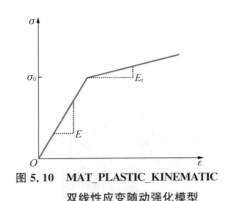

图 5.10　MAT_PLASTIC_KINEMATIC 双线性应变随动强化模型

增强混凝土的静动态力学数值模拟中[20-23]，模型的控制参数包括质量密度（ρ）、弹性模量（E）、泊松比（ν）以及屈服应力（σ_y），其应力-应变关系可以近似采用两条直线进行表示，如图 5.10 所示，第一段直线的斜率代表材料的弹性模量，第二段直线的斜率代表切线模量（E_t）。

Mat_003 模型的屈服应力与塑性应变、应变率的关系如下：

$$\sigma_y = \left[1 + \left(\frac{\dot{\varepsilon}}{C}\right)^{\frac{1}{P}}\right](\sigma_0 + \beta E_p \varepsilon_{\text{eff}}^p) \tag{5.17}$$

式中，σ_0 代表初始屈服应力；$\dot{\varepsilon}$ 是应变率；C 和 P 是应变率参数；β 为硬化参数，该模型可采用各向同性硬化（$\beta = 1$）、随动硬化（$\beta = 0$）或混合硬化方式（$0 < \beta < 1$）；$\varepsilon_{\text{eff}}^p$ 为有效塑性应变；E_p 为塑性硬化模量，与 E、E_t 的关系如下：

$$E_p = \frac{E E_t}{E - E_t} \tag{5.18}$$

钢纤维的材料模型参数参见文献[20,24]，如表 5.3 所示。对于砂浆基体，材料模型为 K&C 模型。

表 5.3　纤维混凝土细观模型参数

材料	LS_DYNA 中的模型	参数	数值
钢纤维	Mat_003 模型	密度（kg/m³）	7 850
		弹性模量（GPa）	203
		泊松比	0.3
		屈服应力（GPa）	4.2

在加载分析时，将细观尺度砂浆的强度计算结果作为力学参数带入砂浆基体的材料输入参数，并进行加载分析，可以计算出宏观尺度混凝土的压缩力学性能。

5.3　操作流程与算例

5.3.1　界面说明

本模块功能涵盖混凝土的多尺度力学性能计算，具体包含【加载模型】、【计算净浆力学性能】、【计算砂浆力学性能】、【计算混凝土力学性能】4 个操作模块，位于界面上方一栏,以及【微结构模型】、【砂浆结构模型】、【混凝土结构模型】3 个结果显示模块,位于操作模块下方,如图 5.11 所示。

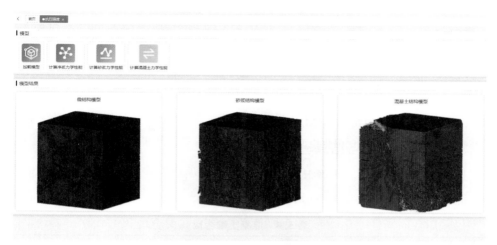

图 5.11　操作界面

5.3.2　操作介绍

首先点击【加载模型】按钮,调取混凝土多尺度结构;然后点击【计算净浆力学性能】按钮,系统自动读取水化微结构并建立相应有限元模型,此外,系统内部执行参数传递程序,将 C-S-H 凝胶力学性能传递至净浆有限元模型,随后对净浆模型进行加载;计算完毕后,系统执行【计算砂浆力学性能】模块,通过调取细骨料堆积结构建立相应有限元模型,随后,系统内部执行参数传递程序,将净浆力学性能传递至砂浆有限元模型,并进行加载分析;计算完毕后,系统内部执行【计算混凝土力学性能】模块,通过调取粗骨料或纤维堆积结构并建立相应有限元模型,系统将砂浆力学性能传递至混凝土有限元模型,随后进行加载分析,以上步骤分别可以获取净浆、砂浆以及混凝土的压缩应力-应变曲线,如图 5.12 所示。

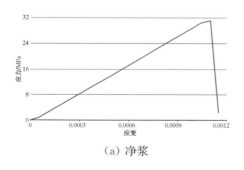

（a）净浆

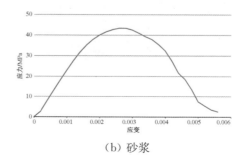

（b）砂浆

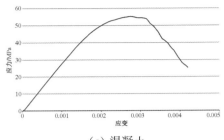

（c）混凝土

图 5.12　混凝土多尺度力学性能

5.3.3　算例分析与结果验证

1）算例 1：普通混凝土多尺度力学性能计算

混凝土配合比如表 5.4 所示：

表 5.4　混凝土配合比

水泥	水	河砂	玄武岩碎石	高效减水剂/%
1.0	0.35	1.55	2.56	0.45

注：相对于胶凝材料的质量比。

图 5.13 为混凝土净浆有限元模型及压缩荷载作用下应力-应变曲线，可以看出，净浆的应力随着加载的持续不断增长，其峰值应力为 31.1 MPa，对应应变为 1.1×10^{-3}，随后应力出现急剧下降。

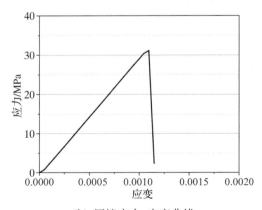

（a）有限元模型　　　　　　　　　（b）压缩应力-应变曲线

图 5.13　混凝土硬化净浆力学性能数值分析

图 5.14 为砂浆力学性能细观数值模拟结果，图 5.14(a)、(b)分别为砂浆细观

有限元模型及压缩应力-应变曲线,计算得到砂浆的抗压强度为 43.4 MPa,对应峰值应变为 0.26%。

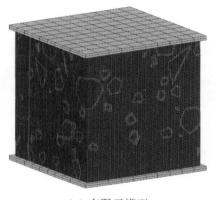

（a）有限元模型

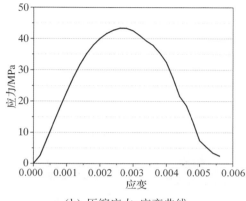

（b）压缩应力-应变曲线

图 5.14　砂浆力学性能数值分析

　　图 5.15 为混凝土力学性能细观数值模拟结果,图 5.15(a)、(b)分别为混凝土细观有限元模型及压缩应力-应变曲线,计算得到混凝土的抗压强度为 55.3 MPa,对应峰值应变为 0.28%。该配合比条件下混凝土的试验强度为 49.2MPa,试验-模拟误差为 12.4%。

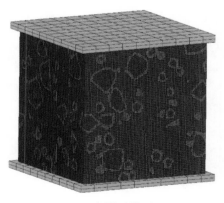

（a）有限元模型

（b）压缩应力-应变曲线

图 5.15　混凝土力学性能数值分析

　　2）算例 2:纤维混凝土多尺度力学性能计算

　　纤维混凝土配合比如表 5.5 所示:

表 5.5　纤维混凝土配合比

水泥	粉煤灰	硅灰	水	河砂	高效减水剂/%	钢纤维(by volume)/%
0.6	0.3	0.1	0.16	1.1	1.5	2.5

注:相对于胶凝材料的质量比。

图 5.16 为纤维混凝土净浆有限元模型及压缩荷载作用下应力-应变曲线,可以看出,微结构的应力随着加载的持续不断增长,当应力达到 90.2 MPa,对应的应变为 2.5×10^{-3},应力-应变曲线开始出现下降段,应力逐渐减小。

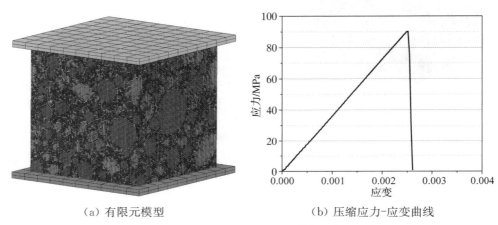

（a）有限元模型　　　　　　　（b）压缩应力-应变曲线

图 5.16　纤维混凝土硬化净浆力学性能数值分析

纤维混凝土砂浆细观有限元模型如图 5.17(a)所示,图 5.17(b)为压缩荷载条件下砂浆的应力-应变曲线,可以看出,砂浆强度为 114.5 MPa,对应峰值应变为 0.37%。

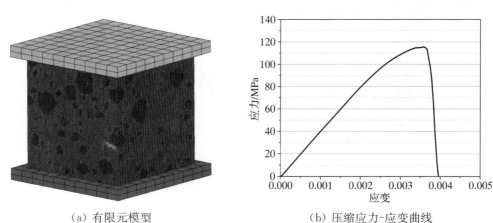

（a）有限元模型　　　　　　　（b）压缩应力-应变曲线

图 5.17　纤维混凝土砂浆力学性能数值分析

图 5.18 为压缩荷载作用下纤维混凝土立方体试件的数值模拟应力-应变曲线,混凝土峰值应力为 155.9 MPa,峰值应变为 4.9×10^{-3}。该配合比混凝土的试验抗压强度为 162.3 MPa,模拟结果的误差为 3.9%,说明了模拟结果的可靠性。

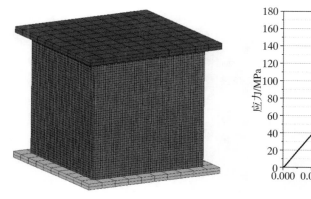

（a）有限元模型

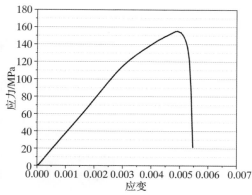

（b）压缩应力-应变曲线

图 5.18　纤维混凝土力学性能数值分析

3）算例 3:混凝土多尺度力学性能数值模拟对比验证

下面对文献[25]中混凝土强度数据进行验证,以考察混凝土多尺度力学性能预测模型的可靠性,混凝土配合比如表 5.6 所示。其中,胶凝材料采用金宁羊牌 P·Ⅱ42.5R 硅酸盐水泥,Ⅰ级粉煤灰以及 S95 级矿渣;细骨料采用细度模数为 2.44 的河砂;粗骨料采用粒径为 5～25 mm 的连续级配碎石;此外,采用南京市自来水以及聚羧酸高效减水剂。

表 5.6　文献中混凝土配合比　　　　　　　　单位:kg/m³

编号	水泥	粉煤灰	矿渣	水	河砂	碎石	减水剂
A4	440	0	0	150	720	1 080	3.33
A6	420	0	0	151	733	1 100	3.33
A8	400	0	0	152	747	1 120	3.00
A6F2	336	84	0	151	733	1 100	3.74
A6S2	336	0	84	151	720	1 080	3.13

文献中 A4、A6、A8、A6F2 与 A6S2 五组配合比的试验强度分别为 48.3 MPa、43.0 MPa、41.4 MPa、48.2 MPa 以及 41.9 MPa,按照本章所建立的混凝土力学性能预测模型,计算不同配合比混凝土的模拟强度分别为 56.5 MPa、53.1 MPa、

42.2 MPa、52.2 MPa 以及 50.6 MPa。模拟结果如图 5.19 所示,结果表明,随着水胶比的增加,混凝土强度逐渐降低;此外,当水胶比为 0.36 时,采用 20%粉煤灰或矿渣替代水泥,导致混凝土强度略微降低,与试验结果趋势相一致。

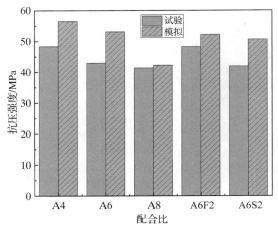

图 5.19　混凝土强度试验-模拟结果对比

5.4　参考文献

[1]　童良玉,刘清风.纤维增强混凝土氯离子扩散系数的多尺度预测模型[J].复合材料学报,2022,39(11):5181 - 5191.

[2]　Li Y G,Zhang H M,Chen S J,et al. Multi-scale study on the durability degradation mechanism of aeolian sand concrete under freeze-thaw conditions[J]. Construction and Building Materials,2022,340:127433.

[3]　Yu L,Wang Q,Wu K,et al. Identification of multi-scale homogeneity of blended cement concrete:macro performance,micro and meso structure[J]. Journal of Thermal Analysis and Calorimetry,2022,147(19):10293 - 10304.

[4]　张阳.混凝土材料与结构力学性能分析的多尺度模型与算法研究[D].西安:西北工业大学,2016.

[5]　Zhang H Z,Xu Y D,Gan Y D,et al. Experimentally validated meso-scale fracture modelling of mortar using output from micromechanical models[J]. Cement and Concrete Composites,2020,110:103567.

[6]　Zhang J H,Liu X G,Ding K,et al. Dynamic splitting tensile behaviors of ceramic aggregate concrete:an experimental and mesoscopic study[J]. Structural Concrete,2022,23(68):202100542.

［7］ Kong X Z, Fang Q, Chen L, et al. Nonlocal formulation of the modified K&C model to resolve mesh-size dependency of concrete structures subjected to intense dynamic loadings［J］. International Journal of Impact Engineering, 2018, 122: 318 - 332.

［8］ Hong J, Fang Q, Chen L, et al. Numerical predictions of concrete slabs under contact explosion by modified K&C material model［J］. Construction and Building Materials, 2017, 155: 1013 - 1024.

［9］ Fang Q, Zhang J H, Zhang Y D, et al. 3D numerical investigation of cement mortar with microscopic defects at high strain rates［J］. Journal of Materials in Civil Engineering, 2016, 28 (3): 04015155.

［10］ Wu Y C, Crawford J E. Numerical modeling of concrete using a partially associative plasticity model［J］. Journal of Engineering Mechanics, 2015, 141(12): 4015051.

［11］ Malvar L J, Crawford J E, Wesevich J W, et al. A plasticity concrete material model for DYNA3D［J］. International Journal of Impact Engineering, 1997, 19(9/10): 847 - 873.

［12］ Johnson H G R. A computational constitutive model for glass subjected to large strains, high strain rates and high pressures［J］. Journal of Applied Mechanics, 2011, 78(5): 051003.

［13］ 黄燕, 胡翔, 史才军, 等. 混凝土中水泥浆体与骨料界面过渡区的形成与改进综述［J］. 材料导报, 2023, 37(1): 102 - 113.

［14］ Chen L, Yue C J, Zhou Y K, et al. Experimental and mesoscopic study of dynamic tensile properties of concrete using direct-tension technique［J］. International Journal of Impact Engineering, 2021, 155: 103895.

［15］ Fang Q, Zhang J H, Zhang YD, et al. A 3D mesoscopic model for the closed-cell metallic foams subjected to static and dynamic loadings［J］. International Journal of Impact Engineering, 2015, 82: 103 - 112.

［16］ Sorelli L, Constantinides G, Ulm F J, et al. The nano-mechanical signature of Ultra High Performance Concrete by statistical nanoindentation techniques［J］. Cement and Concrete Research, 2008, 38(12): 1447 - 1456.

［17］ Gong J H, Ma Y W, Fu J Y, et al. Utilization of fibers in ultra-high performance concrete: a review［J］. Composites Part B: Engineering, 2022, 241: 109995.

［18］ Ragalwar K, Heard W F, Williams B A, et al. On enhancing the mechanical behavior of ultra-high performance concrete through multi-scale fiber reinforcement［J］. Cement and Concrete Composites, 2020, 105: 103422.

［19］ 赵秋山, 徐慎春, 刘中宪. 钢纤维增强超高性能混凝土抗压性能的细观数值模拟［J］. 复合材料学报, 2018, 35(6): 1661 - 1673.

［20］ Zhang J H, Liu X G, Wu Z Y, et al. Fracture properties of steel fiber reinforced concrete:

Size effect study via mesoscale modelling approach[J]. Engineering Fracture Mechanics,
2022,260:108193.

[21] Peng Y, Wu C Q, Li J, et al. Mesoscale analysis on ultra-high performance steel fibre reinforced concrete slabs under contact explosions [J]. Composite Structures, 2019, 228:111322.

[22] Liang X W, Wu C Q. Meso-scale modelling of steel fibre reinforced concrete with high strength[J]. Construction and Building Materials,2018,165:187 - 198.

[23] 蔡路军,刘令,陈少杰,等. 钢纤维高强混凝土板抗爆细观数值模拟及实验研究[J]. 爆破, 2020,37(4):145 - 154.

[24] Feng T T, Jia M K, Xu W X, et al. Three-dimensional mesoscopic investigation of the compression mechanical properties of ultra-high performance concrete containing coarse aggregates[J]. Cement and Concrete Composites,2022,133:104678.

[25] 汪中,吴瑾,宋永吉. 单掺矿物掺合料混凝土氯离子扩散系数试验研究[C]//中国土木工程学会混凝土与预应力混凝土分会混凝土耐久性专业委员会. 第八届全国混凝土耐久性学术交流会论文集,2012.

6.1　引言

为了保证混凝土结构的安全性,需要在设计阶段对给定载荷条件下的结构承载力进行控制,即基于材料力学性能参数验算结构的承载力。弹性模量作为结构设计的关键参数之一,决定了混凝土的弹性变形甚至早期开裂情况,掌握混凝土的弹性模量对于结构设计具有重要意义。由于混凝土属于多级胶凝复合材料,其弹性模量由内部各组分以及水泥水化程度等因素综合影响决定[1-3]。虽然经验方程可以定量评估各因素对弹性模量的影响,但并不能体现材料间的微观交互作用对材料的影响,忽略了混凝土组分反应的复杂性。此外,为了得到经验方程所需数据,需要耗费大量试验成本[4]。因此,从水泥水化模型出发构建考虑材料组分及配比的混凝土弹性模量评估模型,对混凝土力学性能的可靠预测以及后续的模型设计等均至关重要。

由于混凝土属于一种多级胶凝复合材料,其内部的砂、石、矿物掺合料、纤维等组分通过水泥水化产生的胶凝网络相互连接形成整体,不同尺度下的主要功能组分也不同。根据复合材料均匀化理论,若能选择合适的代表性体积单元(RVE)对这种多组分复合材料进行表征,其弹性模量将表现为宏观均匀,如图 6.1 所示。已

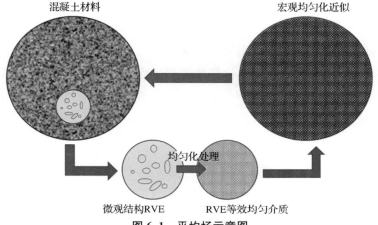

图 6.1　平均场示意图

有学者成功将平均法用于纤维增强混凝土弹性模量的计算中，研究了骨料、纤维等的影响[5]。本章参考这一思路，根据水泥水化理论、骨料级配等将混凝土分解为不同尺度下的 RVE，首先计算不同尺度下的 RVE 有效弹性模量，然后将该值作为下一级的计算输入参数得到高尺度 RVE 有效弹性模量，最终实现混凝土弹性模量的逐尺度计算。

6.2　计算思路与算法

6.2.1　平均场理论算法介绍

在研究非均匀材料的性质时，需要定义与研究的性质直接相关的尺度。在该尺度下，可以忽略不可观测的细观结构特征，只考虑该细观结构的平均效应。为了使总体性质具有代表性，符合尺度要求的任意体积单元的平均值必须与非均匀材料试样相同，满足这种要求的非均匀材料称为宏观均匀材料。在确定非均匀材料的 RVE 大小时，需要保证其尺度相对于宏观尺度来说足够小，从而可以用等效均匀介质来代替实际的非均匀材料。通过对等效均匀材料进行计算得到其近似平均的应力场与应变场，可以构建这种非均匀材料的本构关系。

将区域为 Ω 的线弹性非均匀材料取出其对应的代表性体积单元 RVE，在该区域边界 S 上作用均匀应力或均匀应变，同时认为材料各相之间保持连续且无外力作用时材料保持自然状态(应力、应变为 0)，将此时 RVE 的局部细观弹性刚度张量记为 $L(x)$。

在这种前提下，代表性体积单元的力学特征表现为线弹性。若将材料的有效弹性刚度张量记为 L^{hom}，则其局部应力 $\sigma(x)$ 与应变 $\varepsilon(x)$ 之间的关系满足：

$$\sigma(x) = L(x) : \varepsilon(x) \tag{6.1}$$

类似的，材料宏观应力张量 Σ 和应变张量 E 可表示为[6]：

$$\Sigma = L^{\mathrm{hom}} : E \tag{6.2}$$

对于具有明显基体相的非均匀复合材料来说，将其内部占比较少的相视为夹杂相。假设夹杂的嵌入方向和形状都是随机且均匀(如图 6.2 所示)，基体刚度张量为 L_0，夹杂的刚度张量为 $L_1, L_2, L_3, \cdots, L_N$，在均匀应变边界条件下，根据局部应力平衡法则可以得到复合材料的有效刚度满足：

$$L^{\mathrm{hom}} = L_0 + \sum_{r=1}^{N} c_r (L_r - L_0) : A_r \tag{6.3}$$

$$c_r = \frac{|\Omega_r|}{|\Omega|} \tag{6.4}$$

式中,c_r 为 r 相材料的体积比;$|\Omega_r|$ 为 r 相材料的体积;应变集中张量 A_r 为代表性体积单元 RVE 在均匀应变作用下第 r 相夹杂的平均应变。

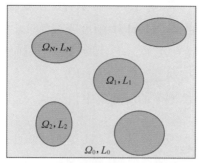

图 6.2   多相复合材料示意图

1) Mori-Tanaka 模型

设 ε_r 和 σ_r 分别为第 r 相夹杂的平均应变和应力张量,满足:

$$\bar{\sigma}_r = L_r : \varepsilon_r \tag{6.5}$$

当 $r=0$ 时,对应的 ε_0 和 σ_0 分别表示刚度张量为 L_0 的基体相的平均应变和应力。

当复合材料为 $L_r(r>0)$ 的夹杂时,夹杂间的相互影响通过各自应力、应变场作用于周围基体的形式传递。基体相的平均应变 ε_0 和应力 σ_0 能很好地表征夹杂相附近基体的真实场。当把嵌入刚度张量为 L_0 的均匀基体中的刚度张量为 L_r 的夹杂近似为椭球形时,根据单椭球夹杂理论,夹杂嵌入前基体均匀应变 ε_0 与嵌入后夹杂相应变 ε_r 之间的关系满足:

$$\varepsilon_r = T_r : \bar{\varepsilon}_0 \tag{6.6}$$

$$T_r = [I + S_r : L_0^{-1} : (L_r - L_0)]^{-1} \tag{6.7}$$

式中,S_r 为 Eshelby 张量;T_r 为局部应变集中张量;I 为单位张量。

整体应变集中张量 A_r 与局部应变集中张量之间的关系满足:

$$A_r = T_r : \Big[\sum_{n=0}^{N} c_n T_n \Big]^{-1} \tag{6.8}$$

由于 $T_0 = I$,可以得到 Mori-Tanaka 法下复合材料有效刚度张量满足[7]:

$$L_{\mathrm{MT}}^{\mathrm{hom}} = \sum_{r=0}^{N} c_r L_r : T_r : \Big[\sum_{n=0}^{N} c_n T_n \Big]^{-1} \tag{6.9}$$

2) D-I 模型

Nemat-Nasser 和 Hori 提出了平均场理论刚度矩阵的修正模型[8],定义刚度

张量为 L_0 的均匀基体中刚度张量为 L_1 的椭球形夹杂使用 Mori-Tanaka 法得到的应变集中张量为 $A_r(L_0,L_1)$，则 D-I 下限应变集中张量 $A_{r\text{-lower}}$ 为：

$$A_{r\text{-lower}} = A_r(L_0,L_1) \tag{6.10}$$

定义刚度张量为 L_1 的均匀基体中刚度张量为 L_0 的椭球形夹杂使用 Mori-Tanaka 法得到的集中张量为 $A_r(L_1,L_0)$，则 D-I 上限应变集中张量 $A_{r\text{-upper}}$ 为：

$$A_{r\text{-upper}} = [A_r(L_1,L_0)]^{-1} \tag{6.11}$$

通过插值法得到 D-I 模型下的应变集中张量：

$$A_{\text{D-I}} = [(1-\xi(c_1))(A_{r\text{-lower}})^{-1} + \xi(c_1)(A_{r\text{-upper}})^{-1}]^{-1} \tag{6.12}$$

式中，$\xi(c_1)$ 为平滑函数满足：

$$\xi(c_1) > 0, \quad \frac{\mathrm{d}\xi}{\mathrm{d}c_1}(c_1) > 0, \quad \lim_{c_1 \to 0}\xi(c_1) = 0, \quad \lim_{c_1 \to 1}\xi(c_1) = 1 \tag{6.13}$$

为简便起见，有时将 $\xi(c_1)$ 取为以下形式：

$$\xi(c_1) = \frac{1}{2}c_1(1+c_1) \tag{6.14}$$

得到 D-I 模型下材料的刚度矩阵满足：

$$L_{\text{D-I}}^{\text{hom}} = [c_1 L_1 : A_{\text{D-I}} + (1-c_1)L_0] : [c_1 A_{\text{D-I}} + (1-c_1)I]^{-1} \tag{6.15}$$

3) 两步平均场理论

当内部多相夹杂的取向、形状非完全自由随机时，需要对其进行两步平均化处理[9]（如图 6.3 所示）。定义各夹杂相 $\Omega_r(r=1,2,\cdots,N)$ 的概率分布函数为 Ψ_r，则该概率分布函数满足：

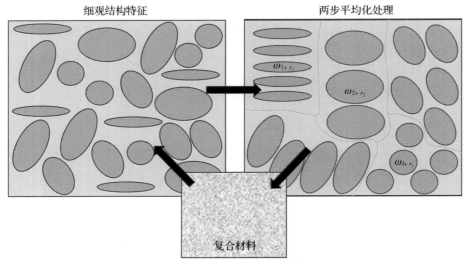

图 6.3　两步平均场理论示意图

$$\oint \Psi_r = 1 \tag{6.16}$$

将 RVE 分解为多个离散的无穷小伪晶粒,每个伪晶粒 $\omega_{i,r}$ 的体积为 $dV(\omega_{i,r})$ 仅含有夹杂相 Ω_r,其基质体积分数与 RVE 基质体积分数相同为 c_0,夹杂相 Ω_r 的体积分数为 $(1-c_0)$。则整个 RVE 的任意微观场 $\mu(x)$ 可通过各晶粒的微观场来表达:

$$\mu_{\text{RVE}} = \sum_{i=1}^{N} \frac{c_i}{(1-c_0)} \mu_{\omega_{i,r},\Psi_r} = \mu_{\omega_{i,r},i,\Psi_r} \tag{6.17}$$

6.2.2 不同尺度下物相划分及各组分体积分数

1) C-S-H 的多相划分

C-S-H 由于密度存在差异性可分为高密(HD)和低密(LD)C-S-H,二者具有相似的化学组分,但会由于水灰比的区别而存在轻微差异。基于 Vandamme 的工作[10],认为 LD 和 HD C-S-H 中均含有一定的凝胶孔,且凝胶孔隙率可通过材料的堆积密度和分子结构得到。将 LD 和 HD C-S-H 视为复合材料(如图 6.4 所示),其中使用 Jennite 晶体近似模拟 C-S-H 的分子构成并将其视为基体,将孔隙率视为球形夹杂并嵌入连续基体中,可得到 LD/HD C-S-H 的弹性刚度矩阵。

图 6.4 C-S-H 多相示意图

LD 和 HD C-S-H 的体积分数可通过 Tennis 等人[11] 所建立的模型确定:

$$\begin{cases} \dfrac{f_{\text{LD}}}{f_{\text{C-S-H}}} = \dfrac{M_{\text{LD}}\rho_{\text{LD}}}{\rho_{\text{LD}} + M_{\text{LD}}(\rho_{\text{HD}} - \rho_{\text{LD}})} \\[3mm] \dfrac{f_{\text{HD}}}{f_{\text{C-S-H}}} = 1 - \dfrac{f_{\text{LD}}}{f_{\text{C-S-H}}} \end{cases} \tag{6.18}$$

$$\frac{M_{\text{LD}}}{M_{\text{C-S-H}}} = 3.017\alpha\left(\frac{w}{c}\right) - 1.347\alpha + 0.538 \tag{6.19}$$

式中,f_{LD} 和 f_{HD} 分别为 LD 和 HD C-S-H 的体积分数;M_{LD} 和 M_{HD} 分别为 LD 和 HD C-S-H 的质量分数。

通过上式可知高、低密 C-S-H 体积含量的主要影响因素是水灰比和水化度。

同时硅粉、矿渣等矿物掺合料的加入会对水泥的水化产生影响,因此 Ouyang[12] 在低密 C-S-H 体积分数的计算中引入了硅粉与矿渣的影响:

$$f_{LD} = 1.644 \left(\frac{w}{c}\right) - 0.057 \left(\frac{s_f}{c}\right) + 0.007 \left(\frac{s_{slag}}{c}\right) - 0.149 \tag{6.20}$$

式中,$\left(\frac{s_f}{c}\right)$ 为硅灰与水泥的质量比,$\left(\frac{s_{slag}}{c}\right)$ 为矿渣与水泥的质量比。

在得到高、低密的 C-S-H 体积分数后,选择含量较多的相作为基质,另一相作为夹杂相,使用平均场理论对 C-S-H 的弹性模量展开计算。

2)水泥浆体的多相划分

在水泥浆的水化演化过程中,可将其分为未水化颗粒和水化物两个部分,其中水化物由水化产物、水和孔隙三部分构成(如图 6.5 所示)。其中孔隙率可通过 MIP 分析得到;未水化水泥颗粒和水化产物的比例可根据初始水灰比和水化程度来判断。Powers-Acker 水化模型[13]考虑了水泥的水化演变过程,给出了考虑水化度的熟料、水、水化产物和孔隙的体积分数计算公式。

$$f_{clin} = \frac{20(1-\alpha)}{20 + 63(w/c)} \tag{6.21}$$

$$f_{H_2O} = \frac{63\left[(w/c) - 0.42\alpha\right]}{20 + 63(w/c)} \tag{6.22}$$

$$f_{hyd} = \frac{43.15\alpha}{20 + 63(w/c)} \tag{6.23}$$

$$f_{air} = 1 - f_{clin} - f_{H_2O} - f_{hyd} = \frac{3.31\alpha}{20 + 63(w/c)} \tag{6.24}$$

式中,f_{clin}、f_{H_2O}、f_{hyd} 和 f_{air} 分别代表熟料、水、水化物以及空气的体积分数;α 为最大水化度。

若把水化物当成独立的尺度,其中各物相占比可根据水泥浆中各相体积分数进行处理得到,水化产物、水以及空气在水合物中的体积分数 $\tilde{f}_{hyd}$、$\tilde{f}_{H_2O}$、$\tilde{f}_{air}$ 满足下式:

$$\tilde{f}_j = \frac{f_j}{1 - f_{clin}}, \quad j = \begin{cases} hyd, \\ H_2O, \\ air \end{cases} \tag{6.25}$$

其中水泥浆水化度与水灰比有关,当材料水灰比小于 0.42 时,原料中水分的不足将使整个熟料的化学反应在水化度小于 1 的时候就停止,最大水化度与水灰比之间的关系满足:

$$\alpha = \begin{cases} \dfrac{w/c}{0.42} & w/c \leqslant 0.42 \\ 1 & w/c > 0.42 \end{cases} \tag{6.26}$$

式中，w 和 c 分别表示水和水泥的单位体积质量。

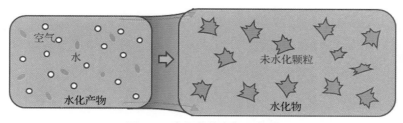

图 6.5 水泥浆体多相示意图

3）砂浆的多相划分

砂浆由水泥浆体和细骨料构成（如图 6.6 所示），其中水泥浆体和细骨料相的体积分数取决于水、水泥、细骨料之间的质量比[14]：

$$\overline{f}_{san} = \frac{\dfrac{s/c}{\rho_{san}}}{\dfrac{1}{\rho_{clin}} + \dfrac{w/c}{\rho_{H_2O}} + \dfrac{s/c}{\rho_{san}}} \tag{6.27}$$

$$\overline{f}_{cp} = 1 - \overline{f}_{san} \tag{6.28}$$

式中，ρ_{san}、ρ_{clin} 和 ρ_{H_2O} 分别表示砂、水泥浆体和水的质量密度；s 表示细骨料的单位体积质量。

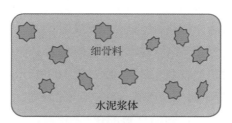

图 6.6 砂浆多相示意图

4）混凝土的多相划分

混凝土由砂浆和骨料组成（如图 6.7 所示），其中将砂浆作为基质，骨料近似为球形夹杂并嵌入连续基体中，可得到混凝土的弹性刚度矩阵。骨料的体积分数近似为骨料掺量与材料总质量之比。

5）纤维增强混凝土的多相划分

超高性能混凝土由混凝土与纤维组成（如图 6.8 所示），在进行这一尺度的分相处理时近似忽略不计混凝土与纤维的界面过渡区范围，将纤维视为椭球形夹杂，混凝土视为基体。

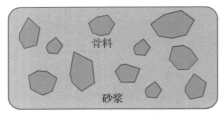
图 6.7　混凝土多相示意图

图 6.8　纤维增强混凝土多相示意图

6.3　操作流程与算例

6.3.1　界面说明

对于混凝土可逐级将其划分为多个尺度，具体包括尺度Ⅰ—C-S-H、尺度Ⅱ—水化物、尺度Ⅲ—水泥浆、尺度Ⅳ—砂浆、尺度Ⅴ—混凝土以及尺度Ⅵ—纤维混凝土。其中，尺度Ⅰ～Ⅴ可采用 Mori-Tanaka 法对其均匀弹性模量进行求解，尺度Ⅵ当纤维呈取向均匀分布时采用 Mori-Tanaka 法对其进行求解，当纤维取向分布不均匀时采用两步平均场理论以避免结果奇异性。

多尺度弹性模量计算使用到软件中【原材料】、【纳观 C-S-H】与【弹性模量】三个模块，其中材料参数在【原材料】中输入，通过【纳观 C-S-H】内高/低密 C-S-H 结果计算得到 C-S-H 弹性模量值后，转入【弹性模量】（如图 6.9 所示）中进行计算。【原材料】中需要输入的相关参数包括水泥、硅灰、矿渣、水、细骨料、粗骨料掺量和纤维体积分数，同时还需要确定细骨料、粗骨料以及纤维的材料类型。【弹性模量】中包括通过【原材料】计算后得到的材料配比、水化过程中水化物弹性模量随水化度变化的发展曲线、不同尺度下的弹性模量结果。

6.3.2　操作介绍

点击【加载参数】，自动获取【原材料】中的原材料参数并转化为原材料配比。点击【计算】，对水化物、水泥浆、砂浆、混凝土以及纤维混凝土尺度下的弹性模量展开计算，计算结果在【多尺度模量计算结果】栏内生成。在【随水化度发展的水化物

图 6.9　弹性模量模块

弹性模量】栏中生成水化度-弹性模量预测曲线。

6.3.3　算例及结果验证

1）算例 1

【原材料】中相关参数输入例:选择【细骨料】栏中【种类】为"河砂",选择【粗骨料】栏中【种类】为"玄武岩",选择【纤维】栏中【种类】为"钢纤维",对应材料包括【水泥】、【硅灰】、【水】、【细骨料】的数值分别为 1280、320、320、310,【纤维】的体积分数分别为 0、0.02、0.04、0.06,【粗骨料】的数值为 0。其余参数采用默认设置。

进入【弹性模量】,依次点击【加载参数】与【计算】,得到不同纤维含量下的弹性模量计算结果与试验结果对比如图 6.10 所示。可以从计算结果中看到随着纤维含量的增加混凝土弹性模量也随之增加,这与试验结果中纤维对混凝土弹性模量的影响一致,即采用多尺度理论对混凝土弹性模量进行计算是可行的。

2）算例 2

【原材料】中相关参数输入例:选择【细骨料】栏中【种类】为"石英砂",选择【粗骨料】栏中【种类】为"玄武岩",对应材料包括【水泥】、【水】、【细骨料】、【粗骨料】的数值分别为 511.9、215、511、1137.4,其余参数采用默认设置。通过【弹性模量】计算后得到弹性模量为 48.8 GPa,与实验中长期养护后的结果 51.2 GPa[16]接近。

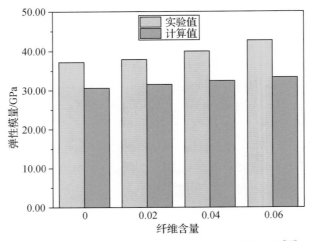

图 6.10　不同纤维含量下超高性能混凝土弹性模量[15]

6.4　参考文献

［1］任锋,陈营明,曲华明.对混凝土弹性模量影响因素的探讨[J].济南大学学报(社会科学版),1997(2).

［2］Kocab D, Kralikova M, Cikrle P, et al. Experimental analysis of the influence of concrete curing on the development of its elastic modulus over time[J]. Material in Technologies, 2017,51(4):657－665.

［3］Beushausen H, Dittmer T. The influence of aggregate type on the strength and elastic modulus of high strength concrete[J]. Construction and Building Materials, 2015, 74:132－139.

［4］高丹盈,赵军,汤寄予.纤维高强混凝土弹性模量的试验研究[J].工业建筑,2004,34(10):3.

［5］Zhang Y, Yan Z, Ju J W, et al. A multi-level micromechanical model for elastic properties of hybrid fiber reinforced concrete[J]. Construction and Building Materials, 2017, 152:804－817.

［6］张研,韩林.细观力学基础[M].北京:科学出版社,2014.

［7］Mori T, Tanaka K. Average stress in matrix and average elastic energy of materials with misfitting inclusions[J]. Acta Metallurgica, 1973,21(5):571－574.

［8］Hori M, Nemat-Nasser S. Double-inclusion model and overall moduli of multi-phase composites[J]. Mechanics of Materials, 1993,14(3):189－206.

［9］Tian W, Qi L, Su C, et al. Numerical evaluation on mechanical properties of short-fiber-reinforced metal matrix composites: two-step mean-field homogenization procedure [J]. Composite Structures,2016,139:96 - 103.

[10] Vandamme M,Ulm F J,Fonollosa P. Nanogranular packing of C-S-H at substochiometric conditions[J]. Cement and Concrete Research,2010,40(1):14 - 26.

[11] Tennis P D,Jennings H M. A model for two types of calcium silicate hydrate in the microstructure of Portland cement pastes[J]. Cement and Concrete Research,2000,30(6): 855 - 863.

[12] Ouyang X,Shi C,Wu Z,et al. Experimental investigation and prediction of elastic modulus of ultra-high performance concrete(UHPC) based on its composition[J]. Cement and Concrete Research,2020,138:106241.

[13] Hansen T C. Physical structure of hardened cement paste:a classical approach[J]. Materials and Structures,1986,19(6):423 - 436.

[14] Pichler B,Hellmich C. Upscaling quasi-brittle strength of cement paste and mortar:a multi-scale engineering mechanics model[J]. Cement and Concrete Research,2011,41(5):467 - 476.

[15] Alsalman A,Dang C N,Prinz G S,et al. Evaluation of modulus of elasticity of ultra-high performance concrete[J]. Construction and Building Materials,2017,153:918 - 928.

[16] Cheng Y H,Zhu B L,Yang S H,et al. Design of concrete mix proportion based on particle packing voidage and test research on compressive strength and elastic modulus of concrete [J]. Materials,2021,14(3):623.

第 7 章

混凝土氯离子传输性能

7.1 引言

混凝土是一种常见的建筑材料,其性能与耐久性与所含化学物质有关。其中,氯离子是混凝土中常见的有害物质之一。氯离子扩散系数是描述氯离子在混凝土中扩散速度的物理参数,其定义为单位时间内氯离子通过混凝土单位面积的量。氯离子扩散系数的大小取决于多个因素,如混凝土的成分、孔隙结构、湿度和温度等。氯离子具有较强的渗透性,当进入混凝土内部时,可能引起钢筋腐蚀和损坏,从而影响混凝土结构的强度和耐久性。因此,了解混凝土中氯离子的扩散行为以及相应的扩散系数是非常重要的。

本研究基于细观力学的基本理论并采用多尺度方法来研究水泥基复合材料的传输性能,多尺度分析方法的主要思想是以全局均匀化材料来等效原来的非均匀材料,且满足原体系的应变能完全或近似相等,该方法能够加速建模过程,减少计算工作量。因此,本研究采用多尺度过渡理论,逐尺度地建立氯离子的扩散系数与硬化水泥浆体、砂浆和混凝土之间的关系,为适时跟踪氯离子在混凝土中的扩散行为奠定基础[1-2]。

7.2 多尺度氯离子扩散系数计算思路与算法

7.2.1 方法简介

根据水泥基复合材料组成组分的结构特征尺度大小,可划分为五个层次尺度,这里为便于表示,所有夹杂相均用球形表示,具体扩散系数的预测视夹杂形貌而定。其中硬化水泥浆体微结构的详细研究是建立其多尺度均匀化模型的基础,首先假定初始水泥粒子是球形的,硬化后的浆体主要由未水化的水泥颗粒、毛细孔和水化产物组成。其中水化产物简化为高密度 C-S-H 凝胶、低密度 C-S-H 凝胶、氢氧化钙(CH)和铝酸盐相(AF)。由于组成水泥石微观结构的各相特征尺度大小从纳米到微米,因此,三个微观层次尺度的划分是明确的,第一个微观层次尺度是从几个纳米到约 $0.2~\mu m$,是包含在 C-S-H 中凝胶孔的特征大小。第二个微观层次变化是从 $0.2~\mu m$ 到几个 $2~\mu m$,对应着非扩散相水化产物和毛细孔的尺度。而第三个微观层次变化是从几个 $0.2~\mu m$ 到 $100~\mu m$,是典型的水化水泥粒子的尺度大小。第四个尺度对应着砂浆,在细观尺度上可看作由骨料、界面过渡区和基体相组成,在这一层次的特征尺度大小为 $0.1\sim5~mm$。在砂浆中骨料体积分数一般为 $30\%\sim60\%$,作为夹杂相的骨料之间相互作用对宏观性能有一定影响,在细观力学理论中,常用 Mori-Tanaka 法和广义自洽法来预测砂浆的力学性能,本模型也将其用于传输性能的预测。第五个尺度对应着混凝土,其微观结构特征与砂浆类似,只是骨料的粒径分布和含量有一定差异,其预测方法与砂浆类似。

7.2.2 多尺度预测硬化水泥浆体中氯离子传输

上述分析可知,硬化水泥浆体的三个不同层次,根据其特征尺度由小到大分别 Level 0(C-S-H 凝胶)、Level I(水泥水化产物)、Level II(水泥浆体骨架)。

1) C-S-H 凝胶

对于 Level 0 中的高、低密度 C-S-H 凝胶,可视为 1 种介质,高、低密度 C-S-H 凝胶的自扩散系数可以从本书第 2 章计算出。通过软件的参数传递,将所计算出的高、低密 C-S-H 凝胶的氯离子扩散系数值代入本模型中,为后续计算硬化水泥浆体的氯离子扩散系数提供了基础参数。

2) 水泥水化产物

Level I 中,水化产物由 C-S-H 凝胶、CH、AF 以及毛细孔组成。假定毛细孔位于低密度 C-S-H 中,由于毛细孔的连通性和逾渗性对传输性能极其重要,需特别对待。尽管 CH 和 AF 晶体的形貌及其分布在 C-S-H 凝胶中的规律不得而知,但对于大多数水泥而言,由于 CH 和 AF 的体积分数较少,可以进一步假定 CH 和 AF 晶体均匀地分布于 C-S-H 构成的凝胶中,且形状为球形。

对于高密度 C-S-H(CSHb)而言,假定 CH 和 AF 作为球形夹杂,均匀地分布于 C-S-H 凝胶相中,而 CSHb 作为基体相,组成复合球体。根据多孔介质力学和复合材料相关理论,适合采用 Mori-Tanaka 法[4],可得到均匀化后的 CSHb 有效扩散系数 d_{CSHb} 为:

$$d_{CSHb} = 2D_{CSHH}(1 - \phi_{CHb} - \phi_{AFb})(2 + \phi_{CHb} + \phi_{AFb})^{-1} \tag{7.1}$$

$$\phi_{CHb} = \frac{V_{CHb}}{V_{CHb} + V_{AFb} + V_{CSHb}} \tag{7.1a}$$

$$\phi_{\text{AFb}} = \frac{V_{\text{AFb}}}{V_{\text{CHb}} + V_{\text{AFb}} + V_{\text{CSHb}}} \tag{7.1b}$$

式中,V_{CHb}、V_{AFb}、V_{CSHb} 分别是 CH 和 AF 在高密度凝胶中的相对体积以及 CSHb 的体积;而 ϕ_{CHb} 和 ϕ_{AFb} 分别为 CH 和 AF 在 CSHb 的体积分数,其中 D_{CSHH} 值由 Level 0 获得。

对于低密度 C-S-H(CSHa),假定 CH、AF 和毛细孔相分布于低密度 C-S-H 基体相中。在低密度 C-S-H 中,考虑到毛细孔的连通性以及逾渗特征,选用自洽理论来预测均匀化后的 CSHa 有效扩散系数 d_{CSHa},即

$$d_{\text{CSHa}} = \frac{1}{4}\left\{ f + \sqrt{f^2 + 8D_{\text{CSHL}}D_{\text{cap}}\left[1 - \frac{3}{2}(\phi_{\text{CHa}} + \phi_{\text{AFa}})\right]} \right\} \tag{7.2}$$

$$f = D_{\text{CSHL}}\left[2 - 3(\phi_{\text{cap}} + \phi_{\text{CHa}} + \phi_{\text{AFa}})\right] + D_{\text{cap}}(3\phi_{\text{cap}} - 1) \tag{7.2a}$$

$$\phi_{\text{CHa}} = \frac{V_{\text{CHa}}}{V_{\text{CHa}} + V_{\text{AFa}} + V_{\text{CSHa}} + V_{\text{cap}}} \tag{7.2b}$$

$$\phi_{\text{AFa}} = \frac{V_{\text{AFa}}}{V_{\text{CHa}} + V_{\text{AFa}} + V_{\text{CSHa}} + V_{\text{cap}}} \tag{7.2c}$$

$$\phi_{\text{cap}} = \frac{V_{\text{cap}} - V_{\text{cri}}}{V_{\text{CHa}} + V_{\text{AFa}} + V_{\text{CSHa}} + V_{\text{cap}}} \tag{7.2d}$$

式中,V_{cap} 为毛细孔的体积;V_{cri} 为毛细孔逾渗体积,取 0.18;V_{CHa}、V_{AFa} 和 V_{CSHa} 分别为 CH 和 AF 在低密度 C-S-H 凝胶中的相对体积以及低密度 C-S-H 的体积;ϕ_{CHa}、ϕ_{AFa} 和 ϕ_{cap} 分别为 CH、AF 和毛细孔在 CSHa 中的体积分数;D_{CSHL} 是低密度 C-S-H 自扩散系数;D_{cap} 是毛细孔逾渗扩散系数,取 2.0×10^{-9} $\text{m}^2 \cdot \text{s}^{-1[3]}$。

若水化程度 $\alpha < 1.0$,水泥与水反应形成的硬化水泥浆体,其组成由水泥水化产物和未水化水泥颗粒组成。未水化颗粒可视为"核",而水泥水化产物可视为"外壳"。可用三相复合球模型来描述其传输特性,这样整个硬化浆体由尺寸大小不等的三相球组成。在这一尺度运用广义自洽理论预测较合适,其基本思想是评估尺寸渐变复合材料的有效扩散系数,表达式[5-6]为:

$$d_{n+1} = D_{n+1} + (1 - \xi_{n+1})\left(d_n - D_{n+1} + \frac{\xi_{n+1}}{3D_{n+1}}\right)^{-1} \tag{7.3}$$

$$\xi_{i+1} = \phi_{i+1}\left(\sum_{j=1}^{i+1} \phi_j\right)^{-1} \tag{7.4}$$

式中,D_{n+1} 表示第 $n+1$ 相的自扩散系数;d_{n+1} 表示从第 1 层至第 $n+1$ 层复合球体的有效扩散系数;j 表示第 j 相体积分数。

将通过本书第 3 章计算出的硬化水泥浆体的各种水化产物的体积分数为基础

参数,将其带入硬化水泥浆体有效扩散系数的三相模型,即可计算出硬化水泥浆体有效扩散系数,其具体步骤如下:

(1) 未水化的水泥颗粒的扩散系数 $d_u = D_u = 0$,相对体积用 V_u 表示。

(2) 未水化水泥颗粒和高密度 C-S-H 层组成的有效扩散系数 d_2 为:

$$d_2 = d_{CSHb} + (1 - \phi_{CSHb}) \left[(d_u - d_{CSHb})^{-1} + \frac{\phi_{CSHb}}{3d_{CSHb}} \right]^{-1} \tag{7.5}$$

$$\phi_{CSHb} = \frac{V_{CSHb}}{V_{CHb} + V_{AFb} + V_{CSHb} + V_u} \tag{7.6}$$

式中,ϕ_{CSHb} 表示高密度 C-S-H 层所占的体积分数。

(3) 整个硬化浆体由未水化水泥颗粒以及高、低密度 C-S-H 层组成,其有效扩散系数 d_3 为[3]:

$$d_3 = d_{CSHa} + (1 - \phi_{CSHa}) \left[(d_2 - d_{CSHa})^{-1} + \frac{\phi_{CSHa}}{3d_{CSHa}} \right]^{-1} \tag{7.7}$$

$$\phi_{CSHa} = \frac{V_{CSHa}}{V_{CH} + V_{AF} + V_{CSHa} + V_{CSHb} + V_u + V_{cap}} \tag{7.8}$$

式中,d_{CSHa} 以及 d_{CSHb} 由 Level I 输入获得。通过 Level 0、Level I 和 Level II,逐尺度地预测了氯离子在硬化水泥浆体中的扩散系数。

7.2.3　氯离子在混凝土中的传输模型

为了求解混凝土的有效氯离子扩散系数,首先需要引入一个几何模型,该模型的形状必须与实际复合材料尽可能接近。一般而言,任何复合材料均不能简单地模拟成单一几何模型。混凝土的组成以及微结构相当复杂,Hashin 提出的复合球模型[8]由一系列尺寸渐变的球形夹杂嵌入在连续的基体相中组成,采用该模型在求解和应用方面相对简单。

复合球 n 相几何模型,已广泛应用于弹性,黏弹性和弹塑性以及热弹性方面的预测,也可以预测氯离子在水泥基材料中的扩散行为。Hervé[9-11]基于广义自洽理论给出了该模型的解析解,基本思想是评估复合球体的平均扩散系数。评估过程是通过在等效材料中嵌入一个由球形颗粒为中心,其他颗粒或基体为同心球壳形成外包裹层的复合球体,这个复合球体的等效扩散系数等于包围它的相的扩散系数,因此,这个 n 相复合球体扩散系数等于第 $n+1$ 相区域的扩散系数。对氯离子传输而言,解析解可写成:

$$D_{(i)}^{eff} = D_i + \frac{D_i \left(\dfrac{R_{i-1}^3}{R_i^3} \right)}{\left[D_i (D_{i-1}^{eff} - D_i) \right] + \left(\dfrac{1}{3} \right) \left(\dfrac{R_i^3 - R_{i-1}^3}{R_i^3} \right)} \tag{7.9}$$

式中：D_i 表示第 i 相的扩散系数；$D^{\text{eff}}_{(i)}$ 表示从第 1 层至第 i 层组成复合球体的有效扩散系数；R_i 和 R_{i-1} 是同心球壳半径。

应用到混凝土中可以进一步简化复合球模型为由骨料（球形夹杂）、界面区、基体以及它们的均匀化相组成的四相复合球模型。用 D_a、φ_a、D_I、φ_I、D_B 分别表示骨料的扩散系数、骨料的体积分数、界面区的扩散系数、界面区的体积分数和基体的扩散系数。假定骨料是非渗透相，即 $D_a = 0$，讨论以下两种特殊情况：

（1）忽略界面区，$\varphi_I = 0$，$D_B = D_I = D_p$ 时，混凝土的有效扩散系数为

$$D^{\text{eff}} = D_p \frac{2(1-\varphi_a)}{2+\varphi_a} \tag{7.10}$$

式中：D_p 为水泥浆体的扩散系数。

（2）不能忽略界面，即 $\varphi_I \neq 0$ 时，混凝土的有效扩散系数为

$$D^{\text{eff}} = D_B \frac{6D_B(1-\varphi_a)(\varphi_a+\varphi_I)+2\varphi_I(D_I-D_B)(1+2\varphi_a+2\varphi_I)}{3D_B(2+\varphi_a)(\varphi_a+\varphi_I)+2\varphi_I(1-\varphi_a-\varphi_I)(D_I-D_B)} \tag{7.11}$$

影响氯离子在混凝土中传输的因素是：骨料和界面区的体积分数，界面区和硬化水泥浆体的扩散系数，而后两个参数取决于混凝土的配合比。骨料的体积分数由试样配合比直接确定，而界面区的体积分数不仅与配合比有关，而且与界面区厚度和骨料大小分布有关。

Lu[12]等提出一个对于具有统计意义的几何尺寸复合材料解析表达式，该表达式可预测多尺度球形粒子堆积的体积分数。混凝土中当骨料的体积分数超过 40% 时，界面区之间的重叠程度很高。Garboczi[13]等首先将该公式用于混凝土中界面区体积分数的定量计算并通过计算机模拟进行了验证，界面过渡区体积表达式为：

$$\varphi_{\text{ITZ}} = 1 - \varphi_a - (1-\varphi_a)\exp\left[-\pi N_V(ct_{\text{ITZ}}+dt^2_{\text{ITZ}}+gt^3_{\text{ITZ}})\right] \tag{7.12}$$

$$c = \frac{4\langle R^2 \rangle}{1-\varphi_a} \tag{7.12a}$$

$$d = \frac{4\langle R \rangle}{1-\varphi_a} + \frac{8\pi N_V\langle R^2 \rangle^2}{(1-\varphi_a)^2} \tag{7.12b}$$

$$g = \frac{4\langle R \rangle}{3(1-\varphi_a)} + \frac{16\pi N_V\langle R^2 \rangle^2\langle R \rangle}{3(1-\varphi_a)^2} + \frac{64A\pi^2 N_V^2\langle R^2 \rangle^3}{27(1-\varphi_a)^3} \tag{7.12c}$$

式中，N_V 表示单位体积混凝土中骨料的数量；根据不同的模型[12]系数 A 可分别取为 0、2、3；c、d 和 g 的确定需要根据实际骨料粒径分布确定其数量的平均粒径 $\langle R \rangle$。界面区的体积分数的计算，通常假定界面区是均匀的。界面区的厚度 t_{ITZ} 只

取决于水泥粒子的平均粒径,与骨料的大小无关[13]。影响界面区体积分数的因素包括骨料级配、骨料体积分数和界面区厚度。对于给定的混凝土配合比,这些变量都是已知或者可以确定的。

7.2.4　氯离子浓度分布预测的数值求解方法

有限差分法(Finite Difference Method)是一种常用的数值计算方法,用于求解偏微分方程(Partial Differential Equations,简称 PDEs)的数值逼近解。它通过将连续的偏微分方程在空间和时间上进行离散化,转化为相应的代数方程组来求解。有限差分法的基本思想是利用差分商(或称为差商)来近似偏微分方程中的导数项。通过将求解区域离散化为有限个均匀或非均匀的网格点,将偏微分方程在这些网格点上进行近似,从而得到代数方程组。然后,使用数值迭代方法求解这个代数方程组,得到偏微分方程的数值解。

在有限差分法中,空间和时间都被离散化为一系列的节点。对于时间离散化,通常使用固定的时间步长,将时间区域分成若干个小的时间步。对于空间离散化,可以使用均匀网格或非均匀网格,将求解区域分成若干个小的网格单元。然后,根据所选择的差分格式,使用相邻节点上的函数值来逼近导数项,将偏微分方程转化为代数方程。有限差分法中常用的差分格式包括前向差分、后向差分和中心差分等。前向差分使用一个节点的函数值逼近导数项,后向差分使用下一个节点的函数值逼近导数项,中心差分则使用相邻节点的函数值逼近导数项。其中,中心差分格式具有较好的数值稳定性和精度,被广泛应用于求解各类偏微分方程。

这里我们使用有限差分法的 Crank-Nicolson 格式来求解 Fick 定律氯离子扩散方程。

1)离散化

我们考虑一维 Fick 定律扩散方程[14],形式如下:

$$\frac{\partial c}{\partial t} = D\,\frac{\partial^2 c}{\partial x^2} \tag{7.13}$$

式中,c 是浓度;t 是时间;D 是本模型所计算出的混凝土氯离子扩散系数。

为了使用有限差分法求解,我们对时间和空间范围进行离散化,如图 7.1 所示。时间区间 $[0,T]$ 被分为 N 个子区间,即 $\Delta t = T/N$。空间区间 $[0,L]$ 被分为 M 个子区间,即 $\Delta r = L/M$。离散点的坐标用网格节点 (i,k) 来表示,i 表示空间格点索引($i=0,1,\cdots,M$),k 表示时间步索引($k=0,1,\cdots,N$)。

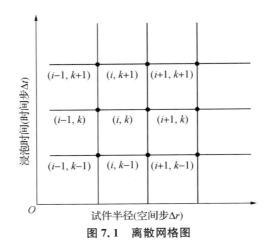

图 7.1 离散网格图

2) Crank-Nicolson 格式的推导[15]

Crank-Nicolson 格式是通过时间步 Δt 的中点处进行平均,从而提高数值解的精度和稳定性。它将时间节点 k 和 $k+1$ 之间的导数进行平均,同时也平均了两个时间节点的源项。我们使用中心差分来近似空间导数。然后,我们在时间节点 k 和 $k+1$ 之间对源项进行线性插值。在 Crank-Nicolson 格式中,我们使用以下离散方程:

$$\frac{c_i^{k+1}-c_i^k}{\Delta t}=\frac{1}{2\Delta r^2}\big[D_{ci+\frac{1}{2}}^k(c_{i+1}^k-c_i^k)-D_{ci-\frac{1}{2}}^k(c_i^k-c_{i-1}^k)+$$

$$D_{ci+\frac{1}{2}}^{k+1}(c_{i+1}^{k+1}-c_i^{k+1})-D_{ci-\frac{1}{2}}^{k+1}(c_i^{k+1}-c_{i-1}^{k+1})\big] \qquad (7.14)$$

这个方程是 Crank-Nicolson 格式的核心,表示在网格节点 i,k 上近似求解的方程。

3) 边界条件处理

根据具体问题的边界条件,我们需要对边界节点进行处理。常见的边界条件有固定边界条件(Dirichlet)、对称边界条件(Neumann)和周期性边界条件。对于固定边界条件,我们只需在计算中将对应的边界节点值赋值,不再更新。对于对称边界条件,例如 $\partial c/\partial x=0$,我们可以使用以下差分近似:

$$c_0^k=c_1^k \qquad (7.15)$$

$$c_M^k=c_{M-1}^k \qquad (7.16)$$

这种近似条件可以保持梯度在边界上为零。

对于周期性边界条件,对于网格节点 $c(0,k)$ 和 $c(M,k)$,我们将其与 $c(M-1,k)$ 和 $c(1,k)$ 进行周期性连接:

$$c_0^k = c_M^k \tag{7.17}$$

$$c_{M+1}^k = c_1^k \tag{7.18}$$

这样,我们可以在网格的边界上实现周期性条件。

4)矩阵形式的求解

将离散方程整理成矩阵形式,我们可以使用矩阵求解方法来计算数值解。通过对离散方程进行整理,我们得到以下形式:

$$[\boldsymbol{A}]\{c_i^{k+1}\} = [\boldsymbol{B}]\{c_i^k\} + \{e\} \tag{7.19}$$

式中,$\{c_i^{k+1}\}$ 为浓度矢量,表示腐蚀时间 t_{k+1} 时混凝土内 $r_i(i=1,2,\cdots,M+1)$ 处的硫酸根离子浓度。其他的矩阵与矢量分别表示为:

$$\gamma = \Delta t / \Delta r^2$$

$$[\boldsymbol{A}]_{(M \times M)} = \begin{bmatrix} a_1 & 2b_2 & & & & \\ b_2 & a_2 & b_3 & & & \\ & \cdots & \cdots & \cdots & & \\ & & b_i & a_i & b_{i+1} & \\ & & & \cdots & \cdots & \cdots \\ & & & & b_{M-1} & a_{M-1} & b_M \\ & & & & & b_M & a_M \end{bmatrix} \tag{7.20}$$

$$\begin{cases} a(1) = 1 + \dfrac{\gamma}{2}(D_{c1}^{k+1} + D_{c2}^{k+1}), & n=1 \\[2mm] a(n) = 1 + \dfrac{\gamma}{4}(D_{cn-1}^{k+1} + 2D_{cn}^{k+1} + D_{cn+1}^{k+1}), & n=2,3,\cdots,M \end{cases} \tag{7.20a}$$

$$b(n) = -\frac{\gamma}{4}(D_{cn}^{k+1} + D_{cn+1}^{k+1}), \quad n=2,\cdots,M \tag{7.20b}$$

$$\begin{cases} h(1) = 1 - \gamma(D_{c1}^k + D_{c2}^k), & n=1 \\[2mm] h(n) = 1 - \dfrac{\gamma}{4}\left[D_{cn-1}^k + \left(2+\dfrac{2}{n}\right)D_{cn}^k + \left(1+\dfrac{2}{n}\right)D_{cn+1}^k\right], & n=2,3,\cdots,M \end{cases} \tag{7.20c}$$

$$\gamma = \Delta t / \Delta r^2 \tag{7.20d}$$

$$[\boldsymbol{B}]_{(M \times M)} = \begin{bmatrix} h_1 & f_1 & & & & & \\ g_2 & h_2 & f_2 & & & & \\ & \cdots & \cdots & \cdots & & & \\ & & g_i & h_i & f_i & & \\ & & & \cdots & \cdots & \cdots & \\ & & & & g_{M-1} & h_{M-1} & f_{M-1} \\ & & & & & g_M & h_M \end{bmatrix} \tag{7.21}$$

$$\begin{cases} f(1) = \gamma(D_{c1}^k + D_{c2}^k), & n=1 \\ f(n) = \dfrac{\gamma}{4}\left[\left(1+\dfrac{2}{n}\right)D_{cn}^k + \left(1+\dfrac{2}{n}\right)D_{cn+1}^k\right], & n=2,\cdots,M-1 \end{cases} \tag{7.21a}$$

$$g(n) = \frac{\gamma}{4}(D_{cn-1}^k + D_{cn}^k), \quad n=2,\cdots,M \tag{7.21b}$$

$$\{e\}_{(M \times 1)} = \left\{0,\cdots,\frac{\gamma}{4}(D_{cM}^{k+1}+D_{cM+1}^{k+1})c_{M+1}^{k+1}+\frac{\gamma}{4}\left[\left(1+\frac{2}{M}\right)D_{cM}^k+\left(1+\frac{2}{M}\right)D_{cM+1}^k\right]c_{M+1}^k\right\}^{\mathrm{T}} \tag{7.21c}$$

5）迭代求解

在每个时间步中，我们需要迭代求解线性方程组，直到达到指定的收敛条件。

在每个时间步中，使用 Gauss-Seidel 迭代来更新浓度值。根据已知的浓度值和邻近节点的浓度值，迭代计算当前节点的浓度值，直到所有节点都得到更新。首先初始化浓度值 $c(i,k)$ 为初始条件值或上一时间步的浓度值；然后对于每个空间节点 $i=1,2,\cdots,M-1$，按照下面的迭代公式更新浓度值：

$$c_i^k = (1-\omega)c_i^k + \omega\left[\frac{(c_{i+1}^{k+1}-2c_i^{k+1}+c_{i-1}^{k+1}C)\Delta t}{4\Delta x^2} + \frac{(c_{i+1}^k-2c_i^k+c_{i-1}^k)\Delta t}{4\Delta x^2}\right] \tag{7.22}$$

式中，ω 是松弛因子，一般取值范围为 $0<\omega<2$。

借助有限差分法的 Crank-Nicolson 格式，我们可以数值求解 Fick 定律氯离子扩散方程。通过对方程进行离散化、边界条件处理以及矩阵形式的求解，在计算完所有时间步之后，我们可以获得离散网格节点上时间和空间上的浓度分布。根据具体需求，绘制浓度随时间和空间变化的图像，进行进一步的分析和处理。

7.3 操作流程与算例

7.3.1 界面说明

界面主要分为5个板块,【边界条件】板块、【计算】板块、【参数显示】板块、【计算结果】板块以及【绘图】板块,如图7.2所示。计算板块主要有3个功能按钮。【计算】按钮可以通过文中第二部分的算法,计算硬化水泥浆体扩散系数,砂浆扩散系数以及混凝土扩散系数的计算,并在【计算结果】板块显示。根据所给出的边界条件,在图像区会显示氯离子浓度时空分布情况和试件浓度分布情况。【保存数据】按钮可以将所计算的氯离子扩散系数结果保存。【重置】按钮可以将所有参数归零。

图 7.2 计算界面

7.3.2 操作介绍

第一步,输入边界条件,【试件尺寸】、【边界浓度】和【侵蚀时间】,点击【计算】按钮,开始氯离子扩散系数的计算过程。在等待计算完成后,会在绘图区显示氯离子时空浓度分布情况,在【计算结果】板块显示出硬化水泥浆体、砂浆和混凝土的氯离子扩散系数,在【计算结果】板块其结果如图7.3所示。

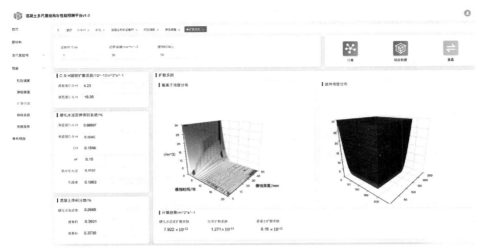

图7.3 计算结果界面

7.3.3 算例详解

1）算例1：不同骨料体积分数下的氯离子扩散系数与结果验证

通过在配合比页面更改配合比参数，确定水胶比为 0.35 时，计算不同骨料体积分数下的氯离子扩散系数，点击【计算】按钮，其计算结果如表 7.1 所示。本系统计算结果与报道结果相近或处于同一数量级，结果较为准确。

表 7.1 本系统计算扩散系数与文献[2]实验结果的比较　　单位：m^2/s

细骨料体积分数	粗骨料体积分数	本模型	文献中
0.18	0.51	1.29×10^{-12}	6.09×10^{-12}
0.26	0.44	1.63×10^{-12}	6.35×10^{-12}
0.35	0.35	2.03×10^{-12}	7.06×10^{-12}

2）算例2：不同水胶比的氯离子扩散系数与结果验证

通过在配合比页面更改配合比参数，细骨料体积分数为 0.23，粗骨料体积分数为 0.37，计算不同水胶比下的氯离子扩散系数，点击【计算】按钮，其计算结果如表 7.2 所示。本系统计算结果与报道结果相近或处于同一数量级，结果较为准确。

表 7.2　本系统计算扩散系数与文献[15]实验结果的比较　　　　单位:m²/s

水胶比	本模型	文献中
0.3	$4.63×10^{-13}$	$3.5×10^{-12}$
0.4	$2.12×10^{-12}$	$4×10^{-12}$
0.5	$6.07×10^{-12}$	$6×10^{-12}$

7.4　参考文献

[1] 孙国文,孙伟,张云升,等.多尺度预测氯离子在硬化水泥浆体中的有效扩散系数[J].江苏大学学报(自然科学版),2011,32(4):6.

[2] 孙国文,孙伟,张云升,等.骨料对氯离子在水泥基复合材料中扩散系数的影响[J].硅酸盐学报,2011,39(4):8.

[3] Bary B,Béjaoui S. Assessment of diffusive and mechanical properties of hardened cement pastes using a multicoated sphere assemblage model[J]. Cement and Concrete Research,2006,36(2):245-258.

[4] Böhm H J,Nogales S. Mori-Tanaka models for the thermal conductivity of composites with interfacial resistance and particle size distributions[J]. Composites Science and Technology,2008,68(5):1181-1187.

[5] Caré S,Hervé E. Application of a n-phase model to the diffusion coefficient of chloride in mortar[J]. Transport in Porous Media,2004,56(2):119-135.

[6] Hervé E. Thermal and thermoelastic behaviour of multiply coatedinclusion-reinforced composites[J]. International Journal of solids and Structures,2002,39(4):1041-1058.

[7] 金立兵,王珍,王振清,等.混凝土中氯离子渗透的试验与细观数值分析[J].土木与环境工程学报,2020,42(6):127-133.

[8] Hashin Z. The elastic module of heterogeneous materials[J]. Journal of Applied Mechanics-transactions of the Asme,1962,29(1):143-150.

[9] Hervé E,Zaoui A. N-layered inclusion-based micromechanicalmodeling[J]. International Journal of Engineering Science,1993,31(1):1-10.

[10] Hervé E,Zaoui,A. Elastic behaviour of multiply coated fibre-reinforced composites[J]. International Journal of Engineering Science,1995,33(10):1419-1433.

[11] Hervé E. Thermal and thermoelastic behaviour of multiply coatedinclusion-reinforced composites[J]. International Journal of Solids and Structures,2002,39(4):1041-1058.

[12] Lu B, Torquato S. Nearest-surface distribution functions for polydispersed particle systems [J]. Physical Review A, 1992, 45(8): 5530 – 5544.

[13] Garboczi E J, Bentz D P. Analytical formulas for interfacialtransition zone properties[J]. Advanced Cement Based Materials 1997, 6(3/4): 99 – 108.

[14] Zuo X B. Modeling ion diffusion-reaction behavior in concrete associated with durability deterioration subjected to couplings of environmental and mechanical loadings[D]. Nanjing: Southeast University, 2011.

[15] Zuo X B, Sun W, Li H, et al. Modeling of diffusion-reaction behavior of sulfate ion in concrete under sulfate environments[J]. Computers and Concrete, 2012, 10(1): 47 – 51.

第 8 章

混凝土导热性能

8.1 引言

混凝土是一种常见的建筑材料,其导热系数是指单位距离和单位温度差下,通过材料的热量流动的能力。导热系数是描述物质导热性能的重要参数,它反映了材料对热量流动的阻抗程度。混凝土的导热系数不仅与材料本身的物理和化学性质有关,还与其密度、含水量、配合比、气孔结构等因素密切相关。混凝土的导热系数是一个宏观性质,它是由混凝土的组分、结构和材料特性综合决定的。混凝土的导热系数通常在 0.7～1.7 W/(m·K) 的范围内变化。这个范围的宽度是由于混凝土的成分和特性在不同情况下会有所差异。在实际工程中,混凝土作为建筑材料的导热性能对于建筑物的隔热和保温性能有着重要影响。根据具体的工程要求和应用场景,可以通过调整混凝土材料的配合比和处理方式来达到所需的导热系数。

水泥基复合材料的导热性能对于在各种环境下设计混凝土的耐久性非常重要。从微观角度来看,将混凝土视为一种周期性多相结构,由骨料及其周围的界面过渡区(ITZ)、水孔、气孔和硬化水泥浆体组成。本研究建立了多尺度混凝土导热系数模型,使用球形夹杂用来表征各种长宽比范围内的骨料、水孔和气孔,以预测硬化水泥浆体、砂浆和混凝土的导热性能。

8.2 多尺度混凝土导热系数计算思路与算法

8.2.1 方法简介

对于多尺度混凝土导热系数,混凝土组成组分的结构特征尺度大小,可划分为三个层次尺度,所有夹杂相均用球形夹杂表示,具体扩散系数的预测视夹杂形貌而定。第一个尺度是硬化水泥浆体,主要由基体相、水孔和气孔组成。第二个尺度对应着砂浆,在细观尺度上可看作由骨料、界面过渡区和硬化水泥浆基体相组成,在这一层次的特征尺度大小为 0.1～5 mm。在砂浆中骨料体积分数一般为 30%～60%,作为夹杂相的骨料之间相互作用对宏观性能有一定影响,在细观力学理论中,常用 Mori-Tanaka 法和广义自洽法来预测砂浆的力学性能,本模型也将其用于导热性能的预测。第三个尺度对应着混凝土,其微观结构特征与砂浆类似,只是骨料的粒径分布和含量有一定差异,其预测方法与砂浆类似。

8.2.2 导热系数模型建立

对于遵循傅里叶定律且在恒定温度梯度 $\boldsymbol{T}^0$ 下的传热问题,可以表示为:

$$\boldsymbol{q} = \boldsymbol{K}_{\text{eff}} \cdot \overline{\boldsymbol{T}} = \boldsymbol{K}_{\text{eff}} \cdot \boldsymbol{T}^0 \tag{8.1}$$

式中,$\boldsymbol{q}$ 和 $\overline{\boldsymbol{T}}$ 分别表示平均热流和温度梯度;$\boldsymbol{K}_{\text{eff}}$ 是有效热导率的二阶张量。

将夹杂物分为 n 个相,表示为[1]:

$$\boldsymbol{q} = V_m \boldsymbol{q}_m + \sum_{r=1}^{n} V_r \boldsymbol{q}_r \qquad \overline{\boldsymbol{T}} = V_m \overline{\boldsymbol{T}}_m + \sum_{r=1}^{n} V_r \overline{\boldsymbol{T}}_r \tag{8.2}$$

式中,下标 r 和 m 分别代表第 r 个夹杂相和基体;V_r 和 V_m 分别表示 REV 中第 r 个夹杂相和基体的体积分数。

此外,单个夹杂相和基体的热流量表示为:

$$\boldsymbol{q}_r = \boldsymbol{K}_r \cdot \overline{\boldsymbol{T}}_r \qquad \boldsymbol{q}_m = \boldsymbol{K}_m \cdot \overline{\boldsymbol{T}}_m \tag{8.3}$$

式中,$\boldsymbol{K}_r$ 和 $\boldsymbol{K}_m$ 分别是第 r 个夹杂相和基体的二阶热导率张量。

由于存在夹杂物,应考虑一定的平均扰动热梯度 $\widetilde{\boldsymbol{T}}_m$。因此,扰动后的基体热流量可以表示为:

$$\boldsymbol{q}^0 + \boldsymbol{q}_m = \boldsymbol{K}_m \cdot (\boldsymbol{T}^0 + \widetilde{\boldsymbol{T}}_m) \tag{8.4}$$

根据 Eshelby 等效夹杂原理,第 r 个夹杂相的热流由下式给出[1-5]:

$$\boldsymbol{q}^0 + \boldsymbol{q}_m + \boldsymbol{q}_r = \boldsymbol{K}_r \cdot (\boldsymbol{T}^0 + \widetilde{\boldsymbol{T}}_m + \widetilde{\boldsymbol{T}}_r) = \boldsymbol{K}_m \cdot (\boldsymbol{T}^0 + \widetilde{\boldsymbol{T}}_m + \widetilde{\boldsymbol{T}}_r - \boldsymbol{T}_r^*) \tag{8.5}$$

式中,$\boldsymbol{q}_r$ 和 $\widetilde{\boldsymbol{T}}_r$ 分别是第 r 个夹杂相的扰动热流和热梯度;平均等效变形热梯度 $\boldsymbol{T}_r^*$ 满足 $\widetilde{\boldsymbol{T}}_r = \boldsymbol{P}_r \cdot \boldsymbol{T}_r^*$,其中 $\boldsymbol{P}_r$ 是第 r 个夹杂体的二阶去极化因子张量,仅取决于椭球包含体的形状,这个张量与传导场的 Eshelby 传导张量相结合;利用去极化因子张量和四阶 Eshelby 张量,可以得出 $\widetilde{\boldsymbol{T}}_r$ 的表达式:

$$\widetilde{\boldsymbol{T}}_r = -\boldsymbol{P}_r : [\boldsymbol{P}_r + (\boldsymbol{K}_r - \boldsymbol{K}_m)^{-1} : \boldsymbol{K}_m]^{-1} \cdot (\boldsymbol{T}^0 + \widetilde{\boldsymbol{T}}_m) \tag{8.6}$$

通过将 $\overline{\boldsymbol{T}}_r = \boldsymbol{T}^0 + \widetilde{\boldsymbol{T}}_m + \widetilde{\boldsymbol{T}}_r$ 替换为 $\overline{\boldsymbol{T}}_m + \widetilde{\boldsymbol{T}}_r$,可以得到:

$$\overline{\boldsymbol{T}}_r = \boldsymbol{A}_r \cdot \overline{\boldsymbol{T}}_m = \{\boldsymbol{I} - \boldsymbol{P}_r : [\boldsymbol{P}_r + (\boldsymbol{K}_r - \boldsymbol{K}_m)^{-1} : \boldsymbol{K}_m]^{-1}\} \cdot \overline{\boldsymbol{T}}_m \tag{8.7}$$

式中,$\boldsymbol{I}$ 是四阶单位张量;$\boldsymbol{A}_r$ 是局部梯度浓度张量的二阶形式。

接下来,上述结果被推广到多相系统中。值得注意的是,在这项工作中,每个夹杂相具有相同的纵横比 χ 和热弹性性质,但方向不一定相同,我们得到:

$$q = \left(V_m \boldsymbol{K}_m + \sum_{r=1}^{n} V_r \boldsymbol{K}_r : \boldsymbol{A}_r \right) \cdot \bar{\boldsymbol{T}}_m \qquad \bar{\boldsymbol{T}} = \left(V_m \boldsymbol{I} + \sum_{r=1}^{n} V_r \boldsymbol{A}_r \right) \cdot \bar{\boldsymbol{T}}_m \qquad (8.8)$$

因此,有效热导率 $\boldsymbol{K}_{\text{eff}}$ 可以写成

$$\boldsymbol{K}_{\text{eff}} = \left(V_m \boldsymbol{K}_m + \sum_{r=1}^{n} V_r \boldsymbol{K}_r : \boldsymbol{A}_r \right) : \left(V_m \boldsymbol{I} + \sum_{r=1}^{n} V_r \boldsymbol{A}_r \right)^{-1} \qquad (8.9)$$

此外,考虑到夹杂物方向的随机分布,多相系统的有效导热系数可以在所有可能的方向上进行平均计算:

$$K_{\text{eff}} = \frac{1}{2\pi} \int_0^{\pi} \int_0^{\pi} (K_{\text{eff}})_{ij} R_i R_j \sin\gamma \, \mathrm{d}\gamma \, \mathrm{d}\omega \qquad (8.10)$$

式中,γ 和 ω 是欧拉旋转角度,$\boldsymbol{R}$ 是一个旋转矩阵,可以写为标量形式:

$$K_{\text{eff}} = \frac{\left(1 - \sum_{r=1}^{n} V_r \right) K_m + \sum_{r=1}^{n} V_r K_r A_r}{\left(1 - \sum_{r=1}^{n} V_r \right) + \sum_{r=1}^{n} V_r A_r} \qquad (8.11\text{a})$$

$$A_r = \frac{1}{3} T_r(A_r) = \frac{1}{3} \left[\frac{2K_m}{p_r(K_r - K_m) + K_m} + \frac{K_m}{(1 - 2p_r)(K_r - K_m) + K_m} \right] \qquad (8.11\text{b})$$

式中,p_r 是夹杂物的去极化因子 P 的二阶张量的分量。

8.2.3　考虑饱和度的混凝土导热系数模型

本部分将利用上述展示的多种包含方法来全面推导不同饱和度下混凝土的导热系数。首先,我们将处理骨料及其周围的界面过渡区,将其视为经典的"硬核—软壳"结构,其中球形骨料被视为硬核相,而其周围具有高孔隙度的界面过渡区则被视为软壳相。在此基础上,采用广义自洽方案以将核壳结构作为一个有效的骨料相组合。需要注意的是,核心和外壳应保持同心并在所有方向上具有恒定的结构特性,至少是平均值。

根据骨料相和 ITZ 在水泥基复合材料中的几何关系,V_{rp} 可以表示为:

$$V_{rp} = \frac{V_p}{V_{ep}}, \quad V_{ep} = V_p + V_{\text{ITZ}} \qquad (8.12)$$

式中,V_{ep},V_p 和 V_{ITZ} 分别是等效骨料相、骨料和 ITZ 的体积分数。对非球形骨料周围重叠 ITZ 的体积分数可以表示为[6]:

$$V_{\text{ITZ}} = (1 - V_p) \left(1 - \exp\left\{ -\frac{6V_p}{\langle D_{eq}^3 \rangle (1 - V_p)} \left[\frac{\langle D_{eq}^2 \rangle}{\Omega(\chi_p)} t + \right.\right.\right.$$

$$\left.\left.\left. \left(2\langle D_{eq} \rangle + \frac{3V_p \langle D_{eq}^2 \rangle^2}{\Omega^2(\chi_p)(1 - V_p)\langle D_{eq}^3 \rangle} \right) t^2 + \frac{4}{3} \left(1 + \frac{3V_p \langle D_{eq}^2 \rangle}{\Omega(\chi_p)(1 - V_p)\langle D_{eq}^3 \rangle} \right) t^3 \right] \right\} \right)$$

$$(8.13)$$

当 t 为界面过渡区（ITZ）的厚度时，D_{eq} 为球状骨料的等效直径；$\langle\cdot\rangle$ 表示数平均处理；χ_p 为骨料的纵横比；$\Omega(\chi_p)$ 为与纵横比 χ_p 相关的骨料体球型度，其定义为具有相同体积的球体和椭球之间表面积的比值：

$$\Omega(\chi_p)=\begin{cases}\dfrac{2}{\chi_p^{\frac{1}{3}}\left[\dfrac{1}{\chi_p}+\dfrac{1}{\sqrt{\dfrac{1}{\chi_p^2}-1}}\ln\left(\sqrt{\dfrac{1}{\chi_p^2}-1}+\dfrac{1}{\chi}\right)\right]}, & \chi_p<1\\[4mm] \dfrac{2}{\chi_p^{\frac{1}{3}}\left[\dfrac{1}{\chi_p}+\dfrac{1}{\sqrt{1-\dfrac{1}{\chi_p^2}}}\arcsin\left(\sqrt{1-\dfrac{1}{\chi_p^2}}\right)\right]}, & \chi_p>1\end{cases} \tag{8.14}$$

有效骨料相的导热系数 K_{ep} 可以表示为：

$$K_{ep}=K_{ITZ}+\frac{V_{rp}(K_p-K_{ITZ})A_{rp}}{1-V_{rp}+V_{rp}A_{rp}} \tag{8.15}$$

$$A_{rp}=\frac{1}{3}\left[\frac{2K_{ITZ}}{p_p(K_p-K_{ITZ})+K_{ITZ}}+\frac{K_{ITZ}}{(1-2p_p)(K_p-K_{ITZ})+K_{ITZ}}\right] \tag{8.16}$$

式中，K_{ITZ} 和 K_p 分别是界面过渡区和骨料的导热系数；A_{rp} 是核壳结构中的热浓度的标量形式。

接下来，我们进一步研究不同饱和度下混凝土材料的热力学性质。在此，我们不区分混凝土材料中的孔隙类型，但我们会考虑混凝土材料中孔隙的饱和状态，例如水孔隙和气孔隙。理想情况下，当水占据了全部孔隙时，混凝土材料处于饱和状态，其饱和度等于1；而当空气占据了全部孔隙时，混凝土材料处于干燥状态，饱和度等于0。实际上，混凝土材料通常处于非饱和状态，包含了水孔隙和气孔隙，也就是说，饱和度在1和0之间。因此，饱和度 Θ 被定义为总孔隙中水含量的比例。

$$\Theta=\frac{V_w}{\phi} \tag{8.17}$$

$$\phi=V_w+V_a \tag{8.18}$$

式中，下标 w 和 a 代表水和空气；V_w 和 V_a 分别是水孔和气孔的体积分数；ϕ 是孔隙率。

在不同饱和度下，混凝土始终可以视为由等效骨料、水孔和气孔组成的四相复合结构（即 $n=3$），而硬化水泥浆体则作为均匀基体，遵循上述的多孔内嵌框架，可以计算不同饱和度下混凝土的有效导热系数：

$$K_{eff}=K_m+\frac{V_{ep}(K_{ep}-K_m)A_{ep}+\Theta\phi(K_w-K_m)A_w+(1-\Theta)\phi(K_a-K_m)A_a}{1-V_{ep}-\phi+V_{ep}A_{ep}+\Theta\varphi A_w+(1-\Theta)\phi A_a}$$

$$\tag{8.19}$$

式中，K_w、K_a、K_m 分别是水、空气和基体的导热系数；A_{ep}、A_w 和 A_a 表示等效骨料相、水孔和气孔的热浓度集中张量的标量形式，可以表达为：

$$A_J = \frac{1}{3}\left[\frac{2K_m}{p_J(K_J - K_m) + K_m} + \frac{K_m}{(1 - 2p_J)(K_J - K_m) + K_m}\right], \quad J = ep, w, a$$

(8.20)

8.2.4 数值求解传热过程

傅里叶热传导方程描述了热量在物体中的传导过程，是一个重要的偏微分方程模型。使用有限差分法的 Crank-Nicolson 格式，可以对这个方程进行数值求解。该格式结合了显式和隐式差分格式的优点，具有数值稳定性和高精度。

傅里叶热传导方程可以表述为：

$$\frac{\partial T}{\partial t} = K\frac{\partial^2 T}{\partial x^2}$$

(8.21)

式中，T 表示温度随时间和空间的分布；K 为导热系数。

要使用 Crank-Nicolson 格式进行离散化，我们首先将时间和空间离散化为一系列的节点，使用时间步长 Δt 和空间步长 Δx。然后，我们使用中心差分法对时间和空间导数进行近似，得到：

$$\frac{T_i^{k+1} - T_i^k}{\Delta t} = \frac{1}{2\Delta r^2}\left[K_{ui+\frac{1}{2}}^k(T_{i+1}^k - T_i^k) - K_{ui-\frac{1}{2}}^k(T_i^k - T_{i-1}^k) + \right.$$
$$\left. K_{ui+\frac{1}{2}}^{k+1}(T_{i+1}^{k+1} - T_i^{k+1}) - K_{ui-\frac{1}{2}}^{k+1}(T_i^{k+1} - T_{i-1}^{k+1})\right]$$

(8.22)

式中，T_i^k 表示在第 n 个时间步中第 i 个空间节点上的温度值。

将离散方程整理成矩阵形式，我们可以使用矩阵求解方法来计算数值解。通过对离散方程进行整理，我们得到以下形式：

$$[\boldsymbol{A}]\{T_i^{k+1}\} = [\boldsymbol{B}]\{T_i^k\} + \{e\}$$

(8.23)

式中，$\{T_i^{k+1}\}$ 为温度矢量，表示腐蚀时间 t_{k+1} 时混凝土内 $r_i(i = 1, 2, \cdots, M+1)$ 处的温度。其他的矩阵与矢量分别表示为：

$$[\boldsymbol{A}]_{(M\times M)} = \begin{bmatrix} a_1 & 2b_2 & & & & \\ b_2 & a_2 & b_3 & & & \\ & \cdots & \cdots & \cdots & & \\ & & b_i & a_i & b_{i+1} & \\ & & & \cdots & \cdots & \cdots \\ & & & & b_{M-1} & a_{M-1} & b_M \\ & & & & & b_M & a_M \end{bmatrix}$$

(8.24)

$$[\boldsymbol{B}]_{(M \times M)} = \begin{bmatrix} h_1 & f_1 & & & & & \\ g_2 & h_2 & f_2 & & & & \\ & \cdots & \cdots & \cdots & & & \\ & & g_i & h_i & f_i & & \\ & & & \cdots & \cdots & \cdots & \\ & & & & g_{M-1} & h_{M-1} & f_{M-1} \\ & & & & & g_M & h_M \end{bmatrix} \tag{8.25}$$

$$\begin{cases} a(1) = 1 + \dfrac{\gamma}{2}(K_{T1}^{k+1} + K_{T2}^{k+1}), & n=1 \\ a(n) = 1 + \dfrac{\gamma}{4}(K_{Tn-1}^{k+1} + 2K_{Tn}^{k+1} + K_{Tn+1}^{k+1}), & n=2,3,\cdots,M \end{cases} \tag{8.26}$$

$$b(n) = -\frac{\gamma}{4}(K_{Tn}^{k+1} + K_{Tn+1}^{k+1}), \quad n=2,\cdots,M \tag{8.27}$$

$$\begin{cases} h(1) = 1 - \gamma(K_{T1}^{k} + K_{T2}^{k}), & n=1 \\ h(n) = 1 - \dfrac{\gamma}{4}\left[K_{Tn-1}^{k} + \left(2+\dfrac{2}{n}\right)K_{Tn}^{k} + \left(1+\dfrac{2}{n}\right)K_{Tn+1}^{k}\right], & n=2,3,\cdots,M \end{cases} \tag{8.28}$$

$$\begin{cases} f(1) = \gamma(K_{T1}^{k} + K_{T2}^{k}), & n=1 \\ f(n) = \dfrac{\gamma}{4}\left[\left(1+\dfrac{2}{n}\right)K_{Tn}^{k} + \left(1+\dfrac{2}{n}\right)K_{Tn+1}^{k}\right], & n=2,\cdots,M-1 \end{cases} \tag{8.29}$$

$$g(n) = \frac{\gamma}{4}(K_{Tn-1}^{k} + K_{Tn}^{k}), \quad n=2,\cdots,M \tag{8.30}$$

$$\{e\}_{(M \times 1)} = \left\{ 0, \cdots, \frac{\gamma}{4}(K + K_{TM+1}^{k+1})T_{M+1}^{k+1} + \right.$$
$$\left. \frac{\gamma}{4}\left[\left(1+\frac{2}{M}\right)K_{TM}^{k} + \left(1+\frac{2}{M}\right)K_{TM+1}^{k}\right]T_{M+1}^{k} \right\}^{\mathrm{T}} \tag{8.31}$$

在每个时间步中,我们需要迭代求解线性方程组,直到达到指定的收敛条件。一般使用迭代方法,如 Gauss-Seidel 迭代或 SOR(逐次超松弛)方法,来更新温度值,直到满足指定的误差要求。在本模型的每个时间步中,使用 Gauss-Seidel 迭代来更新浓度值。根据已知的浓度值和邻近节点的浓度值,迭代计算当前节点的浓度值,直到所有节点都得到更新。具体的迭代步骤如下:

(1) 初始化温度值 $T(i,k)$ 为初始条件值或上一时间步的温度值;

(2) 对于每个空间节点 $i=1,2,\cdots,M-1$,按照下面的迭代公式更新温度值:

$$T_i^k = (1-\omega)T_i^k + \omega\left[\frac{(T_{i+1}^{k+1} - 2T_i^{k+1} + T_{i-1}^{k+1})\Delta t}{4\Delta x^2} + \frac{(T_{i+1}^{k} - 2T_i^{k} + T_{i-1}^{k})\Delta t}{4\Delta x^2}\right] \tag{8.32}$$

式中,ω 是松弛因子,一般取值范围为 $0<\omega<2$。一般情况下,选择合适的松弛因子可以提高迭代的收敛性。

借助有限差分法的 Crank-Nicolson 格式,我们可以数值求解傅里叶定律方程。通过对方程进行离散化、边界条件处理以及矩阵形式的求解,在计算完所有时间步之后,我们可以获得离散网格节点上时间和空间上的温度分布。根据具体需求,绘制温度随时间和空间变化的图像,进行进一步的分析和处理。

8.3 操作流程与算例

8.3.1 界面说明

界面主要分为 5 个板块,【边界条件】板块、【计算】板块、【参数显示】板块、【计算结果】板块以及【绘图】板块,如图 8.1 所示。计算板块主要有 3 个功能按钮。【计算】按钮可以通过文中第二部分的算法,计算出硬化水泥浆体导热系数,砂浆导热系数以及混凝土导热系数,并在【计算结果】板块显示。根据所给出的边界条件,在图像区会显示温度时空分布情况和试件浓度分布情况。【保存数据】按钮可以将所计算的导热系数结果保存。【重置】按钮可以将所有参数归零。

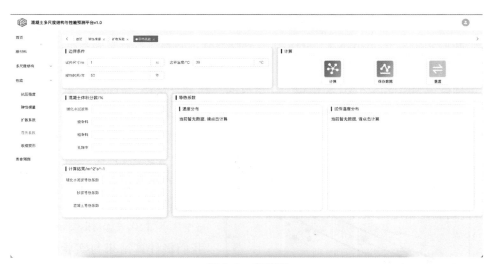

图 8.1 主界面

8.3.2 操作介绍

首先输入边界条件,【试件尺寸】、【边界温度】和【侵蚀时间】,然后点击【计算】

按钮,开始导热系数的计算过程。在等待计算完成后,会在绘图区显示温度分布情况,在【计算结果】板块显示出硬化水泥浆体、砂浆和混凝土的导热系数,在【计算结果】板块其结果如图8.2所示:

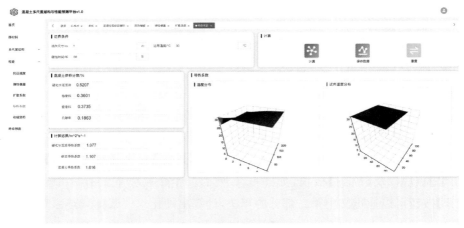

图8.2 计算结果界面

8.3.2 算例详解与结果验证

1) 算例1:不同饱和度的混凝土导热系数

我们采用了 Jerman 等人[7]的蒸压气凝胶混凝土的导热系数实验数据,他们主要研究了蒸压气凝胶混凝土的导热性质与饱和度的依赖关系。在该实验中,轻质混凝土试样被视为由固体骨架、水孔和气孔组成的三相复合结构,在固体骨架中,不区分骨料和水泥基质。该实验中混凝土的相关参数如下所示:$K_m = 1.322$ W·m^{-1}·K^{-1},$K_w = 0.6065$ W·m^{-1}·K^{-1},$K_a = 0.02623$ W·m^{-1}·K^{-1},水孔的典型长宽比为 0.5,气孔的三个典型长宽比分别对应孔隙率 $\phi = 0.874$、0.819 和 0.802。同时我们将计算结果与实验数据[7]和 Shen 等人[8]的分形模型的理论结果进行比较,如图8.3所示。本系统计算结果与报道结果相近或处于同一数量级,结果较为准确。

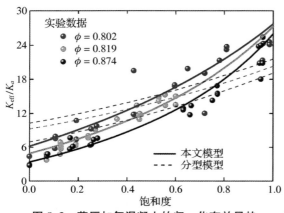

图8.3 蒸压加气混凝土的归一化有效导热系数 K_{eff}/K_a 与饱和度 θ 的关系

2）算例 2：不同骨料体积分数下的导热系数

我们利用所建立的模型预测了 Kim[9] 等人的干燥和饱和混凝土的导热系数。在该实验中，混凝土被视为由硬化水泥浆体、骨料和它们周围的界面过渡区（ITZ）组成的三相复合结构。相关参数具体取值如下[10-15]：硬化水泥浆体在干燥和饱和条件下的导热系数直接测量得到，分别为 $K_m = 0.768$ W・m^{-1}・K^{-1} 和 $K_m = 1.163$ W・m^{-1}・K^{-1}；骨料的热导率 K_p 受到骨料类型的影响较大，范围从 2.45 W・m^{-1}・K^{-1} 到 5.251 W・m^{-1}・K^{-1}，我们合理选择其为 3.6 W・m^{-1}・K^{-1}；骨料的纵横比为 2.021，等效直径 D_{eq} 约为 6.49 mm；微观结构的测量结果表明混凝土的界面过渡区厚度在几 μm 到 100 μm 之间变化，我们这里约定其典型值为 20 μm；界面过渡区的热导率 K_{ITZ} 在饱和条件下设定为 $0.9K_m$，在干燥条件下为 $0.1K_m$。基于本导热系数模型，得到了饱和和干燥混凝土的预测有效热导率 K_{eff}，并与实验数据进行了比较，如图 8.4 所示。本模型的计算结果与报道结果相近或处于同一数量级，结果较为准确。

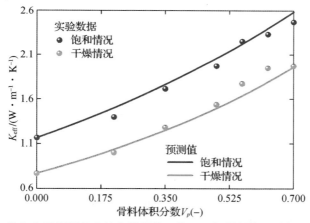

图 8.4 饱和和干燥混凝土的有效导热系数 K_{eff} 与骨料体积分数 V_p 的关系

8.4 参考文献

[1] Xu W X, Zhang D Y, Lan P, et al. Multiple-inclusion model for the transport properties of porous composites considering coupled effects of pores and interphase around spheroidal particles[J]. International Journal of Mechanical Sciences, 2019, 150: 610-616.

[2] Yang W, Zhou Q, Wang J, et al. Equivalent inclusion method for arbitrary cavities or cracks in

an elastic infinite/semi-infinite space[J]. International Journal of Mechanical Sciences, 2021, 195: 106259.

[3] Hori M, Nemat-Nasser S. Double-inclusion model and overall moduli of multiphase composites[J]. Journal of Engineering Materials and Technology, 1993, 14: 189 – 206.

[4] Benveniste Y. A new approach to the application of Mori-Tanaka's theory in composite materials[J]. Mechanics of Materials, 1987, 6(2): 147 – 157.

[5] Lu P, Leong Y W, Pallathadka P K, et al. Effective moduli of nanoparticle reinforced composites considering interphase effect by extended double-inclusion model-Theory and explicit expressions[J]. International Journal of Engineering Science, 2013, 73: 33 – 55.

[6] Xu W X, Wu F, Jiao Y, et al. A general micromechanical framework of effective moduli for the design of nonspherical nano- and micro-particle reinforced composites with interface properties[J]. Materials & Design, 2017, 127: 162 – 172.

[7] Jerman M, Keppert M, Výborný J, et al. Hygric, thermal and durability properties of autoclaved aerated concrete[J]. Construction and Building Materials, 2013, 41(41): 352 – 359.

[8] Shen Y, Xu P, Qiu S, et al. A generalized thermal conductivity model for unsaturated porous media with fractal geometry [J]. International Journal of Heat & Mass Transfer, 2020, 152119540.

[9] Kim K H, Jeon S E, Kim J K, et al. An experimental study on thermal conductivity of concrete[J]. Cement & Concrete Research, 2003, 33: 363 – 371.

[10] Asadi I, Shafigh P, Mahyuddin N B, et al. Thermal conductivity of concrete: a review[J]. Journal of Building Engineering, 2018, 20: 81 – 93.

[11] Zouaoui R, Miled K, Limam O, et al. Analytical prediction of aggregates' effects on the ITZ volume fraction and Young's modulus of concrete[J]. Numerical and Analytical Methods in Geomechanics, 2017, 41(7): 976 – 993.

[12] Gong Z, Wu Y, Zhu Z, et al. DEM and dual-probability-Brownian motion scheme for thermal conductivity of multiphase granular materials with densely packed non-spherical particles and soft interphase networks [J]. Computer Methods in Applied Mechanics and Engineering, 2020, 372: 113372.

[13] He J T, Lei D, Xu W X. In-situ measurement of nominal compressive elastic modulus of interfacial transition zone in concrete by SEM-DIC coupled method[J]. Cement and Concrete Composites, 2020, 114: 103779.

[14] Shen Z, Zhou H. Predicting effective thermal and elastic properties of cementitious composites containing polydispersed hollow and core-shell micro-particles[J]. Cement and Concrete Composites, 2020, 105: 103439.

[15] Xu S, Liu J, Zeng Q. Towards better characterizing thermal conductivity of cementbased materials: the effects of interfacial thermal resistance and inclusion size[J]. Materials & Design, 2018, 157: 105 – 118.

第 9 章
混凝土干燥收缩性能

9.1　引言

　　实际工程中,混凝土建设极易面临低湿度的环境,此环境下混凝土构件在脱模后表面水分会快速散失,使得试件内外形成不均匀的湿度场,导致混凝土表面产生较大的收缩变形,并产生拉应力[1]。当收缩产生的拉应力大于混凝土的抗拉强度时,混凝土基体便会开裂,产生较多的微裂纹[2-3]。这些微细观的损伤为 CO_2 和 Cl^- 等外界侵蚀介质的侵入提供通道,从而对混凝土的力学及耐久性能产生较大的影响,严重影响混凝土结构的安全服役[4-5]。因此,研究低湿度环境下混凝土的干燥收缩性能对于混凝土结构的可持续设计具有重要意义。但传统试验手段研究混凝土的干燥收缩性能需要花费大量的时间和精力。因此,开发高效的混凝土干燥收缩性能研究手段显得尤为重要。近年来,随着计算机技术的迅速发展,其为通过数值仿真模拟探究混凝土的干燥收缩性能提供了新途径。因此,基于数值仿真模拟建立低湿度环境下混凝土的干燥收缩模型,并探究低湿度环境下混凝土的干燥收缩性能具有重要意义。

　　在本章节中,将首先基于 ABAQUS 有限元分析软件提出低湿度环境下干燥收缩模型的建模方法,并建立混凝土的随机骨料模型。此外详细介绍了数值模拟过程中的参数设置、网格划分和边界条件。最后基于所提出的干燥收缩模型,利用试验验证了低湿度环境下混凝土内部的湿度场分布、干燥收缩裂纹分布,以及干燥收缩应变分布,证明了所提出干燥收缩模型的合理性及有效性。

9.2　计算思路与方法

9.2.1　模拟方法

　　混凝土干燥收缩通常是由于其内部湿度场的不均匀分布导致的。现有的混凝土干燥收缩应变主要采用经验拟合公式进行预测,但其适用差,仅适用于特定的混凝土试件。随着人工智能兴起,研究人员基于神经网络对不同配合比的混凝土试件对的干燥收缩应变进行预测,但为保证预测的精确度,通常需要庞大的混凝土干燥收缩应变数据库作为支撑。近年来,随着有限元软件的兴起,以 ABAQUS 为例,人们采用其探究了混凝土的静、动态力学性能以及热量传输性能等,展现出巨大的优势,因此本章节拟基于有限元分析软件 ABAQUS 来探究低湿度环境下混凝土的干燥收缩性能,包括混凝土内部的湿度场分布、干燥收缩应力分布以及干燥收缩应变经时演变规律。但由于 ABAQUS 有限元分析软件中无湿度和湿度应力计算模块,而相关研究表明:混凝土内部的湿度传输行为可近似满足 Fick's 第二定律[16-17],当密度和比热容为 1 时,混凝土内部的湿度传输过程可近似由温度传输模块计算。忽略混凝土内部的源项和汇项,混凝土内部的湿度传输行为可表示为式(9.1):

$$\frac{\partial H}{\partial t} = \text{div}[\lambda \, \text{grad}(H)] \tag{9.1}$$

式中,H 为相对湿度;t 为时间;λ 为湿度扩散系数。

与对流换热相似,湿度除了在混凝土内部传输外,混凝土表面也会与外界环境进行湿度交换,具体可表示为式(9.2):

$$q_s = h_F \cdot (H_s - H_a) \tag{9.2}$$

式中,q_s 为垂直于混凝土表面的湿度通量;h_F 为表面湿度交换系数,1.5 mm/d[16];H_s 和 H_a 分别为混凝土表面和所处环境的相对湿度。

由于干燥收缩产生的应变场和应力场可分别由式(9.3)和(9.4)[17]计算得到,

$$\Delta \varepsilon_{sh} = \alpha_{sh} \cdot \Delta H \tag{9.3}$$

$$\sigma_{sh} = E \cdot \Delta \varepsilon_{sh} \tag{9.4}$$

式中,α_{sh} 为干缩系数;ΔH 为相对湿度变化量;E 为材料的弹性模量。

采用 ABAQUS 中混凝土损伤塑性(CDP)模型来探究混凝土的干燥收缩行为(如图 9.1 所示)。混凝土压缩和拉伸损伤因子采用式(9.5)和(9.6)来计算。塑性损伤参数中膨胀角、偏心距、双轴与单轴抗压强度比、K 系数、黏性系数分别取 35°、0.1、1.16、0.666 67、0.000 5。

$$d_c = 1 - \frac{\sigma_c / E_0}{\bar{\varepsilon}_c^{pl} (1/b_c - 1) + \sigma_c / E_0} \tag{9.5}$$

$$d_t = 1 - \frac{\sigma_t / E_0}{\bar{\varepsilon}_t^{pl} (1/b_t - 1) + \sigma_t / E_0} \tag{9.6}$$

式中,d_c 和 d_t 分别为压缩和拉伸荷载作用下的损伤因子;E_0 为混凝土无损伤时的弹性模量;$\widetilde{\varepsilon}_c^{pl}$ 和 $\widetilde{\varepsilon}_t^{pl}$ 分别为压缩和拉伸荷载作用下的等效塑性应变;b_c 和 b_t 分别为压缩和拉伸荷载作用下塑性应变与非弹性应变之比,通常取值为 0.7 和 0.1。

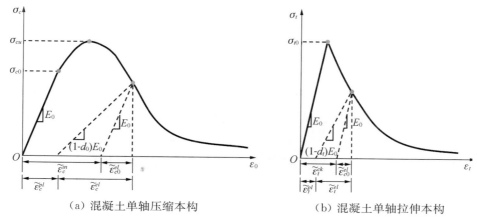

(a) 混凝土单轴压缩本构　　　　　　(b) 混凝土单轴拉伸本构

图 9.1　混凝土单轴压缩和拉伸本构关系

9.2.2　几何模型

混凝土宏观性能与其各细观组分的性能密切相关。在细观尺度上,混凝土通常可以看做是由骨料、砂浆和界面过渡区(ITZ)组成的三相非均质材料[6-8]。相关研究表明,ITZ 通常为骨料和砂浆之间厚度为 20～100 μm 的区域[9-11],且骨料形状与 ITZ 的存在对混凝土宏观性能具有较小影响[12-15]。因此,为了简化数值模型,粗骨料简化为圆形,且数值模型中忽略了 ITZ 的影响。基于蒙特卡罗方法,采用 Python 语言,利用图 9.2(a)所示粗骨料间的干涉判断条件(两粗骨料间距大于两粗骨料半径之和),最终建立了图 9.2(b)所示的混凝土二维随机骨料模型,其中绿色和淡黄色区域分别代表骨料和砂浆。干涉判断条件中,骨料间距系数 γ 是为了确保粗骨料在试件内部均匀分布。基于上述方法可最终生成不同试件尺寸、骨料体积分数的混凝土试件。

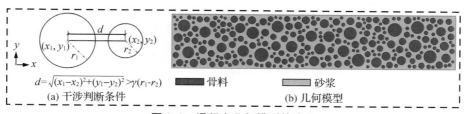

$d = \sqrt{(x_1-x_2)^2+(y_1-y_2)^2} > \gamma(r_1-r_2)$

■ 骨料　　　▨ 砂浆

(a) 干涉判断条件　　　　　　(b) 几何模型

图 9.2　混凝土几何模型的建立

9.2.3 边界条件与网格划分

采用 ABAQUS 中 Coupled temp-displacement 的分析步来探究低湿度环境下混凝土的干燥收缩行为。数值模拟过程中试件四周设置环境湿度,约束混凝土试件底部 y 方向自由度以及左侧 x 方向自由度,试件右侧和上部为自由端(图9.3)。网格类型为 CPE3T,网格大小为 1.5 mm。

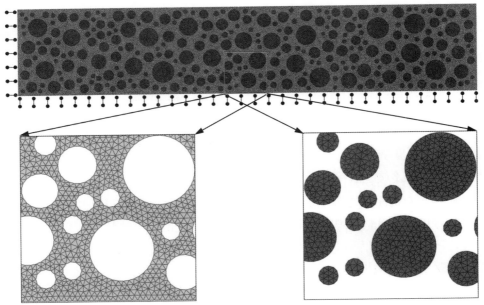

图 9.3 边界条件与网格划分

9.2.4 模拟参数设置

干燥养护过程中,混凝土内部的湿度分布与各组分的湿度扩散系数密切相关。Wittmann 等[18]通过指数拟合得到了水灰比分别为 0.4、0.5 和 0.6 的砂浆基体湿度扩散系数与湿度关系[式(9.7)],其表明混凝土材料的湿度传输系数与水灰比之间存在一定关系。以水灰比为 0.5 时水泥基材料的湿度扩散系数为基准,其他水灰比水泥基材料的湿度扩散系数可表示为式(9.8)。

$$\lambda_m(H,W/C)=\begin{cases} 0.16\mathrm{e}^{5.2H} & W/C=0.4 \\ 0.35\mathrm{e}^{4.8H} & W/C=0.5 \\ 0.43\mathrm{e}^{4.79H} & W/C=0.6 \end{cases} \tag{9.7}$$

$$\lambda_m(H,W/C)=\lambda_m(H,0.5)f(W/C) \tag{9.8}$$

式中，$\lambda_m(H,0.5)$ 为当水灰比为 0.5 时，Wittmann 等[18]通过指数拟合得到的砂浆基体湿度扩散系数与湿度关系[式(9.7)]，mm^2/d；$f(W/C)$ 为水灰比对于扩散系数的影响函数。

水灰比对于扩散系数的影响可等效为水灰比对于孔隙率的影响，其可近似通过 Kang[19]提出的模型来表示[式(9.9)]。

$$f(W/C) = \left[\frac{V(W/C)}{V(0.5)}\right]^a \tag{9.9}$$

式中，$V(W/C)$ 和 $V(0.5)$ 分别为当前水灰比下和水灰比为 0.5 时混凝土完全水化下的内部孔隙率，其可通过 CEMHYD3D 计算得到；当 W/C 大于 0.5 时，$a=2$；当 W/C 小于 0.5 时，$a=3$。

采用 Wittmann 等[18]的试验结果来验证式(9.8)的准确性，图 9.4 中，0.4-C 和 0.6-C 为通过式(9.8)得到的水灰比为 0.4 和 0.6 时混凝土湿度传输系数的计算值，可见其与 Wittmann 等[18]得到的水灰比为 0.4 和 0.6 时混凝土湿度传输系数的试验值较好吻合。最后利用式(9.8)得到水灰比为其他值时不同湿度下砂浆基体的湿度扩散系数。与砂浆基体相比，骨料通常较为密实，其扩散系数 λ_a 为砂浆基体扩散系数的 $1/50$[15]。

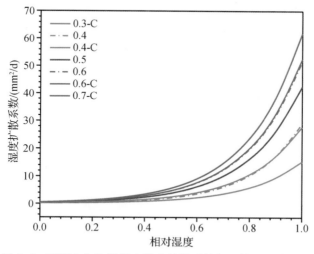

图 9.4　不同水灰比混凝土湿度扩散系数与环境湿度的关系

仿真模拟过程中，混凝土各细观组分的力学性能设置如表 9.1 所示。粗骨料的密度、弹性模量和泊松比根据所制粗骨料的岩石种类而来，砂浆的密度、弹性模量、泊松比通常分别取 2 300 kg/m³、30 000 MPa 和 0.22。砂浆基体的干燥收缩系数通常需基于实际的混凝土配合比进行调试。与砂浆基体相比，由于骨料通常弹性模量较大，且非常密实，因此在数值模拟过程中不考虑骨料的收缩变形，其干燥收缩系数设置为 0。

表 9.1　模拟参数设置

参数	密度/(kg/m³)	弹性模量/MPa	泊松比	干燥收缩系数/(‰/h)
骨料	—	—	—	0
砂浆	2 300	30 000	0.22	—

9.3　操作流程与算例

9.3.1　界面说明

混凝土干燥收缩模块的操作界面如图 9.5 所示。本模块功能涵盖低湿度环境下混凝土内部的湿度场分布、干燥收缩应力分布、干燥收缩裂纹分布以及干燥收缩应变的预测，包括【参数设置】1 个参数输入模块，其包含建模参数和模拟参数的设置；5 个界面操作模块，包括【几何模型】、【计算】、【应力损伤】、【干缩应变】、【数据导出】；以及【混凝土几何模型】、【结果分析—湿度、应力和损伤】、【结果分析—干燥收缩应变】三个结果显示模块。

图 9.5　操作界面

9.3.2 操作说明

首先点击【参数设置】模块,输入【建模参数】,包括试件的长度、宽度和粗骨料间距系数;输入【模拟参数】,包括砂浆干燥收缩系数、骨料干燥收缩系数、砂浆弹性模量和泊松比、混凝土抗压强度、环境湿度以及孔隙率(如图 9.6 所示),其中孔隙率通过调用水化模型计算结果得到。

建模参数

*长度		*宽度		*骨料间距系数
515	mm	100	mm	1.05

模拟参数

*砂浆干燥收缩系数	*砂浆弹性模量		*砂浆泊松比
0.00048	30000.0	MPa	0.22

*骨料干燥收缩系数	*混凝土抗压强度		环境湿度
0	30	MPa	0.6

*孔隙率(w/c=0.5)	*孔隙率(w/c=0.21)
0.445	0.28

图 9.6　混凝土建模参数的输入

点击【几何模型】按钮,输入合适的 cae 文件名,创建 cae 文件,在【混凝土几何模型】模块中显示所建立混凝土几何模型(如图 9.7 所示)。

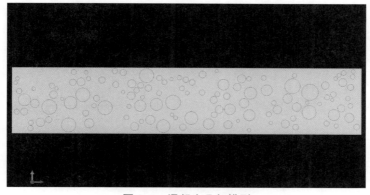

图 9.7　混凝土几何模型

点击【计算】按钮,输入合适的 job 文件名,创建 job 文件并将其提交后台进行计算,最后的计算结果文件为 odb 文件。

点击结果分析按钮,包括【应力损伤】和【干缩应变】,选择需要分析的 odb 结果文件。其中【应力损伤】模块可以分析低湿度环境下混凝土的湿度场分布、干燥收缩应力分布、干燥收缩损伤分布,【干缩应变】模块可以分析混凝土的干燥收缩应变的经时演变规律。点击【数据导出】按钮可将本模块中干燥收缩应变计算结果导出至本地电脑。

9.3.3 算例及结果验证

1)算例分析:混凝土内部湿度场及干缩裂纹分布

采用李曙光等[17]的试验研究来验证所提出的干燥收缩模型合理性,仿真模拟过程中采用的数值模型如图 9.8(a)所示,数值模型完全基于李曙光等[17]的试验研究来生成。在李曙光[17]等的试验研究中,水灰比为 0.5,粗骨料为直径为 6 mm、10 mm 和 20 mm 的不锈钢圆柱体,骨料总面积为 41.2%,试验过程中,试件所处环境的温度为 25 ℃±2 ℃,相对湿度为 45%。为了确保干燥养护前混凝土试件内部湿度为 100%,试件先在饱和 Ca(OH)$_2$ 溶液中浸泡了 5 d。在干燥收缩数值模拟过程中,网格大小为 1.5 mm,粗骨料的弹性模量为 200 GPa,泊松比为 0.3,湿度扩散系数为 0,混凝土干燥收缩系数 0.001 5,其他参数的设置与表 9.1 相同。

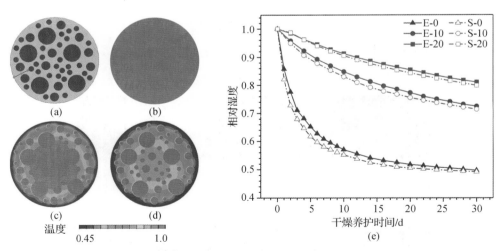

图 9.8　混凝土内部湿度场分布

(a) 几何模型;(b) 0 d,(c) 15 d,(d) 30 d 干燥养护后混凝土内部的湿度场分布;(e) 干燥养护 30 d 后,距离试件表面 0 mm、10 mm、20 mm 处湿度经时演变规律。

干燥养护 0 d、15 d 和 30 d 后混凝土内部的湿度分布分别见图 9.8(b)、图 9.8(c) 和图 9.8(d)。由图 9.8 可知,干燥养护后混凝土内部的湿度并不是均匀分布的,由内向外大体上呈现出逐渐降低的趋势。而由于粗骨料为不锈钢,其湿度传输数据为 0,导致骨料内部的相对湿度在养护前后无明显变化。为探究混凝土内部的湿度分布规律,得到图 9.8(e)所示距离试件表面 0 mm、10 mm 和 20 mm 位置处湿度随干燥养护时间的变化图,图中 E 代表试验值,S 代表模拟值。由图可知,随着干燥时间的变长,混凝土内部各点处的湿度均呈现出逐渐降低的趋势,试件边界处的湿度变化较大,而内部的湿度变化较小。随着干燥时间的增加,混凝土表面(0 mm)湿度呈指数型下降,前 5 d 下降了 40% 左右,30 d 后共下降了 50% 左右;而内部(20 mm)湿度则呈近似线性下降,30 d 后湿度共下降了 20% 左右。此数值模拟结果与李曙光等[17]的结果较好吻合。基于湿度场的分布结果得到干燥养护 15 d 后试件内部的损伤劣化情况(如图 9.9(b)所示),由图可知,裂纹较多地分布于试件外边缘处,模拟得到的裂纹分布情况与李曙光等[17]的试验结果较好吻合。综上所述,本章中所提出的干燥收缩模型具有较好的合理性。

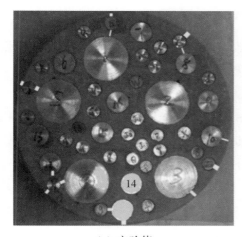

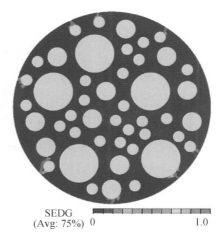

SEDG
(Avg: 75%) 0   1.0

(a)实验值   (b)模拟值

图 9.9　干燥养护 15 天后混凝土试件内部干缩裂纹分布图

2)算例分析:混凝土干燥收缩应变分析

混凝土试件尺寸为 100 mm×100 mm×400 mm,水灰比为 0.6,粗骨料体积分数为 50%,密度 2 700 kg/m³,粒径范围为 5～20 mm,养护环境湿度为 60%,混凝土立方体受压强度 32.8 MPa,具体混凝土配合比如表 9.2 所示。

表 9.2　混凝土配合比[20]

	原材料/(kg/m³)				W/C
	水泥	水	砂子	粗骨料	
混凝土	452	271	1 362	1 350	0.60

具体实现步骤如下：

（1）输入【建模参数】，包括混凝土试件的长、宽和粗骨料之间的间距系数。建立图 9.10 所示的试件尺寸为 400 mm×100 mm，粗骨料体积分数为 50%，粒径范围为 5～20 mm 的混凝土二维圆形几何模型。

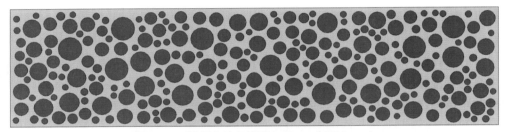

图 9.10　混凝土几何模型（400 mm×100 mm）

（2）输入【模拟参数】，包括砂浆干燥收缩系数、弹性模量和泊松比、骨料干燥收缩系数、混凝土强度等级、环境湿度，以及当前水灰比下混凝土的孔隙率。其中孔隙率通过调用水化计算结果得到。

（3）点击【计算】按钮，调用 ABAQUS 有限元分析软件建立 cae 文件并创建 job，最终得到混凝土干燥收缩计算结果 odb 文件。

（4）点击【结果分析】按钮，选择需要分析的 odb 文件，得到混凝土干燥收缩应变经时演变规律（图 9.11 中红色曲线），以及干燥收缩收缩过程中混凝土内部的湿度（图 9.12）、应力（图 9.13）以及损伤分布图（图 9.14）。

采用文献［20］中的试验验证了不同龄期时的混凝土干燥收缩应变（图 9.11）。由图可知，随着龄期的增加，混凝土干燥收缩应变呈现出逐渐增加的趋势，且前期增加快，后期增加相对缓慢。混凝土在 7 d 和 91 d 的干缩收缩应变分别达到 182 d 的 25% 和 80% 左右。虽然在 28 d、56 d 和 91 d 的干燥收缩率与模拟收缩率存在显著差异，但不同龄期的混凝土干燥收缩应变模拟值仅比试验值低 10% 左右，进一步验证了所提出干燥收缩模型的合理性和准确性。

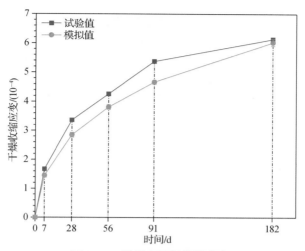

图 9.11　混凝土干燥收缩应变

图 9.12 展示了 182 d 龄期时混凝土内部的湿度场分布。由图可知,与同位置处的砂浆基体相比,由于粗骨料相对密实,湿度扩散系数低,粗骨料内部的湿度相对较大,但总体上混凝土内部的湿度由内向外呈现出逐渐降低的趋势,182 d 后混凝土内部大部分区域的湿度仍大于 70%。

图 9.12　混凝土内部湿度场分布

图 9.13 展示了 182 d 龄期时混凝土内部的干燥收缩应力分布。由图可知,应力较大的区域主要分布于试件外侧和骨料的边缘区域,当干燥收缩应力大于混凝土抗拉强度时混凝土便会出现损伤。182 d 龄期时混凝土内部的损伤分布如图 9.14所示,182 d 时混凝土试件外侧出现了大量的干燥收缩裂纹,且这些裂纹以及逐渐延伸到试件的内部。

图 9.13　混凝土内部应力分布

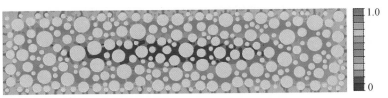

図 **9.14** 混凝土内部损伤分布

9.4 参考文献

［1］ Kim J K，Lee C S. Prediction of differential drying shrinkage in concrete［J］. Cement and Concrete Research，1998，28(7)：985－994.

［2］ Baǎnt Z P，Raftshol W J. Effect of cracking in drying and shrinkage specimens［J］. Cement and Concrete Research，1982，12(2)：209－226.

［3］ Hwang C L，Young J F. Drying shrinkage of portland cement pastes Ⅰ. Microcracking during drying［J］. Cement and Concrete Research，1984，14(4)：585－594.

［4］ Monteiro P J M，Kirchheim A P，Chae S，et al. Characterizing the nano and micro structure of concrete to improve its durability［J］. Cement and Concrete Composites，2009，31(8)：577－584.

［5］ Li B，Zhang Y，Selyutina N，et al. Thermally-induced mechanical degradation analysis of recycled aggregate concrete mixed with glazed hollow beads［J］. Construction and Building Materials，2021，301：124350.

［6］ Xi X，Yang S，Li C Q. A non-uniform corrosion model and meso-scale fracture modelling of concrete［J］. Cement and Concrete Research，2018，108：87－102.

［7］ Snozzi L，Caballero A，Molinari J F. Influence of the meso-structure in dynamic fracture simulation of concrete under tensile loading［J］. Cement and Concrete Research，2011，41(11)：1130－1142.

［8］ Kim S M，Al-Rub R K A. Meso-scale computational modeling of the plastic-damage response of cementitious composites［J］. Cement and Concrete Research，2011，41(3)：339－358.

［9］ Diamond S，Huang J. The ITZ in concrete：a different view based on image analysis and SEM observations［J］. Cement and Concrete Composites，2001，23(2/3)：179－188.

［10］ Djerbi A. Effect of recycled coarse aggregate on the new interfacial transition zone concrete［J］. Construction and Building Materials，2018，190：1023－1033.

［11］ Elsharief A，Cohen M D，Olek J. Influence of aggregate size，water cement ratio and age on the microstructure of the interfacial transition zone［J］，Cement and Concrete Research，2003，33(11)：1837－1849.

[12] Rocco C G, Elices M. Effect of aggregate shape on the mechanical properties of a simple concrete[J]. Engineering Fracture Mechanics, 2009, 76(2):286 - 298.

[13] Miao Y, Lu Z, Wang F, et al. Shrinkage cracking evolvement in concrete cured under low relative humidity and its relationship with mechanical development[J]. Journal of Building Engineering, 2023, 72:106670.

[14] Liu Q, Li L, Easterbrook D, et al. Multi-phase modelling of ionic transport in concrete when subjected to an externally applied electric field[J]. Engineering Structures, 2012, 42:201 - 213.

[15] Wang Y, Peng Y, Kamel M M A, et al. Modeling interfacial transition zone of RAC based on a degenerate element of BFEM[J]. Construction and Building Materials, 2020, 252:119063.

[16] Zhou Y, Jin H, Wang B. Drying shrinkage crack simulation and meso-scale model of concrete repair systems[J]. Construction and Building Materials, 2020, 247:118566.

[17] 李曙光, 李庆斌. 混凝土二维干缩开裂分析的改进弥散裂纹模型[J]. 工程力学, 2011, 28(12):65 - 71.

[18] Wittmann X, Sadouki H, Wittmann F H. Numerical evaluation of drying test data[C]//10th Int. Conf. on Struct. Mech. in Reactor Technology, 1989, 71 - 89.

[19] Kang S T, Kim J S, Lee Y, et al. Moisture diffusivity of early age concrete considering temperature and porosity[J]. KSCE Journal of Civil Engineering, 2012, 16(1):179 - 188.

[20] Eguchi K, Teranishi K. Prediction equation of drying shrinkage of concrete based on composite model[J]. Cement and Concrete Research, 2005, 35(3):483 - 493.

第三部分

寿命预测与智能设计

第 10 章

混凝土结构服役寿命预测

10.1 引言

混凝土结构作为建筑工程的重要组成部分,其安全性、可靠性以及服役寿命一直是工程师们所关注的重点。近年来,随着工程建设的不断发展和建筑结构服役环境的日趋严峻,如何准确预测混凝土结构的服役寿命成了一个亟待解决的问题。该研究不仅有助于提高建筑结构的可持续性和安全性,也能够为工程管理和维护提供有力支持。

氯离子引起的钢筋锈蚀是影响混凝土结构耐久性的首要原因。据统计,每年我国因钢筋锈蚀引起混凝土结构的损失高达 8000 亿元/年。因此,研究氯离子在混凝内部的扩散规律及分布特性,并建立科学合理的寿命预测模型,具有十分重要的理论研究意义和工程实用价值。本章将首先从氯盐传输本质的出发,建立钢筋混凝土结构服役寿命预测模型。进一步的,将可靠度设计理念和工程中常用的几类耐久性提升措施作用效应引入服役寿命预测模型,建立起了完备的混凝土结构寿命预测模型,并给出详细的软件操作流程与算例介绍。

10.2 混凝土结构寿命预测思路与算法

10.2.1 理论方法介绍

氯离子在混凝土中传输机理复杂,氯离子侵入混凝土内部的方式包括吸附扩散、结合、渗透和毛细作用等迁移机制。其中,因浓度梯度引起的扩散作用是最主要和最重要的迁移方式。目前,国内外研究者多采用 Fick 第二扩散定律描述氯离子在混凝土中的扩散行为,并以此建立相应的寿命预测模型[1-3]。

大量研究发现,除环境温度、湿度等因素外,氯离子在混凝土内部的传输还受到混凝土自身对氯离子的结合作用以及孔隙结构的影响。因此,在探究离子在混凝土内部的传输过程中时需考虑上述因素的影响。此外,混凝土的微结构在介质侵入后不断随时间演变,这也决定了传输系数也是不断变化的。因此,在混凝土结构的服役寿命预测过程中要重点确定侵蚀介质的传输时变系数。

本章详细介绍了以氯盐为主的侵蚀介质传输模型,并在其基础上引入了硫酸盐、盐冻对混凝土保护层剥落的影响、环境温湿度和持续的水化对侵蚀介质传输系数的影响以及"阻—隔—缓—延"四类耐久性提升技术的影响,建立了混凝土结构寿命预测模型。

10.2.2 混凝土结构服役寿命预测模型

1)侵蚀介质传输方程

氯离子在混凝土内传输时,恒定温度下扩散通量与浓度梯度成正比,可用下式表示:

$$J = -D \nabla c \tag{10.1}$$

式中,J 为氯离子通量[mol/(m·s)],D 为氯离子表观扩散系数(m^2/s),c 为氯离子浓度(mol/L)。

在理想条件下,即水泥基材料是半无限大各向均质同性材料、在一维上进行扩散,离子通量之差 δJ 等于体积内离子总量的变化率,即

$$\delta J = \frac{\partial J}{\partial x} dx = \frac{\partial c}{\partial t} dx \tag{10.2}$$

将式(10.1)代入式(10.2),可以得到下式:

$$\frac{\partial c}{\partial t} = \frac{\partial}{\partial x} \left(D \frac{\partial c}{\partial x} \right) \tag{10.3}$$

式(10.3)就是氯离子在混凝土内扩散问题上应用最广泛的 Fick 第二定律。一维条件下,假定边界条件和初始条件为:

$$c(x=0, t \geqslant 0) = c_s \tag{10.4}$$

$$c(x>0, t=0) = c_0 \tag{10.5}$$

式中,c_0 是混凝土初始氯离子浓度(mol/L);c_s 是混凝土表面氯离子浓度(mol/L)。

2)多因素耦合下侵蚀介质分布预测解析模型

大量研究表明,氯离子扩散系数是一个时变系数,随着时间的推移,扩散系数会减小[4-6]。现有大多数氯离子扩散系数时间修正模型都是在 Mangat 模型[7]的基础上修正得到的,但这些修正模型仅针对时间一个条件进行了研究。在这些模型中,时间衰减系数是一个通用的重要参数。如欧盟标准[8]表示,时间衰减系数是常数,并且与原材料内部孔隙率。然而,孔隙率随水化过程是会发生变化的,并且

水泥基材料对氯离子的化学结合和物理吸收作用会降低水泥基材料的自由氯浓度和孔隙率,进一步影响氯离子扩散系数[9-10],显然用孔隙率一个参数来描述时间衰减系数是不准确的。此外,混凝土结构所处的环境温度和湿度也会影响混凝土内部的侵蚀介质传输。因此,引入考虑环境温度、湿度的影响因子,以及混凝土对侵蚀介质的结合作用因子等关键因素,混凝土内部氯离子传输控制方程可用式(10.6)表示:

$$\frac{\partial c}{\partial t} = \frac{\partial}{\partial x}\left(D_0 K_T K_H K_R K_t \frac{\partial c}{\partial x}\right) \tag{10.6}$$

式中,t 是混凝土在滨海强盐渍土腐蚀环境中的侵蚀时间(s);x 是传输深度(mm);D_0 是氯离子扩散系数参考值,即本文第 9 章计算得到的氯离子扩散系数(m^2/s);K_T 是温度对氯离子扩散系数的影响系数;K_H 是湿度对氯离子扩散系数的影响系数;K_R 是混凝土氯离子结合作用对氯离子扩散系数的影响系数;K_t 是侵蚀时间对氯离子扩散系数的影响系数。

温度对氯离子扩散系数的影响可按 Arrhenius 公式计算:

$$K_T = \exp\left[\frac{U}{R_g}\left(\frac{1}{T_{ref}} - \frac{1}{T}\right)\right] \tag{10.7}$$

式中,U 为氯离子扩散过程的活化能(kJ/mol),建议取值 30 kJ/mol;T 为环境温度时间函数(K)。

湿度对氯离子扩散系数的影响可按下式计算:

$$K_H = \left[1 + \frac{(1-H)^4}{(1-H_c)^4}\right]^{-1} \tag{10.8}$$

式中,H 为孔隙相对湿度,建议干湿交替环境取 0.86;H_c 为临界相对湿度,建议取值 0.75。

研究发现,氯离子结合作用也受很多因素的影响,不同的原料、外部环境条件对氯离子结合作用的影响程度不同[10-12]。例如,适量的粉煤灰可有效地提高混合胶凝材料中的铝相,其会与氯离子反应生成 Friedel's 盐[11,13-14],提高化学结合能力,且不同种类和掺量的粉煤灰具有不同的作用效果。现有氯离子结合模型主要有三种:线性结合模型、Langmuir 等温吸附模型和 Freundlich 等温吸附模型[12,15],其中线性结合无疑是最简单的计算方法,也是应用最广的一种方法。总的来看,氯离子结合作用越强,氯离子扩散系数越低,但不同的氯离子结合模型有不同的适用条件。氯离子在混凝土中的线性结合效应对氯离子扩散系数的影响可按下列公式计算:

$$K_R = \frac{1}{1+R_b} \tag{10.9}$$

$$R_b = (1.3 + 0.06FA - 28.5 \times 10^{-4}FA^2 + 28.5 \times 10^{-6}FA^3)(0.49 - 0.92W/B) \tag{10.10}$$

式中，R_b 为氯离子结合系数，当粉煤灰和矿渣复掺时可取 0.3~0.4；FA 为粉煤灰掺量；W/B 为水胶比。

在氯离子向混凝土内部扩散的过程中，一方面混凝土本身的胶凝材料持续水化，导致混凝土内部结构逐渐密实；另一方面，氯离子在混凝土内部产生化学结合生成 Friedel's 盐也优化了混凝土的孔径分布。因此，混凝土的氯离子扩散系数随着扩散时间的增加而逐渐减小[16]，其可按下式计算：

$$K_t = \begin{cases} \left(\dfrac{t_0}{t+t_0}\right)^m, & t \leqslant t_d \\[3mm] \left(\dfrac{t_0}{t_d+t_0}\right)^m, & t > t_d \end{cases} \tag{10.11}$$

$$m = 0.2 + 0.4\left(\frac{FA}{0.5} + \frac{SG}{0.7}\right) \tag{10.12}$$

式中，m 为氯离子扩散系数的时间依赖系数，可按式（10.12）计算，团体标准《严酷环境下混凝土结构耐久性设计标准》（T/CECS 1203—2022）规定其可取值为 0.630 4；t_d 为氯离子扩散系数的稳定时间，建议取值 30 年；t 是混凝土在海洋环境中的侵蚀时间；FA 和 SG 分别是粉煤灰和矿渣掺量。

综合式（10.6）~式（10.12）可知，经过温度、湿度、结合作用和时间效应修正过的时变氯离子扩散系数 $D(t)$ 为：

$$D(t) = D_0 \exp\left[\frac{U}{R_g}\left(\frac{1}{T_{ref}} - \frac{1}{T}\right)\right]\left[1 + \frac{(1-H)^4}{(1-H_c)^4}\right]^{-1}\frac{1}{1+R_b}\begin{cases} \left(\dfrac{t_0}{t+t_0}\right)^m, & t \leqslant t_d \\[3mm] \left(\dfrac{t_0}{t_d+t_0}\right)^m, & t > t_d \end{cases} \tag{10.13}$$

式（10.3）经过换元法可得到如下方程：

$$\frac{\partial c}{\partial \Theta} = \frac{\partial^2 c}{\partial x^2} \tag{10.14}$$

$$\partial \Theta = D(t)\partial t \tag{10.15}$$

经过 Laplace 变换，一维无限大模型中，忽略 Laplace 变换获得的二阶项，可得到式（10.14）的解析解如下：

$$c = c_0 + (c_s - c_0)\left[1 - \mathrm{erf}\left(\frac{x}{2\sqrt{\Theta}}\right)\right] \tag{10.16}$$

$$\mathrm{erf}(z) = \frac{2}{\sqrt{\pi}}\int_0^z \exp(-z^2)\,\mathrm{d}z = \frac{2}{\sqrt{\pi}}\sum_{n=0}^{\infty}\frac{(-1)^n x^{2n+1}}{n!\,(2n+1)} \tag{10.17}$$

由式(10.15)可知：

$$\Theta = \int_0^t D(t)\,\mathrm{d}t \tag{10.18}$$

将式(10.13)代入式(10.18)和式(10.14)，可得到考虑多因素耦合作用的混凝土结构氯离子浓度预测方程，如式(10.19)所示：

$$c = c_0 + (c_s - c_0)\begin{cases}1 - \mathrm{erf}\left\{\dfrac{x}{2\sqrt{D_0\exp\left[\dfrac{U}{R_g}\left(\dfrac{1}{T_{ref}} - \dfrac{1}{T}\right)\right]\left[1 + \dfrac{(1-H)^4}{(1-H_c)^4}\right]^{-1}\dfrac{1}{1+R_b}\dfrac{t_0^m}{1-m}t^{1-m}}}\right\}, & t \leqslant t_d \\[2em] 1 - \mathrm{erf}\left\{\dfrac{x}{2\sqrt{D_0\exp\left[\dfrac{U}{R_g}\left(\dfrac{1}{T_{ref}} - \dfrac{1}{T}\right)\right]\left[1 + \dfrac{(1-H)^4}{(1-H_c)^4}\right]^{-1}\dfrac{1}{1+R_b}t_0^m\left(\dfrac{t}{t_d^m} + \dfrac{mt_d^{1-m}}{1-m}\right)}}\right\}, & t > t_d\end{cases} \tag{10.19}$$

式(10.19)可以预测得到氯盐侵蚀环境下的钢筋混凝土内部氯离子浓度分布规律。对于硫酸盐侵蚀和冻融环境，混凝土保护层会随着化学反应、物理结晶作用而发生损伤剥落，且此现象在混凝土服役期间持续发生的，但这一现象难以真实体现于式(10.19)所示的解析模型中。因此，为安全考虑，可经过一定的经验或数值分析，预测钢筋混凝土结构在预计服役期内保护层损伤剥落厚度，并将其直接从混凝土保护层厚度中剔除，则可得到可适用于硫酸盐侵蚀和冻融环境的氯离子浓度预测方程：

$$c = c_0 + (c_s - c_0)\begin{cases}1 - \mathrm{erf}\left\{\dfrac{x - \Delta x - \Delta x_s - \Delta x_{FT}}{2\sqrt{D_0\exp\left[\dfrac{U}{R_g}\left(\dfrac{1}{T_{ref}} - \dfrac{1}{T}\right)\right]\left[1 + \dfrac{(1-H)^4}{(1-H_c)^4}\right]^{-1}\dfrac{1}{1+R_b}\dfrac{t_0^m}{1-m}t^{1-m}}}\right\}, & t \leqslant t_d \\[2em] 1 - \mathrm{erf}\left\{\dfrac{x - \Delta x - \Delta x_s - \Delta x_{FT}}{2\sqrt{D_0\exp\left[\dfrac{U}{R_g}\left(\dfrac{1}{T_{ref}} - \dfrac{1}{T}\right)\right]\left[1 + \dfrac{(1-H)^4}{(1-H_c)^4}\right]^{-1}\dfrac{1}{1+R_b}t_0^m\left(\dfrac{t}{t_d^m} + \dfrac{mt_d^{1-m}}{1-m}\right)}}\right\}, & t > t_d\end{cases} \tag{10.20}$$

式中，x 是保护层厚度设计值(mm)；Δx 是保护层厚度裕度值(mm)，其依据施工技术水平可取值为 5~10 mm；Δx_s 和 Δx_{FT} 分别是硫酸盐侵蚀和冻融引起的混凝土保护层剥落厚度(mm)，其可按团体标准《严酷环境下混凝土结构耐久性设计标准》(T/CECS 1203—2022)中规定的计算方法获取。

3）钢筋混凝土结构服役寿命预测解析模型

经典的钢筋锈蚀理论认为钢筋开始锈蚀时间为其表面氯离子浓度达到临界氯离子浓度的时刻。随后,在钢筋和混凝土接触界面会生成锈蚀产物,引起钢筋混凝土界面发生内聚破坏。钢筋锈蚀到混凝土开裂的时间相较于侵蚀介质传输时间较短,为保证钢筋混凝土结构服役寿命预测的安全可靠,本文认为钢筋表面氯离子浓度达到临界氯离子浓度所需的时间即为钢筋混凝土结构服役寿命。钢筋锈蚀临界氯离子浓度宜采用电化学测试方法确定,当无试验结果时,可依据中国土木工程学会标准《混凝土结构耐久性设计与施工指南》(CCES 01—2004)建议取为混凝土质量分数的 0.05%。结合式(10.20),便可得到混凝土结构服役寿命预测模型:

$$
t=\begin{cases}
\sqrt[1-m]{\dfrac{\left[\dfrac{x-\Delta x-\Delta x_s-\Delta x_{FT}}{2\mathrm{erf}^{-1}\left(1-\dfrac{c_{cr}-c_0}{c_s-c_0}\right)}\right]^2}{D_0\exp\left[\dfrac{U}{R_g}\left(\dfrac{1}{T_{ref}}-\dfrac{1}{T}\right)\right]\left[1+\dfrac{(1-H)^4}{(1-H_c)^4}\right]^{-1}\dfrac{1}{1+R_b}\dfrac{t_0^m}{1-m}}, & t\leqslant t_d \\[30pt]
\dfrac{\left[\dfrac{x-\Delta x-\Delta x_s-\Delta x_{FT}}{2\mathrm{erf}^{-1}\left(1-\dfrac{c_{cr}-c_0}{c_s-c_0}\right)}\right]^2}{D_0\exp\left[\dfrac{U}{R_g}\left(\dfrac{1}{T_{ref}}-\dfrac{1}{T}\right)\right]\left[1+\dfrac{(1-H)^4}{(1-H_c)^4}\right]^{-1}\dfrac{1}{1+R_b}t_0^m}-\dfrac{mt_d^{1-m}}{1-m}t_d^m, & t>t_d
\end{cases}
$$

$$\tag{10.21}$$

10.2.3 基于可靠度的混凝土结构寿命预测模型

混凝土结构一旦出现失效或损坏,维修和更换成本都非常高昂,并且钢筋混凝土结构的服役环境会实时变化。因此,为了保证混凝土结构的安全性、可靠性和经济性,必须在耐久性设计和服役寿命预测时考虑可靠度因素,即在一定的设计寿命内,结构不发生失效或损坏的概率。通过考虑可靠度因素,可以更加科学地确定结构的设计参数和使用寿命,从而提高结构的安全性和经济性。

混凝土结构耐久性极限状态设计的表达式与国家标准《混凝土结构设计规范》(GB 50010—2010)的有关规定本质上是一致的,都是外界环境作用下的混凝土结构设计,其中外界环境包括温度、湿度变化、侵蚀介质等。在混凝土结构耐久性极限状态设计的表达式中,混凝土结构耐久性抗力 R 是混凝土结构或构件承受环境作用效应影响的能力,环境作用效应 S 为环境作用下混凝土结构或构件的响应情况。对混凝土结构的耐久性设计而言,选用的耐久性极限状态不同,R 和 S 的含义均不同。若以钢筋开始锈蚀极限状态进行耐久性设计，R 为钢筋锈蚀临界氯离子浓度，S 为钢筋表面的氯离子浓度；若以保护层损伤极限状态进行耐久性设计，R 为混凝土保护层厚度，S 为混凝土保护层剥落厚度。

1）分项系数计算方法

基于工程结构可靠度理论，滨海强盐渍土腐蚀环境下混凝土结构耐久性极限状态设计应满足下式要求：

$$G = R - S \geqslant 0 \tag{10.22}$$

式中，G 是混凝土结构的耐久性功能函数；R 是混凝土结构耐久性抗力；S 是混凝土结构的环境作用效应。

假设耐久性抗力 R 和环境作用效应 S 均服从正态分布，即

$$R \sim N(\mu_R, \sigma_R^2) \tag{10.23}$$

$$S \sim N(\mu_S, \sigma_S^2) \tag{10.24}$$

式中，N 是正态分布；μ_R 和 μ_S 分别是耐久性抗力和环境作用效应的均值，σ_R^2 和 σ_S^2 分别是耐久性抗力和环境作用效应的方差。则混凝土结构的失效概率为：

$$P_f = P(Z < 0) = \Phi(-\beta) \tag{10.25}$$

式中，P_f 是概率密度函数；β 是混凝土结构的耐久性可靠度指标。假设结构的功能函数 $Z = G(X_1, X_2, \cdots, X_i, \cdots, X_n)$，$X_1, X_2, X_i, X_n$ 分别是影响结构可靠度的随机变量。

Monte Carlo 方法是一种通过随机模拟和统计试验来求解数学或者工程技术问题近似解的数值计算方法，它是模拟和近似求解随机问题的有力工具。Monte Carlo 方法的基本原理是：某事件的概率可以由大量试验中该事件发生的频率来估算，因此可以先对影响其可靠度的随机变量进行大量随机抽样，然后把这些抽样值一组一组地代入功能函数式，确定结构是否失效，最后从中求得失效概率，这就是 Monte Carlo 方法求解失效概率的基本思路。应用 Monte Carlo 方法模拟和求解随机性问题时，首先根据问题的物理性质建立随机模型，然后根据模型中各个随机变量的分布产生随机数，并进行大量的统计试验，取得所求问题的大量试验值，失效概率就是试验失效次数占总抽样量的频率。

假设抽样次数为 N，结构失效事件发生次数为 n，则失效概率可表示为：

$$P_f = \frac{n[g(x) < 0]}{N} \tag{10.26}$$

基于可靠度理论的混凝土结构耐久性设计，需考虑混凝土表面氯离子浓度分项系数、氯离子扩散系数分项系数、钢筋锈蚀临界氯离子浓度分项系数，混凝土结

构或构件的耐久性设计分项系数可按下列公式计算：

$$X_{id} = X_i^* = F_{X_i}^{-1}[\Phi(\beta_{X_i})] \tag{10.27}$$

$$X_i^{*\prime} = \frac{\mathrm{d}F_{X_i}^{-1}[\Phi(\beta_{X_i})]}{\mathrm{d}\beta_{X_i}} \tag{10.28}$$

$$\beta_{X_i} = \beta \cdot \alpha_{X_i} \tag{10.29}$$

$$\alpha_{X_i} = \frac{-\left.\frac{\partial G}{\partial X_i}\right|_{P^*} \cdot X_i^{*\prime}}{\sqrt{\sum_1^n \left(\left.\frac{\partial G}{\partial X_i}\right|_{P^*} \cdot X_i^{*\prime}\right)^2}} \tag{10.30}$$

$$\gamma_{X_i} = \frac{F_{X_i}^{-1}[\Phi(\beta_{X_i})]}{X_{ik}} \tag{10.31}$$

式中，$-\left.\frac{\partial G}{\partial X_i}\right|_{P^*}$ 是功能函数 $G(X_1, X_2, \cdots, X_i, \cdots, X_n)$ 在设计运算点 P^* 处的偏导数，设计运算点坐标为 $(X_1^*, X_2^*, \cdots, X_i^*, \cdots, X_n^*)$；$X_i^*$ 是基本变量 X_i 在分位概率 $\Phi^{-1}(\beta_{X_i})$ 处的分位值；X_{id}、X_{ik} 是变量 X_i 的设计值和特征值；β_{X_i} 是基本变量 X_i 的分项可靠度指标值；$F_{X_i}^{-1}$ 是基本变量 X_i 的分布函数的反函数；α_{X_i} 是基本变量 X_i 的敏感系数，应通过迭代计算得到；γ_{X_i} 为混凝土结构耐久性参数 X_i 的分项系数。

依据钢筋混凝土腐蚀劣化特性，可将混凝土结构或构件的耐久性极限状态通常分为三种：钢筋开始锈蚀极限状态、保护层锈胀开裂极限状态和保护层损伤极限状态。其中，以氯离子为主的混凝土结构寿命预测应以钢筋开始锈蚀极限状态为主，当存在硫酸盐、冻融等会使混凝土保护层腐蚀剥落的环境，则还需考虑另外两类极限状态。

2）钢筋开始锈蚀极限状态

对于钢筋开始锈蚀极限状态在不考虑碳化作用时，是指钢筋表面氯离子浓度达到临界氯离子浓度阈值的状态。氯盐引起的钢筋锈蚀一旦开始后就发展很快，对混凝土产生锈胀力，引起混凝土保护层开裂，进一步加速混凝土结构的腐蚀破坏。与普通钢筋不同，预应力筋或高强钢筋发生应力腐蚀后会出现脆断，因此对锈蚀敏感的预应力钢筋、冷加工钢筋或直径不大于 6 mm 的普通热轧钢筋作为受力主筋时，更不宜考虑锈蚀发展期，而且不允许混凝土发生顺筋开裂，而以钢筋开始锈蚀作为极限状态。因此，综合考虑选用钢筋开始锈蚀极限状态进行计算。

氯盐侵蚀环境下，以钢筋锈蚀极限状态进行耐久性计算时，耐久性抗力 R 就是临界氯离子浓度，但作用效应 S 中的传输系数取决于混凝土的微结构，因侵蚀介质与混凝土相互作用，微结构不断变化，因此传输系数是时变的，基于 Fick 第二定律中进行数值解更合理,故在本章第 10.2.2 节中详细给出传输时变系数的求解过程以及模型中参数选取。式(10.21)中的解析解充分考虑了环境温度、湿度、混凝土对氯离子的结合能力、冻融或硫酸盐侵蚀下保护层剥落厚度的影响。需要注意的是,使用式(10.21)进行寿命预测时,保护层剥落厚度也不应该随时间变化。

钢筋开始锈蚀极限状态下混凝土结构的耐久性抗力可按式(10.32)计算,环境作用效应的时变数值解可按本章第 10.2.2 的规定计算,不考虑扩散系数时变效应的环境作用效应近似解可按式(10.33)计算:

$$R = \frac{c_{cr}}{\gamma_{cr}} \qquad (10.32)$$

$$S = c_0 + (\gamma_s c_s - c_0) \begin{cases} 1 - \mathrm{erf} \left\{ \dfrac{x - \Delta x - \Delta x_s - \Delta x_{FT}}{2\sqrt{\gamma_D D_0 \exp\left[\dfrac{U}{R_g}\left(\dfrac{1}{T_{ref}} - \dfrac{1}{T}\right)\right]\left[1 + \dfrac{(1-H)^4}{(1-H_c)^4}\right]^{-1} \dfrac{1}{1+R_b} \dfrac{t_0^m}{1-m} t^{1-m}}} \right\}, & t \leqslant t_d \\[4em] 1 - \mathrm{erf} \left\{ \dfrac{x - \Delta x - \Delta x_s - \Delta x_{FT}}{2\sqrt{\gamma_D D_0 \exp\left[\dfrac{U}{R_g}\left(\dfrac{1}{T_{ref}} - \dfrac{1}{T}\right)\right]\left[1 + \dfrac{(1-H)^4}{(1-H_c)^4}\right]^{-1} \dfrac{1}{1+R_b} t_0^m \left(\dfrac{t}{t_d^m} + \dfrac{m t_d^{1-m}}{1-m}\right)}} \right\}, & t > t_d \end{cases}$$

$$(10.33)$$

3) 保护层锈胀开裂极限状态

保护层锈胀开裂极限状态,是指钢筋锈蚀产物引起混凝土保护层胀裂状态。高浓度氯盐侵蚀引起的钢筋锈蚀速率较快,尤其是炎热海洋环境,这种速率是普通氯盐环境的 2~3 倍。在保护层开裂前,氯盐侵蚀引起的钢筋锈蚀相对均匀,锈蚀速率相对较慢,保护层开裂后,随着氯离子侵蚀路径的增多,传输速度加快,引发钢筋锈蚀速率以及体积膨胀增加,混凝土结构或者构件的服役寿命显著缩短。但从混凝土结构耐久性的设计角度来讲,混凝土保护层锈胀的极限状态判据以及钢筋锈蚀的定量化模型目前仍有争议,尚未有确切、可靠的损伤量化和混凝土结构的保护层锈胀开裂极限状态的确定方法,因此未采用该类极限状态进行服役寿命计算。

4) 保护层损伤极限状态

保护层损伤极限状态,是指冻融、硫酸盐侵蚀或硫酸盐-氯盐耦合侵蚀作用下,混凝土保护层剥落厚度值达到临界值现象。处于冻融、硫酸盐侵蚀环境中的混凝土结构,混凝土的破坏分为表层剥落和强度损失,上述两种破坏形式都会降低混凝土结构服役寿命。对混凝土结构而言,冻融和硫酸盐的侵蚀都是从表及里传输过程,冻融是物理膨胀结晶破坏,硫酸盐是其与水泥水化物形成石膏或者钙矾石类膨胀的化学破坏,二者都导致混凝土表面损伤剥落,会危害到结构寿命。

关于损伤剥落厚度的临界值,国家标准《既有混凝土结构耐久性评定标准》(GB/T 51355—2019)规定混凝土保护层剥落值达到 20 mm 时,或者钢筋表面混凝土的硫酸盐含量达到 4%(以 SO_3 计,相对于胶凝材料的质量百分数)时的状态。重点参考了国家标准《混凝土结构设计规范》(GB 50010—2010)中第 8.2.1 条第 1 款的规定:"构件中受力钢筋的保护层厚度不应小于钢筋的公称直径 d"。因此以剥落的剩余保护层厚度达到混凝土构件最外侧受力钢筋公称直径 1 倍时的状态为极限状态。

对盐冻、高浓度硫酸盐侵蚀和以硫酸盐为主的高浓度硫酸盐-氯盐耦合侵蚀环境引起的混凝土保护层损伤剥落,可通过保护层剥落厚度进行耐久性设计。保护层剥落厚度的计算具体可见团体标准《严酷环境下混凝土结构耐久性设计标准》(T/CECS 1203—2022)有关规定。国家标准《既有混凝土结构耐久性评定标准》(GB/T 51355—2019)和 ACI Life365 模型都给出了剥落厚度的计算表达式。ACI Life365 给出的模型中以净浆和砂浆为研究对象,当砂浆保护层达到损伤极限时,整个剥落厚度呈线性增加,这与实际情况不符。国家标准《既有混凝土结构耐久性评定标准》(GB/T 51355—2019)给出的剥落厚度表达式对 ACI Life365 模型进行了改进,也给出了模型中参数的经验值,但对不同侵蚀浓度以及不同等级的混凝土预测有一定差异。

10.2.4 考虑耐久性提升措施的混凝土结构服役寿命预测方法

在第 10.2.2 和 10.2.3 节中,已经给出了常规混凝土结构的寿命预测方法,并进行一定的拓展,但在实际工程中常使用耐久性提升技术。混凝土结构可用的防腐蚀强化材料可大致分为"阻""隔""缓""延"四类:"阻"是混凝土基体抗侵蚀材料,通过密实孔隙、提高混凝土基体水化产物的交联度,以提高混凝土的抗渗性;"隔"是在混凝土结构浇筑完成后使用在混凝土表面的表层防护材料,主要用于物理阻隔外界侵蚀介质的侵入,从而提高混凝土在严酷环境下的耐久性;"缓"是钢筋阻锈材料,可延缓或阻止钢筋锈蚀的发生;"延"是特种钢筋材料,从钢筋本身出发,提高钢筋的临界锈蚀氯离子浓度或直接从根本上避免锈蚀。四类材料可从不同角度对混凝土结构或构件的耐久性提供帮助,且四类材料可同时应用于严酷环境混凝土结构中,故将其归为四类。然而现有研究未将作用于混凝土的防护涂层、抗侵蚀抑制材料、阻锈剂、耐蚀筋材等因素纳入寿命预测模型中。本章将简化上述几类提升材料对混凝土性能和寿命的影响,基于经典的多因素寿命预测模型方程,引入上述四类材料的影响,建立综合考虑提升技术的混凝土寿命预测方法。

1) 耐久性提升措施——"阻"

（1）抗侵蚀抑制剂

混凝土抗侵蚀抑制剂是一种新型混凝土结构整体防护外加剂。通过优化混凝土微结构,可有效延缓水位变动区混凝土的毛细管吸附速率,从而降低离子的扩散系数。此外,通过有机小分子定向迁移吸附,可有效提升结构混凝土内部钢筋钝化膜的稳定性,提升钢筋的耐腐蚀性能。其可较好地适用于海洋氯化物环境下的桥梁工程、盐渍土环境下的混凝土结构,对于水位变动区、浪溅潮差区的混凝土耐久性具有明显的提升效果。满足协会标准《盐渍土环境耐腐蚀混凝土应用技术规程》(T/CECS 607—2019)规定的抗侵蚀抑制剂对混凝土抗氯离子侵蚀性能的提高效果。

（2）抗侵蚀抑制剂作用效应量化

将混凝土抗侵蚀抑制剂分别掺入胶凝材料质量的 1.7％、3.3％、5％、6.7％和 10％的 C40 混凝土中,标养至 28 d 后将试件除浸泡面外其他表面用树脂密封,根据北欧标准 NT Build 443 进行混凝土氯离子自然扩散试验。试件饱水后放置于 165 g/L 的氯化钠溶液中,并将浸泡箱密封。试件暴露面积(cm²)与氯化钠溶液体积(L)之比约为 25,氯化钠溶液每五周更换一次。浸泡至规定时长之后将试件取出分层磨粉,每层的厚度根据氯离子渗透深度以及浓度确定为 1～2 mm。根据行业标准《混凝土中氯离子含量检测技术规程》(JGJ/T 322—2013)的有关规定开展测试,分析抗侵蚀抑制剂掺量与混凝土抗侵蚀性能作用关系。

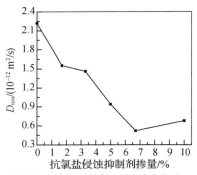

图 10.1 抗侵蚀抑制剂对混凝土抗氯离子侵蚀性能

经过实验分析得到的不同掺量下的抗侵蚀抑制剂对混凝土氯离子扩散系数影响结果如图 10.1 所示。从图中可以看出随着抗侵蚀抑制剂掺量的增加,氯离子扩散系数呈先减小后增大的趋势,在掺量为胶凝材料质量的 6.7％时,扩散系数降至最低的 0.52×10^{-12} m²/s,与未掺侵蚀抑制剂相比,扩散系数降低了 76％。

2) 耐久性提升措施——"隔"

（1）防护涂层

不同于内掺型材料,混凝土防护涂层是指在混凝土表面涂刷成膜型涂料或渗透结晶型涂料,在混凝土外表面形成保护膜,隔挡外界水分和侵蚀介质进入混凝土内部,防止混凝土结构受腐蚀破坏,延长其使用寿命的一种方法。混凝土涂层防护作为控制混凝土构件腐蚀、延长构件耐久性最有效、最经济的方法之一,在工程上受到广泛应用,尤其是服役于在大气区、浪溅区及潮差区的混凝土结构更需使用防护涂层,混凝土涂层的抗氯离子性能已成为工程单位关心的问题。因此,开展混凝土防腐涂层抗氯离子性能的研究具有重要的学术意义及工程价值,其可较好地促进混凝土保护涂层产品发展并扩大工程应用。

混凝土防护涂层的厚度、涂层寿命、涂层自身材料属性等均会对混凝土的抗侵蚀介质侵入能力起到提高作用。目前工程上对于防护涂层的使用仍偏向于经验化,在研究领域通常也着重关注使用防护涂层后混凝土整体的氯离子扩散系数的变化,与实际防护涂层作用机理仍有出入。大多数情况下,混凝土在涂刷了一定厚度的涂层后,能够明显减缓氯盐的渗透率,但分子的无规则运动无可避免,氯离子和水分仍会侵入涂层。考虑到氯离子在混凝土内的传输机理以及涂层在服役期间的性能变化的复杂性,为了更好地模拟涂层的性能变化过程,模型假设涂层内水分和氯离子的传输均服从 Fick 第二定律,氯离子在输运过程中性质稳定,不存在成分不均匀、化学反应等情况,氯离子在输运过程中无传热现象,如图 10.2 所示。

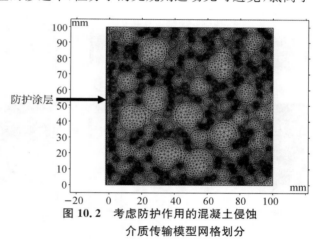

图 10.2 考虑防护作用的混凝土侵蚀介质传输模型网格划分

示意图中的防护涂层为厚度 2mm,混凝土尺寸为 100 mm×100 mm,为保持涂层和混凝土界面上侵蚀介质传输的连续性,设置所有域空间为联合体,分别分析了涂层类型[氯化聚氯乙烯涂层(CPVC)、氯化聚乙烯涂层(CPE)、氯丁乳液涂层(CR)、氯偏乳液涂层(PVDC)]、涂层寿命(0~15 年)、涂层厚度(0~5 mm)对混凝土表面氯离子浓度、内部不同深度处氯离子浓度的影响。不同类型防护涂层的氯离子扩散系数如表 10.1 所示:

表 10.1 不同类型防护涂层混凝土氯离子扩散系数

涂层类型	氯化聚乙烯涂层 (CPE)/(m^2/s)	氯丁乳液涂层 (CR)/(m^2/s)	氯偏乳液涂层 (PVDC)/(m^2/s)	氯化聚氯乙烯涂层 (CPVC)/(m^2/s)
涂层扩散系数	$1.2×10^{-16}$	$2.8×10^{-14}$	$4.3×10^{-15}$	$1.4×10^{-15}$

（2）防护涂层作用效应量化

图 10.3 为假定的涂刷 2 mm 后、预期服役寿命为 10 年的氯化聚氯乙烯涂层（CPVC）的混凝土在 1 年、2 年、5 年、10 年、15 年、30 年、50 年和 100 年时的涂层和混凝土内部饱和度和氯离子分布情况，每一图形上半部分为氯离子浓度分布，下半部分为水饱和度分布。

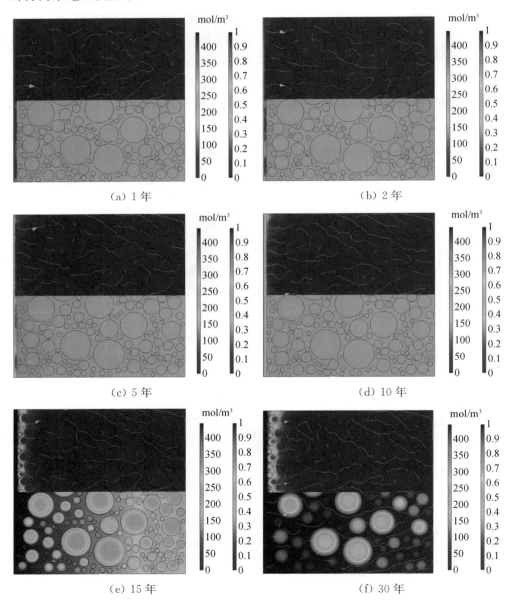

(a) 1 年   (b) 2 年

(c) 5 年   (d) 10 年

(e) 15 年   (f) 30 年

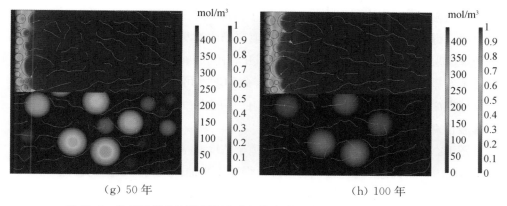

（g）50 年　　　　　　　　　　　　（h）100 年

图 10.3　使用防护涂层的混凝土内部饱和度和氯离子浓度时空分布规律

由图 10.3 可知，在 2 年内，水分和离子均未穿过防护涂层，在第 5 年时，混凝土表层较少的局部区域中出现了少量水分和氯离子，但在防护涂层生效的 10 年内，混凝土内部并未出现大量的水分和氯离子，这也表明了在防护涂层的使用寿命内防护涂层可有效隔绝水和离子的作用，直接提高混凝土抗侵蚀性能。在防护涂层的失效后，相当于水分和氯离子直接接触了混凝土表面，随即混凝土内部的水分和氯离子含量大幅增加。由于氯离子传输主要以水为载体，且混凝土内部存在吸附结合作用，水分传输速率远超过混凝土，在 30 年时，混凝土内部的整体饱和度接近于 1，但氯离子仅在表层存在。使用服役寿命为 10 年的表层防护涂层，在 15 年、30 年、50 年、100 年时，氯离子传输深度分别为 8 mm、37 mm、34 mm、40 mm 和 48 mm。

图 10.4 展示了防护涂层寿命对混凝土氯离子浓度时空分布规律的影响。由图 10.4 可知，混凝土氯离子浓度随时间的推移而不断增长，且增长趋势先急剧上

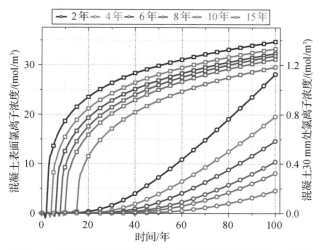

图 10.4　防护涂层寿命对混凝土氯离子浓度时空分布规律

升最后缓慢提高。防护涂层的使用推迟了混凝土中氯离子的侵蚀时间点,延缓了氯离子在混凝土中的扩散速度。混凝土氯离子浓度与防护涂层寿命密切相关。随着防护涂层寿命的增加,混凝土中氯离子开始侵入的时间点逐渐被推迟,混凝土氯离子浓度也呈线性下降,表明防护涂层寿命的增加可有效降低混凝土使用过程全寿命周期中所含的氯离子浓度,提高防护涂层的寿命是阻隔氯离子侵蚀和提高混凝土服役寿命的有效手段。

图 10.5 为防护涂层厚度对混凝土氯离子浓度时空分布规律的影响。由图 10.5 可知,防护涂层厚度的增加可以有效降低混凝土表面以及内部最终的氯离子浓度,且对混凝土内部氯离子浓度的降低比混凝土表面更加明显。当防护涂层厚度在 1 mm 以内时,混凝土表面开始出现氯离子的时间点并没有被推迟;而当防护涂层厚度超过 1 mm 时,混凝土表面氯离子浓度才开始逐渐上升。表明防护涂层厚度至少应在 1 mm 以上时才可在涂层预期寿命内有效阻隔介质侵入混凝土中,但即使防护涂层厚度逐渐增加至 3 mm,依然会存在氯离子侵入混凝土表面。

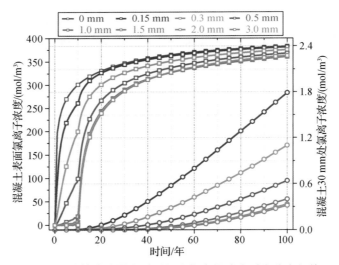

图 10.5　防护涂层厚度对混凝土氯离子浓度时空分布规律

图 10.6 比较了不同防护涂层类型对混凝土氯离子浓度时空分布规律的影响。由图 10.6 可知,与未使用防护涂层相比,使用氯化聚乙烯涂层(CPE)、氯丁乳液涂层(CR)、氯偏乳液涂层(PVDC)和氯化聚氯乙烯涂层(CPVC)四种防护涂层对混凝土的最终氯离子浓度分别降低了 86%、40%、70% 和 84%。其中,CPE、CR、PVDC 和 CPVC 四种防护涂层均可有效延缓混凝土氯离子侵入时间,降低混凝土

内部氯离子浓度,提高混凝土服役寿命,但 CPE 和 CPVC 防护涂层的阻隔效果最好,PVDC 次之,CR 的防护效果最差,因此推荐采用 CPE 和 CPVC 两种防护涂层。

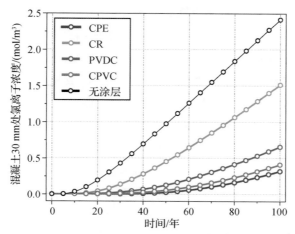

图 10.6　防护涂层类型对混凝土氯离子浓度时空分布规律

　　图 10.7 对比了不同涂层对解析解方程氯离子浓度边界条件的影响。由图 10.6 可知,四种防护涂层均可不同程度上减缓混凝土氯离子扩散速度,但只有氯化聚乙烯涂层(CPE)能够延迟混凝土表面氯离子开始侵入的时间点,延长混凝土开始遭受腐蚀的时间。尽管如此,除了阻隔效果较差的氯丁乳液涂层(CR),其他三种防护涂层对混凝土开始腐蚀后的氯离子浓度变化趋势影响较为相近。

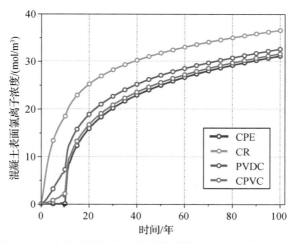

图 10.7　涂层对解析解方程氯离子浓度边界条件的影响

3）耐久性提升措施——"缓"

钢筋的腐蚀主要是电化学腐蚀过程，包含阳极电化学反应和阴极电化学反应，氯离子像催化剂一样，会促进阳极铁的溶解，极易引起钢筋点蚀。而混凝土碳化也会导致钢筋脱钝，容易形成均匀腐蚀。而阻锈剂的阻锈机理主要是通过在钢筋表面形成隔离膜层，抑制阳极 Fe 的溶解和阴极吸氧腐蚀过程。目前公认的成膜理论主要包括钝化成膜理论，沉积成膜理论以及表面吸附成膜理论等。其中，添加钝化剂可以让阳极生成的 Fe^{2+} 迅速转变成致密的氧化膜。

但形成钝化膜层需要较高的腐蚀电流密度，这就要求电解质溶液中钝化剂浓度不能太少。当保护膜的分解电流密度超过其形成所需的临界电流密度时，钢筋表面就可以自发的形成钝化膜了。沉积膜是阻锈剂与电解质溶液中物质或钢筋表面铁离子等反应后，生成不溶性化合物，沉积在钢筋表面形成的膜层。一般情况下，该类膜层的致密性不如钝化膜，但它也能对水分及氧气的传输起到一定的阻挡作用，从而抑制阴极电化学反应过程。而表面吸附成膜理论认为，某些化合物由于自身带有的电荷或孤对电子，能够与钢筋表面的铁原子形成化学或物理吸附，从而改变钢筋的表面电荷状态以及双电层结构，抑制钢筋腐蚀反应的进行。此外，提高混凝土孔隙液的碱性也会降低阴极反应，促进钝化膜的生成，抑制阴阳极电化学反应。

（1）阻锈剂

阻锈剂缓蚀性能的优劣主要是通过失重法和电化学方法来表征。用失重法测定阻锈剂的缓蚀效率的具体过程如下：将制备好的钢筋试样置于腐蚀液中（浸泡前称量钢筋的质量）浸泡一定龄期后取出。酸液（质量分数的盐酸溶液）洗去钢筋表面腐蚀产物后，擦干。钢筋试样放入真空干燥箱中干燥至恒重，称量记录钢筋经腐蚀后的质量。计算该腐蚀龄期下钢筋的腐蚀速率。失重法是根据钢筋试样在腐蚀前后的重量变化来测定腐蚀速率的，采用单位时间内钢筋单位面积上的重量变化表征钢筋平均腐蚀速率；阻锈剂缓蚀率则是掺加阻锈剂的腐蚀液中钢筋腐蚀速率相对未掺加阻锈剂的空白腐蚀液中钢筋腐蚀速率的降低百分数。

（2）阻锈剂作用效应量化

钢筋阻锈剂的分类方式有：按化学成分来分，有无机型阻锈剂、有机型阻锈剂和有机-无机复合型阻锈剂；按施工方式来分，有迁移型阻锈剂和内掺型阻锈剂；按作用效果分，有阳极型阻锈剂、阴极型阻锈剂和混合型阻锈剂。本节主要选取了咪唑阳离子类阻锈剂（HAIB）（迁移型阻锈剂）和复合氨基醇类有机阻锈剂（内掺型阻锈剂）开展研究，分别量化其对钢筋临界氯离子浓度的关系。

对于咪唑阳离子类阻锈剂,将打磨好的钢筋电极先进行预钝化,配制含 0.01 mol/L、0.02 mol/L、0.06 mol/L 氯盐浓度的模拟混凝土孔溶液,并在每种浓度的模拟孔溶液分别掺入质量分数为 0%、1%、1.5%、2%的 HAIB,配制成待用腐蚀液。将电极分别置于腐蚀液中,并测试电化学阻抗谱。测试结果如图 10.8 所示。当腐蚀液中氯盐浓度只有 0.01 mol/L 时,各个掺量阻锈剂显示的阻抗曲线区

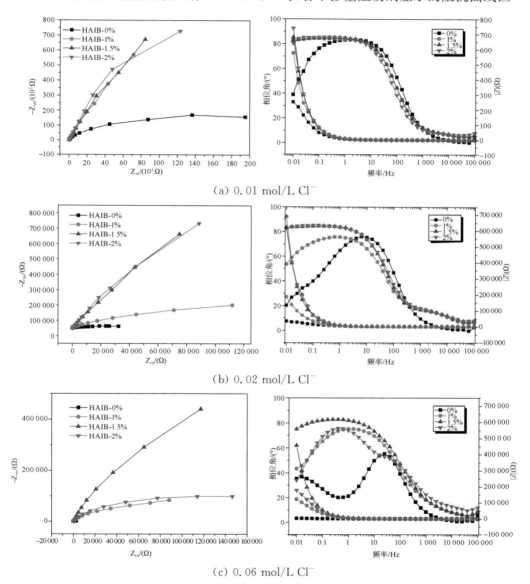

(a) 0.01 mol/L Cl⁻

(b) 0.02 mol/L Cl⁻

(c) 0.06 mol/L Cl⁻

图 10.8 不同氯离子浓度下不同掺量 HAIB 时钢筋的电化学阻抗谱

别不大。当氯盐浓度 0.02 mol/L 时,掺 1.5％和 2％HAIB 钢筋的阻抗谱区别不大,但 1％掺量的 HAIB 明显容抗半径相对较小,相角峰值和阻抗模量值都相对较小。当氯盐浓度达 0.06 mol/L 时,1.5％HAIB 下钢筋的容抗弧半径明显远大于另两个掺量下的容抗弧半径,相较峰值最高,峰宽相应比较大,说明 1.5％ HAIB 在氯盐浓度较高时具有明显抗氯离子侵蚀能力。

为了研究 HAIB 对钢筋临界氯离子浓度的影响,利用线性极化曲线所拟合的腐蚀电流密度,研究不同浓度的 HAIB(质量分数为 0％、1％、1.5％、2％)对钢筋临界氯离子浓度的影响。每个浓度掺量设置五个平行试样,以 0.01 mol/L 为梯度往不同浓度的 HAIB 模拟液中添加氯离子,统计相对应的平均电流密度,直到开始产生腐蚀,得到临界氯离子浓度值。

从图 10.9 腐蚀电流密度统计结果来看,不添加 HAIB 时,钢筋在 0.01～0.02 mol/L 的氯离子浓度下就开始产生腐蚀,并且腐蚀电流密度随着氯离子含量的增加持续升高;含 1％和 2％咪唑离子液的钢筋在氯离子含量为 0.06 mol/L 时腐蚀电流密度接近 0.2 $\mu A \cdot cm^2$,1.5％掺量下的钢筋在 0.07 mol/L 氯离子浓度下开始腐蚀,说明 1.5％掺量的咪唑阳离子阻锈剂能最大限度地延迟腐蚀萌生时间。

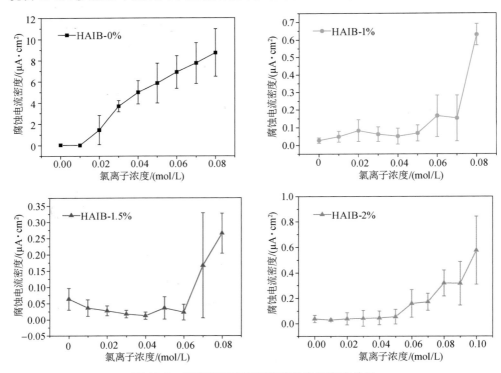

图 10.9　氯离子浓度与钢筋腐蚀电流密度关系

从图 10.10 为掺加不同掺量阻锈剂时的钢筋试样临界氯离子浓度值（该临界氯离子浓度表示为溶液中添加的总氯离子浓度与溶液中氢氧根离子浓度的比值，每种掺量设置五个平行样），由统计结果，可以看出，掺量为 2% 时五个平行样的临界氯离子浓度离散性较大，1% 和 1.5% 掺量则相对较稳定；1.5% 掺量的咪唑阳离子阻锈剂对于提升

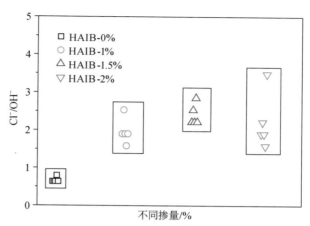

图 10.10　添加不同掺量 HAIB 下钢筋的临界氯离子浓度

钢筋的临界氯离子浓度具有最好的效果，与 0% 掺量相比，其提升了五倍多。

对于复合氨基醇类有机阻锈剂，将抛光好的钢筋试样放在 0.6% 质量分数的 $Ca(OH)_2$ 溶液预钝化 24 h 后吹干备用。配制 0.6% 质量分数的 $Ca(OH)_2$ 和推荐掺量的阻锈剂，且以 10% KOH 将溶液 pH 调至 12.5，试样放置钝化 4 d，将未达到钝化状态的试样予以剔除，将达到钝化状态的试样每隔 1 d 添加 0.117% 质量分数的 NaCl，24 h 后测试开路电位和线性极化，得到腐蚀电位 E_{corr} 以及腐蚀电流密度 I_{corr}。钢筋表面钝化的判定指标为 $E_{corr} > -170$ mV vs. Ag/AgCl，同时 $I_{corr} < 0.1$ $\mu A/cm^2$；钢筋达到临界氯离子浓度即脱钝的判定指标为 $E_{corr} < -245$ mV vs. Ag/AgCl，同时 $I_{corr} > 0.1$ $\mu A/cm^2$。

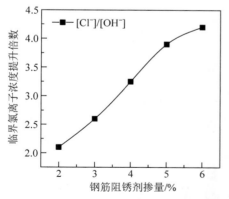

图 10.11　钢筋阻锈材料对临界氯离子浓度影响

临界氯离子浓度用氯离子总量与溶液中氢氧根离子浓度的比值 $[Cl^-]/[OH^-]$ 表示。钢筋阻锈剂掺量对混凝土模拟孔隙液中临界氯离子的影响如图 10.11 所示。随着钢筋阻锈剂掺量的增多，其临界氯离子浓度越大，提升的倍数越高，当阻锈剂掺量为 4% 时，临界氯离子浓度提升倍数已达 3 倍以上。因此根据不同的设计要求，可以合理地选择钢筋阻锈剂的掺量。

4）耐久性提升措施——"延"

特种钢筋对混凝土耐久性提升作用主要体现在延长钢筋锈蚀时间之上。现有工作通常采用电化学分析测试系统表征不同类型钢筋在氯离子侵入后的耐蚀性能。

（1）特种钢筋

测量系统为典型的三电极系统，钢筋电极片为工作电极，饱和甘汞电极（SCE）为参比电极，铂片为辅助电极，腐蚀池与电极接法如图 10.12 所示。为减小非实验因素干扰，应尽量使辅助电极（铂片）正对着样品工作面，同时使饱和甘汞电极尽量接近小孔，以减小溶液电阻给实验结果带来的误差。

实验所用钢筋为建筑用螺纹钢筋，在数控机床上将钢筋加工成

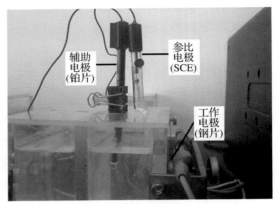

图 10.12　电化学测试时三电极接法

$\Phi16$ mm×5 mm 圆片状试样，一面仔细打磨抛光作为工作面，具体操作工序为：使用 600♯、1 000♯ 两级水磨砂纸在预磨机上预磨，再用 1 000♯ 干砂细磨，然后使用 20 μm 的金刚石抛光剂对其抛光至表面无划痕。用纯丙酮超声波振动清洗 15 min，再用无水乙醇超声清洗 15 min，然后将基片放入干燥器中备用。

图 10.13　腐蚀池实物图

盛放模拟孔溶液的电化学腐蚀池如图 10.13 所示，腐蚀池由耐腐蚀的透明树脂材料制作，尺寸 50 mm×100 mm×100 mm，侧壁开有圆孔，试样工作面通过夹持装置贴附在小孔上，与池内模拟液完全接触。为保证所有试样腐蚀面积相同，并为后续腐蚀电流数据处理提供便利，所有腐蚀池侧壁小孔面积均为 1 cm^2。夹持部件由不锈钢制成，除固定试样作用外，还起到导

电作用。试样侧面用绝缘胶带封裹,避免与空气接触对实验结果造成影响。

统计分析国内外大量文献后发现,模拟液可大致分为两大类:高碱性的模拟液与饱和氢氧化钙。高碱性的模拟液一般含 K^+ 与 Na^+,部分也含 SO_4^{2-},pH 大于 13。饱和氢氧化钙的 pH 一般在 12.5~12.6。研究表明,与饱和氢氧化钙溶液相比,高碱性溶液与真实混凝土孔溶液更接近。因此,宜采用的模拟混凝土孔溶液为高碱性溶液,pH=13.6,孔溶液配方为:0.6M KOH+0.2M NaOH+Sat. Ca(OH)$_2$。

实验用钢筋经数控机床加工为 Φ16 mm×10 mm 的圆柱片作为钢筋电极。以钢筋圆柱片一底面为工作面,依次用 200♯、600♯、1 000♯、2 000♯ SiC 砂纸逐级打磨,去离子水清洗后用 0.25 μm 的金刚石抛光液抛光至镜面,用酒精清洗除去油脂,再以去离子水清洗并烘干,随后立即装入标准腐蚀池。

钢筋在 pH=13.6 模拟混凝土孔溶液中浸泡 1 h、3 h、6 h、9 h、12 h、1 d、4 d、7 d、10 d 后,采用电化学方法(腐蚀电位、线性极化电阻、电化学阻抗谱)测试钢筋钝化变化。测试中采用 PARSTAT 4000 电化学工作站,使用三电极测量体系,钢筋电极片为工作电极,饱和甘汞电极为参比电极,铂电极为辅助电极。在室温 (25±1)℃下,所有电化学测试均待工作电极开路电位基本稳定后进行。电化学阻抗谱测试采用扰动幅度 10 mV 的正弦电压激励信号,频率范围为 10^4 Hz~10^{-2} Hz,线性极化电阻测试的扫描范围是 ±10 mV vs E_{corr},扫描速度为 10 mV/min。

破钝试验为将电化学试样在不含 Cl^- 的模拟混凝土孔隙液中的浸泡 10 d,10 d 后对样品进行腐蚀电位、线性极化电阻及电化学阻抗测试,此后以 NaCl 形式向溶液中加入 Cl^-,使溶液中 Cl^- 浓度达到 0.1 mol/L,并每隔 2 d 对其进行腐蚀电位、线性极化电阻及电化学阻抗测试,并加入等量 Cl^-;当溶液中 Cl^- 浓度达到 1 mol/L 后,添加方式改为每隔 5 d 加入适量 NaCl,使溶液中 Cl^- 浓度增加 1 mol/L,并进行腐蚀电位、线性极化电阻及电化学阻抗测试,直至溶液中 Cl^- 浓度达到 5 mol/L 停止试验,分析 Cl^- 浓度对钝化膜的影响。

(2)特种钢筋作用效应量化

对比添加氯盐前后三种钢筋腐蚀电位和极化电阻变化趋势,耐蚀钢筋(CR)和不锈钢钢筋(SS)的腐蚀电位、极化电阻和钝化膜电阻在氯盐侵蚀过程中均未发生变化,表明在达到临界氯离子值之前,从宏观上来说钢筋钝化膜并未发生变化。对于 LC 钢筋,当[Cl^-]<0.04 mol/L 时,普通钢筋(LC)腐蚀电位稳定在钝化状态,而当[Cl^-]>0.04 mol/L 时,LC 钢筋的腐蚀电位突然下降至−300 mV,表明 LC 钢筋开始发生腐蚀。图 10.14 为加入氯盐后三种钢筋的电化学阻抗谱趋势。从电化学阻抗谱图可以看出钢筋的钝化及腐蚀状态：当处于钝化状态时，Nyquist 图表现为一条近似直线，Bode 峰高且宽，低频段的 Bode 模量值高；而当钢筋开始发生腐蚀时，Nyquist 图表现为一半圆形，Bode 峰值和峰宽均减小，低频段的 Bode 模量值下降。因此，从图 10.15 可以看到，CR 和 SS 钢筋始终保持钝化状态，而 LC 钢筋在 $[Cl^-]=0.06$ mol/L 时开始发生腐蚀。

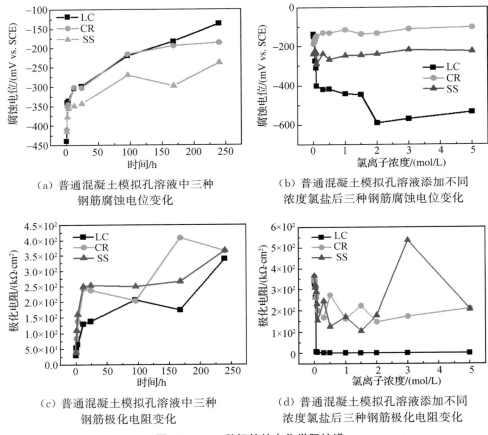

（a）普通混凝土模拟孔溶液中三种
钢筋腐蚀电位变化

（b）普通混凝土模拟孔溶液添加不同
浓度氯盐后三种钢筋腐蚀电位变化

（c）普通混凝土模拟孔溶液中三种
钢筋极化电阻变化

（d）普通混凝土模拟孔溶液添加不同
浓度氯盐后三种钢筋极化电阻变化

图 10.14　三种钢筋的电化学阻抗谱

常用的钢筋临界氯离子值的表示方法分为 $[Cl^-]$ 和 Cl^-/OH^- 两种，通常认为当 Cl^- 达到一定浓度钢筋开始发生腐蚀，因此用 $[Cl^-]$ 表示钢筋的临界氯离子浓度；而也有观点表明，Cl^- 使钢筋发生腐蚀是 Cl^- 与 OH^- 争夺钢筋表面位置的结果，因此也有学者用 Cl^-/OH^- 表示钢筋的临界氯离子值。表 10.2 为用不同电化学方法得到的三种钢筋在模拟混凝土孔溶液中的临界氯离子值。可以发现，用三种不同的电化学方法测得的临界氯离子值一致，即 LC、CR 和 SS 钢筋的临界氯离子值分别为 0.04 mol/L、5 mol/L 及 5 mol/L。

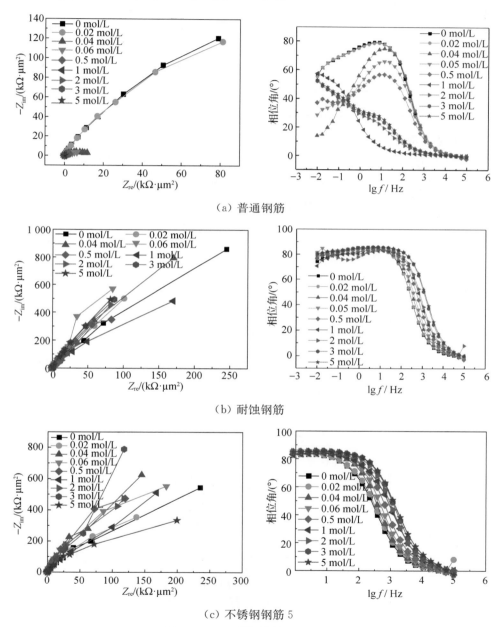

（a）普通钢筋

（b）耐蚀钢筋

（c）不锈钢钢筋 5

图 10.15　三种钢筋的 EIS 图谱

表 10.2　不同电化学方法得到的三种钢筋在模拟混凝土孔溶液中的临界氯离子值

钢筋种类	钢筋临界氯离子值表示方法					
	E_{corr}		I_{corr}		EIS	
	$[Cl^-]$ mol/L	Cl^-/OH^-	$[Cl^-]$ mol/L	Cl^-/OH^-	$[Cl^-]$ mol/L	Cl^-/OH^-
LC	0.04	0.2	0.04	0.2	0.04	0.2
CR	5	25	5	25	5	25
SS	5	25	5	25	5	25

5）考虑混凝土结构耐久性协同提升的寿命预测方法

考虑涂层对混凝土表面氯离子浓度的影响、抗侵蚀抑制材料对侵蚀介质传输速率影响、钢筋阻锈材料和特种钢筋对临界氯离子浓度的影响，搭建了考虑混凝土结构耐久性协同提升的寿命预测方程，如式（10.34）～式（10.36）所示：

$$R = \frac{f_{MCI} c_{cr}}{\gamma_{cr}} \tag{10.34}$$

$$S = c_0 + (\gamma_s c_{coat\text{-}s} - c_0) \begin{cases} 1 - erf\left\{ \dfrac{x - \Delta x - \Delta x_s - \Delta x_{FT}}{2\sqrt{\gamma_D D_0 \exp\left[\dfrac{U}{R_g}\left(\dfrac{1}{T_{ref}} - \dfrac{1}{T}\right)\right]\left[1 + \dfrac{(1-H)^4}{(1-H_c)^4}\right]^{-1} \dfrac{1}{1+R_b} \dfrac{t_0^m}{1-m} t^{1-m}}} \right\}, & t \leqslant t_d \\[3em] 1 - erf\left\{ \dfrac{x - \Delta x - \Delta x_s - \Delta x_{FT}}{2\sqrt{\gamma_D D_0 \exp\left[\dfrac{U}{R_g}\left(\dfrac{1}{T_{ref}} - \dfrac{1}{T}\right)\right]\left[1 + \dfrac{(1-H)^4}{(1-H_c)^4}\right]^{-1} \dfrac{1}{1+R_b} t_0^m \left(\dfrac{t}{t_d^m} + \dfrac{mt_d^{1-m}}{1-m}\right)}} \right\}, & t > t_d \end{cases} \tag{10.35}$$

$$t = \begin{cases} {}^{1-m}\sqrt{\dfrac{\left[\dfrac{x - \Delta x - \Delta x_s - \Delta x_{FT}}{2 erf^{-1}\left(1 - \dfrac{\gamma_{cr} f_{MCI} c_{cr} - c_0}{\gamma_s c_{coat\text{-}s} - c_0}\right)}\right]^2}{\gamma_D D_0 \exp\left[\dfrac{U}{R_g}\left(\dfrac{1}{T_{ref}} - \dfrac{1}{T}\right)\right]\left[1 + \dfrac{(1-H)^4}{(1-H_c)^4}\right]^{-1} \dfrac{1}{1+R_b} \dfrac{t_0^m}{1-m} t_0^m}}, & t \leqslant t_d \\[5em] \left\{\dfrac{\left[\dfrac{x - \Delta x - \Delta x_s - \Delta x_{FT}}{2 erf^{-1}\left(1 - \dfrac{\gamma_{cr} f_{MCI} c_{cr} - c_0}{\gamma_s c_{coat\text{-}s} - c_0}\right)}\right]^2}{\gamma_D D_0 \exp\left[\dfrac{U}{R_g}\left(\dfrac{1}{T_{ref}} - \dfrac{1}{T}\right)\right]\left[1 + \dfrac{(1-H)^4}{(1-H_c)^4}\right]^{-1} \dfrac{1}{1+R_b} t_0^m} - \dfrac{mt_d^{1-m}}{1-m}\right\} t_0^m, & t > t_d \end{cases} \tag{10.36}$$

10.2.5　混凝土结构服役寿命预测计算参数

在混凝土结构寿命预测和耐久性评估中,由于各影响因素是随机变量,甚至是随时间变化的随机过程,所以本章以可靠指标和随机分析理论为依据,研究了钢筋混凝土关键耐久性参数对严酷环境下混凝土结构使用寿命的影响,分析了氯离子侵蚀主要影响因素的概率特性,得出混凝土保护层厚度、表面氯离子浓度、临界氯离子浓度和氯离子扩散系数及其衰减系数的概率分布特征。

1) 分项系数

严酷环境下耐久性极限状态相对应的结构设计使用年限应具有保证率,根据适用性极限状态失效后果的严重程度,保证率应为90%以上,相应的可靠度指标值应大于1.28。分项系数的取值必要时需进行当年当地的调研,基于调研所得环境参数和第10.2.3节规定的方法计算得到。考虑到各类严酷环境、各种材料所具有的统计数据在质与量两个方面都很有很大差异,或在某些领域根本没有统计数据,当缺乏统计数据时,团体标准《严酷环境下混凝土结构耐久性设计标准》(T/CECS 1203—2022)建议可直接参考表10.3给出的数值。耐久性设计分项系数可按表10.3选取,1.28可靠度对应90%保证率,2.57可靠度对应99.5%保证率,3.72对应99.9%保证率:

表 10.3　分项系数取值表

可靠度指标值	γ_{Ccr}	γ_s	γ_D
1.28	1.03	1.20	1.50
2.57	1.06	1.40	2.35
3.72	1.20	1.70	3.25

2) 混凝土保护层厚度

目前国内外大部分研究认为混凝土保护层厚度概率分布服从正态分布。某工程的保护层厚度实际测量结果如图10.16、图10.17所示。其中,图10.16为该工程主筋的保护层厚度频数分布图,图10.17为该工程箍筋的保护层厚度频数分布图。描在正态概率纸(图10.18、图10.19)上的数据都是一条直线,这表明该地下工程主筋和箍筋的保护层厚度服从正态分布。对其正态分布函数作 Jarque-Bera 检验和 Kolmogorov-Smirnov 检验,检验结果都不否定其服从正态分布的假设。

美国 Virginia 工业学院 1996 年对当地的一些氯离子侵蚀环境下的桥梁进行了调查,建立了考虑侵蚀相关因素统计特性的寿命预测模型。利用其中的调查数据,对各桥梁保护层厚度进行了检测统计,数据也较好地服从正态分布的特点。

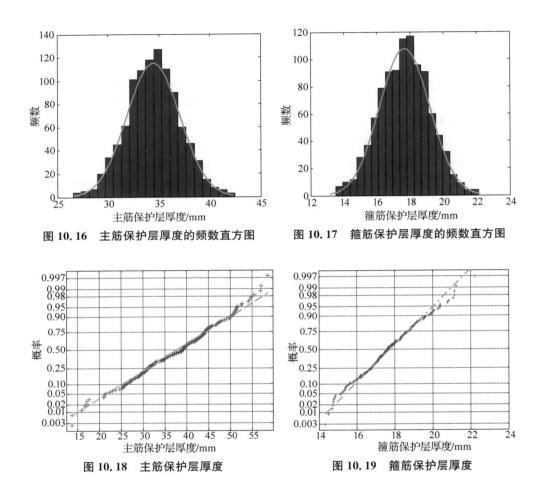

图 10.16　主筋保护层厚度的频数直方图　　　图 10.17　箍筋保护层厚度的频数直方图

图 10.18　主筋保护层厚度　　　　　　　　　图 10.19　箍筋保护层厚度

　　挪威 1992 年针对 Gimsøystraumen 桥 3 612 个测点的检测结果和中交集团一航局测定的 1 985 个保护层厚度数据均表明,混凝土保护层厚度服从正态分布,变异系数在 7%～15% 范围内。1996 年,美国 Virginia 工业学院对当地一些氯离子侵蚀环境下的桥梁进行了调查,建立了考虑侵蚀相关因素统计特性的寿命预测模型。利用其中的调查数据,对各桥梁保护层厚度进行了检测统计,数据也较好地服从正态分布。所以,后文分析中混凝土保护层厚度采用正态分布。

　　3）表面氯离子浓度

　　海洋环境下,海水和海风携带的氯盐在混凝土表面聚积,形成了混凝土表面与内部氯离子的浓度差,混凝土表面氯离子浓度受混凝土所处环境的影响较大。一般处于浪溅区、水位变动区的混凝土构件表面氯离子浓度高于水下区、大气区的同类混凝土构件,但混凝土表面氯离子浓度与海水的盐度关系不大。

目前,混凝土结构表面氯离子浓度的确定一般通过对氯离子分布曲线反推得到,而混凝土中氯离子含量的分布曲线是长期扩散累积的结果,混凝土结构经过相当长时间的暴露后,其表面氯离子基本达到饱和,在稳定的使用环境中,不会发生太大的变化,因此可以假定混凝土结构表面氯离子浓度恒定。但如果混凝土结构服役环境变异性较大,则理论上应将其作为随机变量处理。

Paullson 和 Johan 对 Gullmarsplan 和 Teg 两座大桥不同部位表面氯离子浓度长达三年的长期监测结果显示,c_s 以年为周期发生近似余弦三角函数形式的周期波动,高峰值与低谷值相差大于 2.5 倍。Kim 和 Mark 认为,c_s 不仅与检测区域的环境因素有关,而且 c_s 的累积过程受到众多随机因素的影响,且他们还给出了不同环境中混凝土表面氯离子浓度的概率分布模型。

挪威科技大学 Odd E. Gjørv 教授通过大量工程数据以及文献,认为表面氯离子浓度符合正态分布,海洋环境下混凝土表面氯离子浓度经验值如表 10.4 所示。

表 10.4 海洋环境下混凝土表面氯离子浓度经验值

表面氯离子浓度	c_s,%,氯离子与胶凝材料质量之比	
	平均值	标准差
高	5.5	1.3
中	3.5	0.8
较低	1.5	0.5

文献研究对于混凝土表面氯离子浓度有两种认知,一是在数值模型中认为混凝土表面氯离子浓度即边界孔隙充满海水时的氯离子浓度,c_s 属于固定边界条件,这样能够得到简单的氯离子扩散理论模型;二是认为在实际氯盐暴露环境中混凝土结构的 c_s 并非一成不变,而是一个浓度由低到高、逐渐达到饱和的时间过程。

通过调研与分析,推导出混凝土氯离子浓度时变规律见式(10.37)~式(10.38):

$$c_s = kt^{1-m} + c_0 \tag{10.37}$$

$$c_s = kt^{\frac{1-m}{2}} + c_0 \tag{10.38}$$

式中,c_s 是混凝土表面氯离子浓度;c_0 是初始氯离子浓度;k 是表面氯离子含量的时间依赖性常数。

许泽启等统计了来自中国、韩国、日本、英国、美国、加拿大以及沙特阿拉伯众多研究机构于 1965—2015 年发表的大量实验室、现场暴露站和实际工程结构的

144 组混凝土表面氯离子含量数据,分析研究发现,混凝土表面氯离子含量与暴露时间符合关系式(10.37)～式(10.38),且关系式(10.38)具有较好的适用性。余红发基于 $(1-m)/2$ 幂函数边界条件[即式(10.38)],建立了混凝土氯离子扩散理论新模型,该模型考虑混凝土的边界条件持续增长—扩散系数持续降低,即

$$c_f = c_0 +$$

$$kt^{\frac{1-m}{2}}\left\{\exp\left[-\frac{(1+R)(1-m)x^2}{4KD_0 t_0^m t^{1-m}}\right] - \frac{x\sqrt{\pi}}{2\sqrt{\dfrac{KD_0 t_0^m t^{1-m}}{(1+R)(1-m)}}}\,\mathrm{erfc}\,\frac{x}{2\sqrt{\dfrac{KD_0 t_0^m t^{1-m}}{(1+R)(1-m)}}}\right\}$$

$$(10.39)$$

Life-365 Service Life Prediction Model 认为,混凝土结构表面氯离子含量在 7.5、15 或 25 a(用 t_c 表示)后将不再增长,而是保持稳定。此外,Life-365 Service Life Prediction Model 认为混凝土在整个服役期间混凝土的 D_f 并非持续地降低,而是在达到一定暴露时间(t_d)之后可以保持稳定状态,一般 $t_d = 25$ 年或 30 年。图 10.20 为 D_f 和 c_s 的双重时变图。

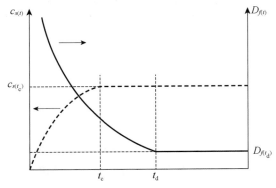

图 10.20　D_f 和 c_s 双重时变关系

4)临界氯离子浓度

Cl^- 临界浓度受到多种因素的影响,如水泥中 C_3A 含量、碱含量、硫酸盐含量、温度、混凝土中粉煤灰掺量、钢筋品种和施工质量等。国内外对 Cl^- 临界浓度进行大量试验研究,结果汇总如表 10.5 和图 10.21、图 10.22 所示。由于 Cl^- 临界浓度 c_{cr} 受多种客观因素和试验条件的影响,理论上它是一个随机变量,Cl^- 临界浓度 c_{cr} 应在大量统计的基础上进行取值。从表 10.5 可看出,游离 Cl^- 临界浓度 c_{cr} 基本上占胶凝材料重的 $0.15\% \sim 0.4\%$,从实用角度来看,可用于预测寿命的上下限。Enright 和 Frangopol 认为临界氯离子浓度服从对数正态分布,Odd E. Gjørv

等人则在其研究分析中采用正态分布,后文在分析中也采用正态分布。

表 10.5　引起钢筋锈蚀始发的氯离子临界值

作者及年代	总氯离子 (wt. %C)	游离氯 离子/ (mol/L)	$[Cl^-]/$ $[OH^-]$	暴露 条件	试样 类型	检测 方法
Stratful et al. (1975)	0.17～1.4			室外	结构	—
Vassie(1984)	0.2～1.5			室外	结构	—
Elsener and Bhni(1986)	0.25～0—5			室内	砂浆	—
Hennksen(1993)	0.3～0.7			室外	结构	—
Treadaway et al. (1989)	0.32～1.9			室外	混凝土	—
Bamforth et al. (1994)	0.4			室外	混凝土	—
Page et al. (1986)	0.4	0.11	0.22	室内	净浆	—
Andrade and Page			0.51～0.69 0.12～0.44	掺氯盐	普通水泥 矿渣水泥	腐蚀速度
Hansson et al. (1990)	0.4～1.6			室内	砂浆	—
Schessl et al. (1990)	0.5～2			室内	混凝土	宏观电流
Thomas et al. (1990)	0.2～0.7			海水	混凝土	质量减少
Tuutti(1993)	0.5～1.4			室内	混凝土	—
Locke and Siman(1980)	0.6			室内	混凝土	—
Lambert et al. (1994)	1.6～2.5		3～20	室内	混凝土	腐蚀速度
Lukas(1985)	1.8～2.2			室外	结构	—
Pettersson(1993)		0.14～0.18	2.5～6	室内	净浆/砂浆	腐蚀速度
Goni and Andrade(1990)			0.26～0.8	室内	溶液	腐蚀速度
Diamond(1986)			0.3	室内	净浆/溶液	线性极化
Hausmann(1967)			0.6	室内	模拟孔溶液	电位变化
Tonezawa et al. (1988)			1～40	室内	砂浆/溶液	—
Gouda			0.35	室内	模拟孔溶液	阴极极化
Gouda and Halaka	1.21～2.42			室内	砂浆	阴极极化
Lewia(1962)		0.15				
Knofel(1975)		0.15				
Clear(1976)		0.20				
Browne(1983)		0.20～0.40				
ACI Committee 222(1985)		0.20～0.40				
Weigler(1973)		0.40				

作者及年代	总氯离子 （wt. %C）	游离氯 离子/ （mol/L）	[Cl⁻]/ [OH⁻]	暴露 条件	试样 类型	检测 方法
Hope(1985)	0.40					
Everett(1980)	0.40					
BS8110(1985)	0.10～0.40					
Hope and Alorn	0.20～0.40					
浪溅区	0.154～0.221					
水位变动区	0.250～0.379					
水下区	0.298～0.483					

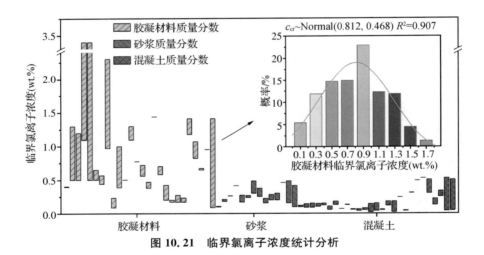

图 10.21　临界氯离子浓度统计分析

此外,也有文献给出了临界氯离子浓度的拟合关系式(10.40),如图 10.22 所示:

$$c_{cr} = -1.49W/B - 0.06\alpha_{ma} + 0.31\alpha_{rb} + 0.000\,2t + 0.95 \tag{10.40}$$

式中,W/B 为水胶比,α_{ma} 为矿掺影响因子,α_{rb} 为钢筋影响因子。

实际工程中,钢筋锈蚀临界氯离子浓度应采用电化学测试方法确定,当无试验结果时,可依据中国土木工程学会标准《混凝土结构耐久性设计与施工指南》(CCES 01—2004)建议取为混凝土质量分数的 0.05%。

5) 氯离子扩散系数

氯离子扩散系数 D 是反映混凝土对氯化物侵蚀抵抗能力的参数。在工程建设过程中,混凝土的原材料、生产配料、浇筑振捣与养护等的质量均会有一定波动,

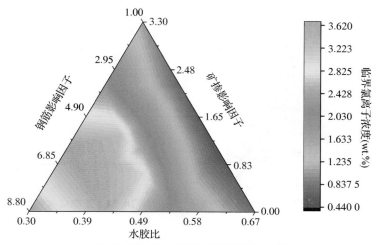

图 10.22　临界氯离子浓度拟合分析

混凝土的质量与性能也因此而波动,而混凝土内在的渗透性也因此受到影响。

目前,氯离子扩散系数分布特性的研究结果还不太统一,有的认为服从正态分布,也有认为服从对数正态分布、极值 I 型分布或者其他分布类型的。

中港桥隧试验室和 Bentz 进行了共计 264 组(每组 3 个试件)混凝土试件的电迁移试验。结果表明,扩散系数服从正态分布,变异系数最大为 20%,最小为 5%。此外,将挪威 Gimsøystraumen 桥的详细调查和北海混凝土石油平台的调查结果(表 10.6)描述在正态概率纸上为一条直线(图 10.23 和图 10.24),表明氯离子扩散系数服从正态分布,用 Kolmogorov-Smirnov 检验和 Jarque-Bera 检验其正态分布函数,结果也都不否定氯离子扩散系数服从正态分布的假设。

表 10.6　挪威北海石油平台混凝土氯离子扩散系数调查结果

测点	扩散系数(10^{-12} m^2/s)		
	平均值 D_{mean}	标准偏差 σ_D	特征值($D_{mean+\sigma_D}$)
Troll B 石油平台	0.41	0.13	0.54
Gullfaks A 石油平台	0.19	0.10	0.29
Gullfaks C 石油平台	0.89	0.25	1.11
Oseberg A 石油平台	0.54	0.22	0.79
Ekofisk 石油平台	0.79	0.16	0.95

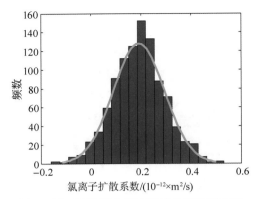
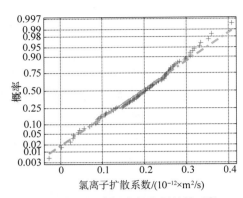

图 10.23　石油平台氯离子扩散系数直方图　　图 10.24　正态概率氯离子扩散系数

6）氯离子扩散系数的时间依赖系数

随时间的延长，混凝土中的氯离子扩散系数并不是一成不变的。通过实际检测结果可以发现，龄期较长的混凝土结构的氯离子扩散系数较小，尤其在开始的 1～3 年内，扩散系数的降低尤为明显，因此扩散系数是一个时间的函数。

根据胶凝材料类型和暴露条件的不同，DuraCrete 建立的数据库中给出了时间依赖系数的统计分布规律，如表 10.7 所示。

表 10.7　氯离子扩散系数的衰减指数 α 的统计规律

胶凝材料的类型	暴露条件					
	水下区		潮汐区、浪溅区		大气区	
	均值	方差	均值	方差	均值	方差
普通硅酸盐水泥	0.30	0.05	0.37	0.07	0.65	0.07
硅酸盐水泥添加粉煤灰	0.69	0.05	0.93	0.07	0.66	0.07
硅酸盐水泥添加矿渣	0.71	0.05	0.80	0.07	0.85	0.07
硅酸盐水泥添加硅灰	0.62	0.05	0.39	0.07	0.79	0.07

10.3　操作流程与算例

10.3.1　界面说明

【寿命预测】模块分包含【环境类型】、【结构混凝土设计参数】、【结构混凝土服役环境参数】、【分项系数】、【当地环境特征参数】和【耐久性设计结果】功能。其中，可选择【环境类型】模块可选择【高浓度氯盐侵蚀环境】、【高浓度硫酸盐侵蚀环境】和【盐冻环境】;【结构混凝土设计参数】包含【设计寿命】、【保证率】和【是否有环境特征参数】复选框。需要手动输入需要计算的设计寿命,并在保证率下拉框中选择保证率(90%/95%/99.9%)。当【是否有环境特征参数】复选框被勾选,则【分项系数】栏的【表面浓度】、【氯离子扩散系数】、【临界氯离子浓度】三个分项系数则会自动依据【当地环境特征参数】中输入的均值和标准差自行计算。否则,当【是否有环境特征参数】复选框未被勾选,则分项系数需要软件使用人员手动在【分项系数】模块输入。【结构混凝土服役环境参数】栏包括环境的【平均温度】、【氯离子浓度】和【平均湿度】,需手动输入,或依据默认值。寿命预测主界面见图 10.25 所示。

图 10.25　寿命预测主界面

10.3.2　操作介绍

当所有参数选择、输入完毕后,点击【开始计算】按钮,则可进行混凝土寿命预测和耐久性设计,需等待一段时间,依据电脑性能在 1~10 min 不等。点击【导出结果】可将计算得到的各类混凝土配合比表格,保存至指定的本地电脑上。点击【清除数据】可清除所有计算结果,并将界面恢复默认值。

10.3.3　算例详解

1)计算案例一

(1)耐久性参数

现取国内某一处于严酷环境的混凝土结构为例,据其工程环境取样测试报告显示,氯离子浓度最高为 77 806.58 mg/L,硫酸根离子浓度为 17 771.1 mg/L,镁离子浓度为 7 904 mg/L,钙离子浓度为 1 112.597 mg/L。在上述环境下,依据团体标准《严酷环境下混凝土结构耐久性设计标准》(T/CECS 1203—2022)提供的计算方法,预测墩承台 C50 混凝土 100 年期间的混凝土保护层剥落厚度为 50 mm,现在本章第 10.2.2 节提供的混凝土结构寿命预测模型中,考虑混凝土保护层剥落 50 mm、逐年剥落。详细参数如表 10.8 所示:

表 10.8 耐久性设计参数表

参数名	参数取值
环境年平均气温/℃	14.5
环境氯离子浓度/(mg/L)	77 806.58
环境硫酸根离子浓度/(mg/L)	17 771.1
环境镁离子浓度/(mg/L)	7 904
强度等级	C50
保护层厚度/mm	70
保护层厚度施工误差/mm	10
100 年预计的混凝土保护层剥落厚度/mm	50
水胶比	0.28,0.30,0.32,0.34
粉煤灰掺量/%	40
矿渣掺量/%	30
氯离子结合系数	0.26
临界氯离子浓度(混凝土质量分数)/%	0.05
混凝土接触严酷环境的养护龄期/d	28
临界氯离子浓度分项系数 γ_{Ccr}	1.06
表面氯离子浓度分项系数 γ_s	1.40
氯离子扩散系数分项系数 γ_D	2.35

(2)混凝土结构服役寿命预测

依据本章所提出的混凝土结构服役寿命计算方法,在软件中依次输入表 10.8 所示参数,即可得到混凝土结构服役寿命预测结果。结果显示,70 mm 保护层厚度的 C50 混凝土结构中氯离子浓度分布如图 10.26 所示,均不满足混凝土百年服役寿命要求,因此需采用防腐蚀强化措施以提高混凝土服役寿命。

当工程提供附加防腐蚀措施,可确保混凝土结构保护层不发生损伤,则可不考虑混凝土保护层剥落情况。依据本章第 10.2.3 节所提出的考虑耐久性提升措施的

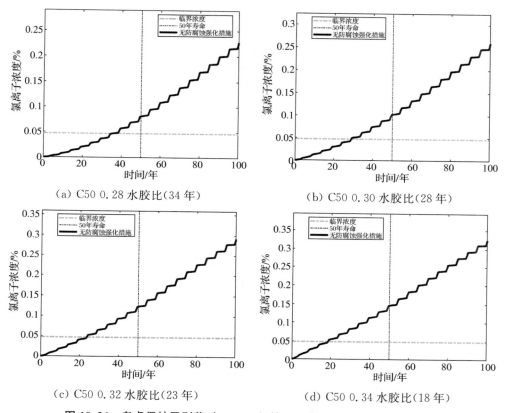

(a) C50 0.28 水胶比(34 年) (b) C50 0.30 水胶比(28 年)

(c) C50 0.32 水胶比(23 年) (d) C50 0.34 水胶比(18 年)

图 10.26 考虑保护层剥落时 70 mm 保护层厚度的 C50 混凝土结构寿命

混凝土结构服役寿命计算方法,在软件中依次输入表 10.8 所示参数,70 mm 保护层厚度的 C50 混凝土结构中氯离子浓度分布如图 10.27 所示,水胶比不低于 0.28 时才可满足混凝土百年服役寿命要求,且同时需采取附加防腐措施以保证混凝土保护层不发生损伤剥落。

2)计算案例二

(1)耐久性参数

为了说明基于可靠度的耐久性分析是如何用于新建混凝土结构耐久性设计的,举一个工程案例,详细说明耐久性分析的过程,选出满足耐久性要求的混凝土质量和保护层厚度。

某施工单位拟在中国南部近海修建一个跨海混凝土桥梁,设计寿命为 120 年。氯离子为一维扩散,不考虑应力的影响,混凝土现场养护龄期为 28 d,年平均气温 20 ℃。为了比较矿物掺和料对混凝土耐久性的影响,选择了相同强度等级 C40 的

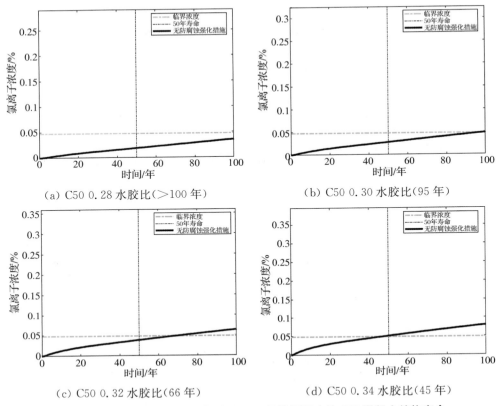

图 10.27　不考虑保护层剥落时 70 mm 保护层厚度的 C50 混凝土结构寿命

四种混凝土,即普通混凝土、粉煤灰混凝土(粉煤灰掺量 20%)、矿渣混凝土(矿渣掺量 60%)、双掺硅灰和矿渣混凝(硅灰掺量 5%,矿渣掺量 60%)进行对比,并开展了室外暴露实验,在 25 ℃环境下测试确定了混凝土结构耐久性参数,如表 10.9 所示。

表 10.9　混凝土结构耐久性参数

	输入参数	普通混凝土	粉煤灰混凝土	矿渣混凝土	双掺混凝土
环境参数	表面氯离子浓度/%	$N(0.63,0.1)$			
	温度/℃	20			
材料参数	氯离子扩散系数/ $(\times 10^{-12}\ \mathrm{m}^2/\mathrm{s})$	$N(9.9,0.1)$	$N(3.1,0.1)$	$N(3.4,0.1)$	$N(3.2,0.1)$
	时间依赖系数	0.6	0.6	0.6	0.58
	氯离子结合系数	0.14	0.21	0.69	0.72
	临界氯离子浓度/%	$N(0.07,0.02)$			
构造参数	保护层厚度/mm	60			

基于表 10.9,结合第 10.2.2 节提供的混凝土结构分项系数计算方法,不同可靠度指标下,混凝土结构的表面氯离子浓度、氯离子扩散系数和临界氯离子浓度的分项系数计算结果如表 10.10 所示:

表 10.10　分项系数取值表

可靠度指标	分项系数	普通混凝土	粉煤灰混凝土	矿渣混凝土	双掺混凝土
1.28	γ_s	1.168 3	1.053 1	1.064 4	1.056 8
	γ_D	1.001 1	1.023 2	1.019 2	1.021 7
	γ_{Ccr}	1.253 9	1.402 9	1.413 7	1.407 3
2.57	γ_s	1.337 7	1.110 5	1.132 4	1.117 9
	γ_D	1.002 5	1.047 0	1.039 3	1.044 3
	γ_{Ccr}	1.683 1	2.331 2	2.381 7	2.351 6
3.72	γ_s	1.488 5	1.165 1	1.195 7	1.175 4
	γ_D	1.004 0	1.068 7	1.057 9	1.064 9
	γ_{Ccr}	2.417 7	5.526 5	5.887 3	5.669 3

（2）混凝土结构服役寿命预测

基于上述提供的混凝土结构耐久性参数,结合本章第 10.2.2 节提供的计算方法,可计算获得混凝土结构服役寿命,如表 10.11 所示:

表 10.11　混凝土结构服役寿命计算分析　　　　单位:年

可靠度指标	普通混凝土	粉煤灰混凝土	矿渣混凝土	双掺混凝土
非可靠度计算	69.34	342.56	448.54	432.21
1.28	46.98	258.73	339.66	329.03
2.57	29.93	184.25	244.21	237.70
3.72	20.63	117.35	158.24	155.59

10.4　参考文献

[1] 牛荻涛.混凝土结构耐久性与寿命预测[M].北京:科学出版社,2003.

[2] 余红发.盐湖地区高性能混凝土的耐久性、机理与使用寿命预测方法[D].南京:东南大学,2004.

[3] 王胜年,田俊峰,范志宏.基于暴露试验和实体工程调查的海工混凝土结构耐久性寿命预测理论和方法[J].中国港湾建设,2010,(S1):68-74.

[4] Tang L, Gulikers J. On the mathematics of time-dependent apparent chloride diffusion coefficient in concrete[J]. Cement & Concrete Research, 2007, 37(4): 589 – 595.

[5] Kapilesh B, Yasuhiro M, Ghosh A K. Time-dependent reliability of corrosion-affected RC beams. Part 3: effect of corrosion initiation time and its variability on time-dependent failure probability[J]. Nuclear Engineering & Design, 2011, 241(5): 1395 – 1402.

[6] Petcherdchoo A. Time dependent models of apparent diffusion coefficient and surface chloride for chloride transport in fly ash concrete[J]. Construction & Building Materials, 2013, 38(1): 497 – 507.

[7] Mangat P S, Molloy B T. Prediction of long term chloride concentration in concrete[J]. Materials & Structures, 1994, 27(6): 338.

[8] The European Union-Brite EuRam III. General guidelines for durability design and redesign: Duracrete probabilistic performance based durability design of concrete structures[S]. 2002.

[9] Lin G, Liu Y, Xiang Z. Numerical modeling for predicting service life of reinforced concrete structures exposed to chloride environments[J]. Cement & Concrete Composites, 2010, 32(8): 571 – 579.

[10] Wang X, Shi C, Fuqiang H E, et al. Chloride binding and its effects on microstructure of cement-based materials[J]. Journal of the Chinese Ceramic Society, 2013, 41(2): 187 – 198.

[11] Arya C, Buenfeld N R, Newman J B. Factors influencing chloride-binding in concrete[J]. Cement & Concrete Research, 1990, 20(2): 291 – 300.

[12] Qiang Y, Shi C, Schutter G D, et al. Chloride binding of cement-based materials subjected to external chloride environment: a review[J]. Construction & Building Materials, 2009, 23(1): 1 – 13.

[13] Dhir R K, El-Mohr M A K, Dyer T D. Developing chloride resisting concrete using PFA[J]. Cement & Concrete Research, 1997, 27(11): 1633 – 1639.

[14] Cheewaket T, Jaturapitakkul C, Chalee W. Long term performance of chloride binding capacity in fly ash concrete in a marine environment[J]. Construction & Building Materials, 2010, 24(8): 1352 – 1357.

[15] Xu J. Multi-scale study on chloride penetration in concrete under sustained axial pressure and marine environment[D]. Xuzhou: China University of Mining and Technology, 2018.

[16] Thomas M D A, Bamforth P B. Modelling chloride diffusion in concrete: effect of fly ash and slag[J]. Cement and Concrete Research, 1999, 29(4): 487 – 495.

第 11 章
混凝土大数据库与智能设计

11.1 引言

  土木行业面临日益增长的工程复杂性和项目高要求,亟需更加高效、可持续和创新的方法来设计混凝土材料。混凝土是建筑工程中最广泛使用的材料之一,其设计方法的不断优化对改善混凝土结构性能至关重要。混凝土材料组分复杂多样,包含多层次、多组分、多尺度的海量信息数据,且数据之间的关联性复杂,难以用基础的数学物理模型方法表征。随着大数据和人工智能技术的快速发展,机器学习方法逐渐被应用于混凝土材料设计中。基于机器学习的混凝土智能设计需要庞大且真实可靠的数据库信息为计算基础,而建立混凝土大数据库可为利用人工智能方法深入了解混凝土材料性能提供科学的数据支撑。通过收集和整理大规模混凝土材料试验数据,可以更好理解混凝土在不同环境下的性能表现,包括抗压强度、抗拉强度、耐久性等关键参数。同时开发出混凝土智能设计系统可分析数据库大规模信息,根据多目标需求自动生成最佳配比设计方案,加速混凝土材料的针对性设计,减少错误和提高效率,从而优化混凝土材料性能和提高结构服役寿命。混凝土大数据库与智能设计系统为混凝土材料设计和施工领域的专业人士提供了新的参考思路和计算工具,有助于做出更准确的结构设计和材料选择决策,促进土木行业的可持续发展和创新设计。

  基于此开发出了混凝土大数据库与智能设计系统,系统具有计算精准,适用范围广,稳定性高,计算效率高,预测结果准确等特点,功能包含混凝土大数据库与智能设计系统两大模块,混凝土文献大数据库包含氯盐腐蚀、冻融循环、混凝土疲劳、混凝土碳化、动态力学性能、抗压抗折韧性,以及 ECC、UHPC、混凝土涂层、耐蚀钢筋、陶瓷涂层钢筋、钢筋阻锈剂提升材料等多目标力学与耐久性能的混凝土材料信息融合数据,数据库具备目标信息查询、数据筛选、列表显示和一键导出数据等基本操作功能,为后续混凝土智能优化设计提供了庞大、多样、真实、可靠的机器学习训练预测数据支撑。混凝土配合比智能优化设计包含数据处理、特征分析、神经网络训练和材料逆向设计四个部分,通过调用混凝土原始数据库数据,开展后续机器学习训练。数据处理模块包括去除无关字段、缺失值补充和异常值处理等特征工程操作;特征分析模块中采用随机森林算法计算特征重要性排序,可绘制特征散点图、特征分布矩阵和相关性热力图;神经网络训练模块中通过划分数据集进行数据预处理,设置初始化神经网络模型参数开展机器学习训练,导入预测集数据进行数据回归预测;材料逆向设计模块通过设置约束条件和权重因子,划分数据计算成本和碳排放,开展机器学习对比优化前后神经网络训练拟合效果,最后输入目标参数得到配合比最优解,实现基于数据驱动的混凝土多目标性能智能优化设计,从而为工程项目的实践应用和技术指导奠定科学基础。

11.2　计算思路与核心算法

11.2.1　机器学习介绍

人工智能(Artificial Intelligence,简称 AI)是一种计算机科学领域,旨在开发能够表现出智能行为的计算机系统[1]。这种智能行为包括学习、推理、问题解决、理解自然语言、感知环境、自主行动等。人工智能的目标是使计算机系统能够模拟和执行人类智能的各种任务,以便处理复杂的任务和自动化决策过程。随着计算机技术的快速发展,人工智能技术发展逐渐成熟,目前已广泛应用于智能建造、材料设计、机械制造、智慧交通、自动驾驶、经济金融、生物医药等专业领域。人工智能技术包括多个子领域,机器学习是一种人工智能的技术,它允许计算机系统从数据中学习并改进性能,而无需明确编程。深度学习是机器学习的一个分支,它使用深度神经网络来模仿人类大脑的神经元结构,用于处理复杂的任务,如图像识别和自然语言处理。人工智能、机器学习和深度学习三者之间的关系如图 11.1 所示。

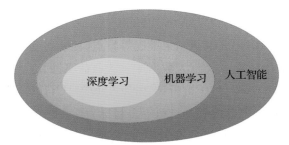

图 11.1　人工智能、机器学习与深度学习的关系

机器学习（Machine Learning）是一种人工智能的分支领域，它关注如何构建能够自动学习和改进的计算机系统，而无需明确编程[2]。机器学习的核心思想是让计算机系统从数据中提取模式、知识和信息，从而使其能够做出预测、做出决策、进行分类、识别模式或执行特定任务。机器学习能从有限的观测数据中学习出具有一般性的规律，并将这些规律应用到未观测样本上的方法。机器学习是人工智能决策的核心，是使计算机具有智能的根本途径，它专门研究计算机怎样模拟或实现人类的学习行为，以获取新的知识或技能，重新组织已有的知识结构使之不断改善自身的性能。监督学习、无监督学习和强化学习是机器学习的主要分支。

机器学习的关键特点包括以下几个方面：

（1）数据驱动：机器学习是数据驱动的，它使用大量的数据来进行训练和学习。这些数据可以是历史数据，也可以是实时数据。

（2）自动学习：机器学习系统具有自适应性，可以从数据中学习并不断改进性能，而无需手动编程。

（3）泛化能力：机器学习模型的目标是具有良好的泛化能力，即在未见过的数据上表现良好。

（4）多样性的任务：机器学习可以应用于各种任务，包括分类、回归、聚类、模式识别、强化学习等。

（5）算法和模型：机器学习使用各种算法和模型来处理不同类型的数据和任务，如线性回归、决策树、神经网络、支持向量机等。

（6）应用广泛：机器学习在多个领域有广泛的应用，包括自然语言处理、图像识别、自动驾驶、金融预测、医疗诊断、推荐系统等。

（7）反馈循环：机器学习系统通常具有反馈循环，它可以根据实际输出结果不断调整模型和算法。

近年来，机器学习已在材料科学与工程领域取得了诸多应用成果[3]，包括金属材料[4]、无机非金属电解质材料[5]和高分子材料[6]的性能预测和材料设计，而对于无机非金属建筑材料尤其是混凝土材料领域的应用尚属起步阶段[7]，适用于混凝土性能预测和材料设计的机器学习算法与训练数据开发尚未成熟，因此本系统基于大数据库与机器学习技术开展了混凝土材料的多目标性能预测和配合比优化设计。

机器学习的准确预测依赖于大量数据的可用性、合适的特征工程、适当的模型选择和调整，以及对模型的评估和性能监控。机器学习的基本操作流程如图 11.2

所示,具体包含的步骤如下:

(1)数据收集:收集与问题相关的数据,这些数据可以是结构化(如表格数据)或非结构化(如文本、图像、声音等)。

(2)数据预处理:清洗数据,处理缺失值、异常值或错误数据;特征选择,选择最相关的特征或属性,以减少数据维度和提高模型性能;特征工程,创建新的特征或转换现有特征,以改进模型的表现。

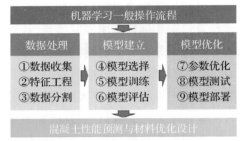

图 11.2 机器学习操作流程图

(3)数据集分割:将数据集划分为训练集、验证集和测试集。训练集用于训练模型,验证集用于调整超参数,测试集用于评估模型性能。

(4)选择模型:根据问题类型(分类、回归、聚类等)选择合适的机器学习算法或模型。常见的算法包括决策树、支持向量机、神经网络、随机森林等。

(5)模型训练:使用训练集来训练选定的模型。模型学习如何从数据中提取模式和规律。

(6)模型评估:使用验证集来评估模型的性能。常见的性能指标包括决定系数(R^2)、均方误差(MSE)、均方根误差(RMSE)、平均绝对误差(MAE)等,具体指标取决于问题类型。

(7)超参数调整:通过尝试不同的超参数值(如学习率、树的深度等)来优化模型性能。这通常需要反复训练和验证。

(8)模型测试:使用测试集来最终评估模型的性能。这样可以估计模型在未见过的数据上的表现。

(9)部署模型:将训练好的模型部署到实际应用中,以进行预测或决策。这可能涉及将模型嵌入到软件应用程序或在线服务中,从而持续监控模型的性能,以确保其在不断变化的数据环境中仍然有效,必要时更新模型。

11.2.2 混凝土数据处理方法

机器学习系统中,一般数据预处理部分占整个系统设计中工作量的一半以上。用于机器学习算法的数据需要具有很好的一致性及较高的数据质量,但是在数据采集过程中,由于各种因素的影响及对属性相关性并不了解,因此采集的数据并不能直接应用。直接收集的数据可能是杂乱的,数据内容常出现不一致和不完整问题,甚至包括一些错误数据或者异常数据,且庞大的数据量使得数据的品质难以统一,因此需要将高品质数据提取出来以便得到高品质结果。数据的预处理过程大致包括数据选取、数据清洗、数据筛选、数据填充、数据替换等[8],这些数据预处理方法需要根据项目需求和原始数据的特点综合使用。

混凝土是由胶凝材料将集料胶结成整体的工程复合材料,主要成分包括水泥、砂、石、骨料、水和外加剂等,具有多相、多孔、多尺度、多组分、非均质和各向异性等特点。不同尺度层次、不同原材料组分、不同环境条件、不同目标性能下,混凝土包含了非常复杂的关键信息数据,如图 11.3 所示。在进行机器学习训练之前需要对混凝土原始信息数据集进行特征工程数据预处理,从而避免出现较多数据噪声导致预测精度下降。

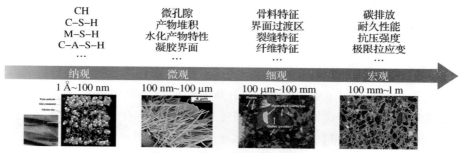

图 11.3　混凝土多尺度信息特征

混凝土原始数据特征的选取原则为:选择能够赋予属性名和属性值明确含义的混凝土属性数据,避免选取重复数据,合理选择与混凝土特征关联性高的属性数据。另外需要对数据缺失值进行填充,依靠现有数据信息推测缺失值,利用全局常量、属性平均值填充缺失值,或者将源数据进行属性分类,然后用同一类中样本属性的平均值填充,从而尽量使填充的数值接近于遗漏的实际值。在数据量充足的情况下,选择适当忽略缺失值的样本数据。对于严重偏离期望值的噪声数据,利用平滑拟合技术进行修改或剔除。

混凝土数据集中缺失值可能会导致模型的不准确性和不稳定性,最简单的缺失值处理方法是直接删除包含缺失值的样本或特征。但是,这种方法可能会导致数据的信息损失,特别是如果缺失值的比例很高。对于数值型特征,可以使用均值、中位数或众数来填充缺失值。其中,均值填充适用于特征的分布近似为正态分布的情况,中位数填充则适用于存在离群值的情况,而众数填充适用于特征的分布呈现明显偏态的情况。对于分类特征,可以使用最大频率的类别值来填充缺失值。对于较为复杂的数据集,可以使用其他特征作为自变量,构建机器学习回归模型来预测缺失值,也可以使用 K 均值聚类或 k 最近邻算法来找到最近的样本,然后使用邻居的值来填充缺失值。对于时间序列数据,可以使用插值方法来填充缺失值,如线性插值、拉格朗日插值等。对于某些特征,可以使用特殊值(如 -1 或 NaN)来表示缺失值,从而区分于真实的取值。需要根据具体情况选择合适的缺失值处理方法,处理缺失值时还应注意避免引入额外的偏差或噪声,以确保预处理后的数据仍反映原始数据的特征[9]。

混凝土数据标准化、归一化处理是特征数据预处理的一项重要工作。特征标准化是一种常见的数据预处理方法,其目的是将不同特征的取值范围统一化,以消除由于特征尺度不同而导致的偏差。标准化是将特征的取值缩放到均值为 0,方差为 1 的标准正态分布。归一化是将特征的取值缩放到一个固定的区间,通常是 $[0,1]$。不同评价指标往往具有不同的数量级和量纲单位,从而影响数据分析结果,为了消除各指标之间的量纲影响,需要进行数据标准归一化处理,以实现数据指标之间的可比性。原始数据经过归一化处理后,各指标均处于同一数量级,适合进行横向综合对比评价,为后续进一步分析各特征权重和相关性提供数据基础。数据标准归一化处理公式见式(11.1),通过对原始数据进行线性变换,将数据映射至 $[0,1]$ 区间,从而达到归一化目的。

$$x_{\text{norm}} = \frac{x - x_{\min}}{x_{\max} - x_{\min}} \tag{11.1}$$

式中:x 为原始数据;x_{norm} 为归一化后数据;$x_{\max}$ 和 $x_{\min}$ 分别为数据集中特征 x 列的最大值和最小值。

混凝土原始数据包含各种类型的特征,例如分类变量、文本数据和试件尺寸等,特征编码用于将非数值型的特征转换为数值型特征。对于具有 k 个不同取值的特征,在二进制编码中,使用 $\log_2 k$ 位的二进制数来表示特征的每个可能取值。每一位对应一个分类级别,如果一个样本的特征取值为特定类别,则对应位上的值为 1,否则为 0。例如,如果一个特征有 4 个不同的类别,则需要使用 2 位二进制数进行编码。

异常值是指数据集中与其他观测值相比显著不同的观测值。异常值的存在可能会对机器学习模型的性能和结果产生负面影响,因此在进行数据预处理时,处理异常值是一个重要的步骤。通过绘制特征的直方图、箱线图或散点图等可视化工具来检测异常值。对于服从正态分布的数据,使用 3σ 法则,即将位于平均值加减 3 倍标准差之外的观测值视为异常值,并进行修正或删除。对于有明确定义取值范围的特征,可以将特征值限制在合理的最小值和最大值之间。离群点检测算法是一种更高级的异常值处理方法,它可以自动检测和识别异常值。常用的离群点检测算法包括箱线图法、Z-Score 法、LOF(局部异常因子)法和 Isolation Forest 法等。箱线图法示意图如图 11.4所示,其中:

上四分位数 Q_3:75%分位点所对应的值;

中位数 Q_2:50%分位点对应的值;

下四分位数 Q_1:25%分位点所对应的值;

上边缘(须):$Q_3+1.5(Q_3-Q_1)$;

下边缘(须):$Q_1-1.5(Q_3-Q_1)$;

数据 x 的合理范围:$Q_1-1.5(Q_3-Q_1){\leqslant}x{\leqslant}Q_3+$ 1.5(Q_3-Q_1),若超过该范围则判定为异常值点。

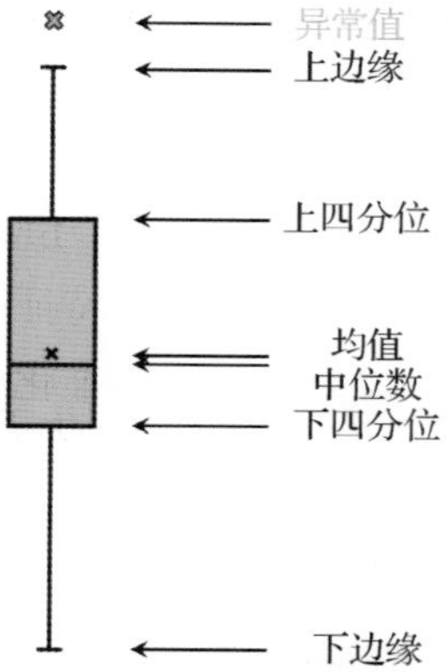

图 11.4 箱线图示意图

不同的特征对模型的影响程度不同,需要先选择出对问题重要的一些特征,移除与问题相关性不是很大的特征,这个过程就叫做特征选择。特征的选择在特征工程中十分重要,往往可以直接决定最后模型训练效果的好坏。由于混凝土数据的特征矩阵维度大,如果直接对特征选择后的数据进行模型训练,可能会存在数据难以理解、计算量增大、训练时间过长等问题,因此需要对原始数据进行特征分析降维,即把原始高维空间的特征投影到低维度的空间,进行特征重组,以减少数据的维度。

特征权重是指某一特征指标在整体评价中的相对重要程度,权重越大则该指标的重要性越高,对整体的影响就越高。主成分分析法(PCA)是最常见的一种线性降维方法,其要尽可能在减少信息损失的前提下,将高维空间的数据映射到低维空间中表示,同时在低维空间中要最大限度上保留原数据的特点,对数据进行浓缩,将多个指标浓缩成为几个彼此不相关的概括性指标,从而达到降维的目的[10]。主成分分析法本质上是一种无监督的方法,不用考虑数据的类标,基本步骤大致包括数据中心化(每个特征维度减去相应的均值),计算协方差矩阵以及它的特征值和特征向量,将特征值从大到小排序,将高维数据转换到特征向量构成的新空间中。

经过主成分分析法筛选出混凝土高维特征后采用熵值法对主特征进行权值重要性分析。熵值是不确定性的一种度量,信息量越大,不确定性就越小,熵也就越小;信息量越小,不确定性越大,熵也越大。因而利用熵值携带的信息进行权重计算,结合各项指标的变异程度,利用信息熵计算出各项指标的权重,可为混凝土多指标综合评价提供依据。通过借鉴决策树中特征选择的思想,计算每个特征 A_i 在训练数据集下的信息增益,从而得出每个特征所占的权重。信息增益计算公式见公式(11.2):

$$g_i(D,A_i)=H(D)-H(D\mid A_i) \tag{11.2}$$

$$w_i=\frac{g_i(D,A_i)}{\sum\limits_{i=1}^{4}g_i(D,A_i)} \tag{11.3}$$

式中: $H(D)$ 为数据集 D 的经验熵; $H(D\mid A_i)$ 为特征 A 对数据集 D 的经验条件熵。

特征重要性排序可以帮助我们检查数据中哪些特征是最重要的,从而更好地了解数据。在进行特征选择时,可以只选择重要性较高的特征,将其他特征排除,以提高模型的精度和效率。

随机森林(Random Forest,简称 RF)[11]是一种强大的机器学习算法,通常用于特征重要性排序,以确定哪些特征对模型的预测贡献最大。随机森林通过基于树的集成方法,如决策树,来估计特征的重要性。特征重要性通常根据特征在随机森林中的贡献度来排名。随机森林模型由多棵决策树组成,如图 11.5 所示,其随机性体现在样本的随机性和特征的随机性。

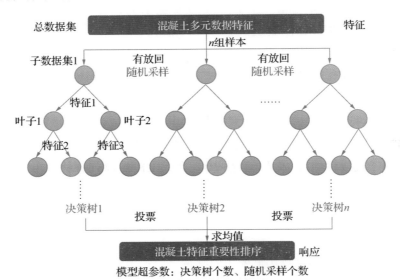

图 11.5 随机森林特征重要性排序

第一是随机选样本,即从原始数据集中进行有放回的抽样,得到子数据集,子数据集样本量保持与原始数据集一致,不同子数据集间的元素可以重复,同一个子数据集间的元素也可以重复。第二为随机选特征,与随机选样本过程类似,子数据集从所有原始待选择的特征中选取一定数量的特征子集,然后再从已选择的特征子集中选择最优特征的过程。在随机森林中,每个决策树都只使用一部分特征和数据样本来建模,这样可以避免过拟合,且每棵树都是基于某个特征切分得到的,这样特征重要性可以通过计算每个特征在所有树中切分样本时的信息增益或减少的不纯度来确定。通过每次选择的数据子集和特征子集来构成决策树,由多棵决策树共同组成随机森林,采用 Bagging 算法遍历决策树各节点进行回归分类,最后按照平均法选取所有决策树预测的平均值作为结果返回,最终得到随机森林算法模型训练结果。在构建多个决策树之后,完成所有树的构建之后,可以根据每个特征在所有树中的信息增益之和来计算特征重要性,对每个特征的重要性进行排序,以确定哪些特征最有用。

11.2.3 混凝土大数据库建立

混凝土数据库的建立包括数据库设计、数据收集、数据处理、数据库部署、数据录入、数据存储、数据访问权限、数据维护、数据分析等操作步骤[12]。首先设计混凝土数据库的基本功能结构及关系,根据不同数据来源、不同数据形式、不同目标性能分类收集大量混凝土相关原始信息数据,包括基于论文检索的混凝土文献数据,基于力学和耐久性的混凝土试验数据,基于 ABAQUS、ANSYS 和 COMSOL 有限元计算的混凝土模拟数据,基于混凝土服役寿命模型计算公式的混凝土理论数据,以及基于混凝土多尺度特征的混凝土图片数据等,如图 11.6 所示。基于收集的混凝土原始文献数据经过上述数据筛选、数据清洗、数据剔除、数据标准归一化等各类数据处理方法操作后,建立了混凝土材料信息大数据库,混凝土文献大数据库包含氯盐腐蚀、冻融循环、混凝土疲劳、混凝土碳化、混凝土干燥收缩、动态力学性能、抗压抗折韧性,以及 ECC、UHPC、混凝土涂层、耐蚀钢筋、陶瓷涂层钢筋、钢筋阻锈剂提升材料等多目标力学与耐久性能的混凝土材料信息融合数据。

将处理后的数据批量录入关系型数据库管理系统(如 MySQL、MSSQL、Navicat 等)中,通过数据库管理系统分区分类储存和管理所有数据,设置数据库访问、增删等管理基本权限,定期维护数据库,包括更新数据、处理数据变更、监测数据库性能等,利用数据库数据进行混凝土性能预测和材料设计相关研究分析任务。混凝土数据库功能结构图如图 11.7 所示,数据库具备用户数据信息导入、目标数据信息查询、数据筛选与分析、列表显示、数据可视化和一键导出数据等基本操作功能。

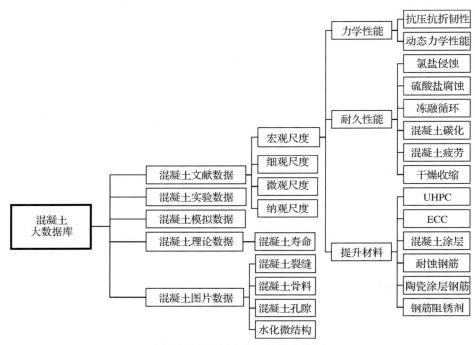

图 11.6　混凝土大数据库信息树

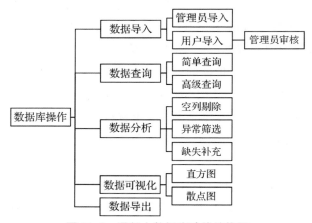

图 11.7　混凝土数据库功能结构图

E-R 图是数据库设计的起点,用于可视化数据库的结构,帮助数据库管理员和开发人员更好地理解数据之间的关系。混凝土数据库 E-R 关系如图 11.8 所示,包括用于描述混凝土相关信息的各个实体和它们之间的关系,其中实体主要为用户、管理员和混凝土数据库。用户的属性包括用户名(即昵称)、密码、手机号、邮箱等信息,管理员属性包括昵称、密码、手机号、权限、审核等,混凝土数据库包含数据、大小、列名、查找、上传、导出等属性。管理员可一对多管理审核用户和数据库权限,用户可以一对多的关系针对不同混凝土数据库进行浏览、上传、导出等操作功能。混凝土大数据库中的各实体特征属性如表 11.1 所示。

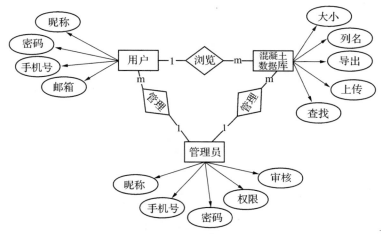

图 11.8 混凝土数据库关系 E‑R 图

如图 11.9 为混凝土数据库调用基本流程图,先将原始数据录入数据库中,开展特征工程数据清洗预处理,在系统模块中通过调用数据库数据开展特征分析和机器学习,判断预测值与真实值间的误差是否满足误差指标评价要求,主要误差评价指标包括决定系数(R^2)、均方误差(MSE)、均方根误差(RMSE)、平均绝对误差(MAE)等,计算公式如下,若否则继续对数据进行清洗,重复上述步骤,若是则保存模型,输入预测集进行预测,得到输出结果结束。

$$R^2 = 1 - \frac{\sum_{i=1}^{n}(y_i' - y_i)^2}{\sum_{i=1}^{n}(y_i - \bar{y})^2} \tag{11.4}$$

$$\mathrm{MSE} = \frac{\sum_{i=1}^{n}(y_i' - y_i)^2}{n} \tag{11.5}$$

$$\mathrm{RMSE} = \sqrt{\frac{\sum_{i=1}^{n}(y_i' - y_i)^2}{n}} \tag{11.6}$$

表 11.1 特征属性数据字典

特征属性	属性名	类型	特征属性	属性名	类型	特征属性	属性名	类型
水泥类型	Cement type	整数型	平直型钢纤维	Straight steel fiber	浮点型	气压	Atmospheric pressure	浮点型
水泥量	Cement	浮点型	S-体积掺量/%	S-Volume content/%	浮点型	环境二氧化碳浓度/%	Carbon dioxide concentration/%	浮点型
水	Water	浮点型	S-抗拉/GPa	S-Tensile strength/GPa	浮点型	环境硫酸盐浓度/%	Sulfate concentration/%	浮点型
水灰比 W/C	W/C	浮点型	S-直径/mm	S-Diameter/mm	浮点型	环境氯盐浓度/(wt·%)	Chloride concentration/wt%	浮点型
水胶比 W/B	W/B	浮点型	S-长度/mm	S-Length/mm	浮点型	干湿循环周期/h	Dry wet cycle/h	浮点型
粉煤灰	Fly ash	浮点型	端勾型钢纤维	End-hook steel fiber	浮点型	干湿循环次数	Number of dry wet cycle	浮点型
FA/C	FA/C	浮点型	E-体积掺量/%	E-Volume content/%	浮点型	腐蚀时间/d	Corrosion time/d	浮点型
硅灰	Silica Fume	浮点型	E-抗拉/GPa	E-Tensile strength/GPa	浮点型	冻融环境温度/℃	Freeze-thaw ambient temperature/℃	浮点型
SF/C	SF/C	浮点型	E-直径/mm	E-Diameter/mm	浮点型	冻融环境湿度/%	Humidity of freeze-thaw environment/%	浮点型
矿渣粉	Granulated blast slag	浮点型	E-长度/mm	E-Length/mm	浮点型	氯盐浓度/(mg/L)	Chloride concentration/mg/L	浮点型
GBS/C	GBS/C	浮点型	纤维类型 1	Fiber type	整数型	氯盐质量分数	Chloride mass fraction	浮点型

特征属性	属性名	类型	特征属性	属性名	类型	特征属性	属性名	类型
砂类型	Sand type	整数型	纤维掺量 1	Fiber content1	浮点型	硫酸盐浓度/(mg/L)	Sulfate concentration/(mg/L)	浮点型
细骨料	Fine Aggregate	浮点型	体积掺量 1/%	Volume content 1/%	浮点型	硫酸盐质量分数	Sulfate mass fraction	浮点型
细骨料粒径/mm(下限)	Fine aggregate size(lower)	浮点型	纤维抗拉 1/GPa	Tensile strength1/GPa	浮点型	冻融方式	Freeze-thaw system	整数型
细骨料粒径/mm(上限)	Fine aggregate size(upper)	浮点型	纤维直径 1/mm	Diameter1/mm	浮点型	冻融最低温度/℃	Minimum freeze-thaw temperature/℃	浮点型
细度模数	Fineness modulus	浮点型	纤维长度 1/mm	Length1/mm	浮点型	冻融循环次数	Number of freeze-thaw cycles	浮点型
砂类型 1	Sand type1	整数型	裂纹宽度	Crack width	整数型	孔隙率	Porosity	浮点型
细骨料 1	Fine Aggregate1	浮点型	纤维种类	Fiber type	浮点型	抗压强度/MPa	Compressive strength/MPa	浮点型
细骨料粒径/mm(下限)1	Fine aggregate size(lower)1	浮点型	纤维体积分数	Fiber volume fraction	浮点型	抗压试件尺寸/mm	Compressive specimen size/mm	字符型
细骨料粒径/mm(上限)1	Fine aggregate size(upper)1	浮点型	纤维长径比	Aspect ratio of fiber	浮点型	抗折/抗弯强度 MPa	Flexural strength/MPa	浮点型
细度模数 1	Fineness modulus1	浮点型	其他胶凝材料类型 1	Types of other materials	整数型	抗弯试件尺寸/mm	Flexural specimen size/mm	字符型
石类型	Stone type	整数型	其他胶凝材料用量 1	Content of other materials	浮点型	抗拉强度/MPa	Tensile strength/MPa	浮点型

续表 11.1

特征属性	属性名	类型	特征属性	属性名	类型	特征属性	属性名	类型
粗骨料	Coarse Aggregate	浮点型	OM/C	OM/C	浮点型	抗拉试件尺寸/mm	Tensile specimen size/mm	字符型
粗骨料粒径/mm(下限)	Coarse aggregate size(lower)	浮点型	石英粉	Quartz powder	浮点型	轴心抗压强度/MPa	Axial compressive strength/MPa	浮点型
粗骨料粒径/mm(上限)	Coarse aggregate size(upper)	浮点型	SiO₂/C	SiO₂/C	浮点型	弹性模量/MPa	Elastic modulus/MPa	浮点型
石类型1	Stone type1	整数型	石灰粉	Lime powder	浮点型	弹模试件尺寸/mm	Elastic modulus specimen size/mm	字符型
粗骨料1	Coarse Aggregate1	浮点型	LP/C	LP/C	浮点型	流动度/mm	Fluidity/mm	浮点型
粗骨料粒径/mm(下限)1	Coarse aggregate size(lower)1	浮点型	钢渣/铁尾矿	Steel slag/Iron tailings	浮点型	动态冲击耐磨强度	Dynamic impact wear strength	浮点型
粗骨料粒径/mm(上限)1	Coarse aggregate size(upper)1	浮点型	SL/C	SL/C	浮点型	收缩率/e-6	Shrinkage/e-6	浮点型
外加剂类型	Admixture type	整数型	橡胶粉	Rubber powder	浮点型	孔隙率/%	Porosity/%	浮点型
外加剂用量	Admixture dosage	浮点型	RP/C	RP/C	浮点型	碳化时间/d	Carbonization time/d	浮点型
A/C	A/C	浮点型	温度/℃	Temperature/℃	浮点型	碳化深度/mm	Carbonization depth/mm	浮点型
聚合物乳胶	Polymer emulsion	浮点型	湿度/%	Humidity/%	浮点型	干燥收缩值/e-6	Drying shrinkage/e-6	浮点型

续表 11.1

特征属性	属性名	类型	特征属性	属性名	类型	特征属性	属性名	类型
减水剂	Superplasticizer	浮点型	龄期/d	Age/d	浮点型	收缩龄期	Drying shrinkage age	浮点型
SP/C	SP/C	浮点型	疲劳实验环境温度/℃	Temperature of fatigue test/℃	浮点型	收缩试件尺寸/mm	Drying shrinkage specimen size/mm	字符型
减缩剂	Shrinkage reducing agent	浮点型	疲劳实验环境湿度/%	Humidity of fatigue test/%	浮点型	耐蚀系数	Corrosion resistance coefficient	浮点型
SRA/C	SRA/C	浮点型	疲劳试件尺寸/mm	Specimen size/mm	字符型	侵入深度/mm	Invasion depth/mm	浮点型
抗侵蚀抑制剂	Erosion inhibitor	浮点型	疲劳形式	Fatigue form	整数型	氯离子扩散系数/$(\times 10^{-9} \text{ cm}^2/\text{s})$	Diffusion coefficient of Cl^-/$(\times 10^{-9} \text{ cm}^2/\text{s})$	浮点型
抗侵蚀抑制剂用量	Amount of Erosion inhibitor	浮点型	加载频率/HZ	Loading frequency/HZ	浮点型	硫酸根离子扩散系数/$(\times 10^{-9} \text{ cm}^2/\text{s})$	Diffusion coefficient of SO_4^{2-}/$(\times 10^{-9} \text{ cm}^2/\text{s})$	浮点型
参量算法	Parametric algorithm	整数型	加载波形	Loading waveform	整数型	质量损失/%	Quality loss/%	浮点型
纤维类型	Fiber type	整数型	应力水平	Stress level	浮点型	腐蚀度	Corrosivity	浮点型
纤维掺量	Fiber content	浮点型	应力比	Stress ratio	浮点型	强度损失率/%	Strength loss rate/%	浮点型
纤维抗拉/GPa	Tensile strength/GPa	浮点型	疲劳寿命/次	Fatigue life/cycle	浮点型	相对动弹性模量	Relative dynamic elastic modulus	浮点型
纤维直径/mm	Diameter/mm	浮点型	碳化温度/℃	Carbonization temperature/℃	浮点型	文献编号	Reference number	整数型
纤维长度/mm	Length/mm	浮点型	碳化湿度/%	Carbonization humidity/%	浮点型	引文格式	Citation	浮点型

$$MAE = \frac{1}{n}\sum_{i=1}^{n}|y_i'-y_i| \tag{11.7}$$

式中：n 为特征样本值个数；y_i 为样本 i 的真实值；y 为样本 i 真实值的平均值；y_i' 为样本 i 的预测值。

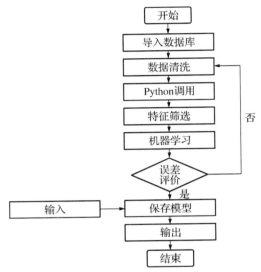

图 11.9 混凝土数据库调用流程图

11.2.4 神经网络训练原理

人工神经网络（ANN）[13]是由大量处理单元互联组成的非线性、自适应信息处理系统，神经网络模型主要考虑网络连接的拓扑结构、神经元的特征、学习规则等，属于并行分布式系统，采用了与传统人工智能和信息处理技术完全不同的机理，克服了传统的基于逻辑符号的人工智能在处理直觉、非结构化信息方面的缺陷，具有自适应、自组织和实时学习的特点。

人工神经网络由输入层（Input）、隐含层（Hidden）和输出层（Output）组成，每层存在相应的神经元，层与层之间采用全互连方式，同一层之间不存在相互连接，隐含层可以有一层或多层。

神经元（Neuron）是组成人工神经网络的基本单元，其主要是用于接收输入信号处理并输出信号，以模拟真实生物中的神经元功能结构。神经元基本结构如图11.10 所示，每个神经元有多个输入和一个输出，不同的输入信号与神经元之间连接着不同的权重系数，权重值可正可负，正向表示信号激活，负向表示信号被抑制。不同权值的输入信号传入神经元后进行加权求和，另外在神经元中引入一个外部偏置,根据偏置的正负和大小相应调整激活函数的输入信号,在进行非线性变换后与神经元偏置阈值进行比较,从而判断是否激活该神经元,若超出阈值,则输出信号。

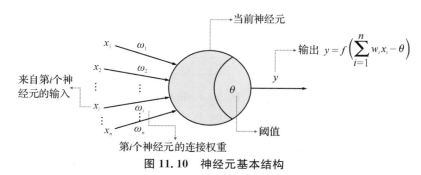

图 11.10 神经元基本结构

激活函数(Activation Function)即使得神经元发生非线性变换的功能函数,它对加权求和后的神经元数值进行了非线性映射,并将映射后的数值作为神经元输出信号输出[14]。激活函数通常具备以下特征:

(1)连续可导的非线性函数,可数值优化求解;

(2)尽可能简单,便于提高网络计算效率;

(3)函数值域需在(0,1)区间内,保证训练的稳定性。

理想激活函数为图 11.11(a)所示的阶跃函数,无论输入信号为多少,输出值只映射为"0"或"1","0"对应神经元抑制,"1"代表神经元兴奋。但阶跃函数不连续可导,图 11.10(b)所示的 sigmoid 函数更常用于作为神经元内的激活函数。sigmoid 函数把输入信号值非线性映射至(0,1)区间内,以限制神经元的输出振幅。

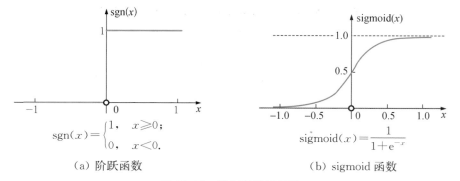

$$\text{sgn}(x)=\begin{cases}1, & x\geqslant 0;\\0, & x<0.\end{cases}$$

(a)阶跃函数

$$\text{sigmoid}(x)=\frac{1}{1+e^{-x}}$$

(b)sigmoid 函数

图 11.11 神经元激活函数

人工神经网络模型通过调整权值和偏置的大小,将抽象的逻辑推理问题转变

成了包含许多参数求解的数学统计问题,如下公式所示:

$$u_k = \sum_{i=1}^{m} w_{ik} x_i \qquad (11.8)$$

$$y_k = f(u_k + b_k) \qquad (11.9)$$

式中,i 为第 i 个输入信号;m 为输入信号的个数;x_i 为输入信号 i 的值;w_{ik} 为神经元 k 中输入信号 i 的权重值;b_k 为神经元 k 的偏置阈值;f 为神经元 k 的激活函数;y_k 为神经元 k 的输出信号值。

反向传播人工神经网络(Back Propagation Artificial Neural Network,简称 BP-ANN)是一种多层前馈神经网络,如图 11.12 所示,BP 神经网络的层数一般在三层或三层以上,包括输入层、输出层和中间的若干隐含层,每层都由若干神经元组成,层与层之间采用全互连方式,同一层之间不存在相互连接,隐含层可以有一层或多层[15]。

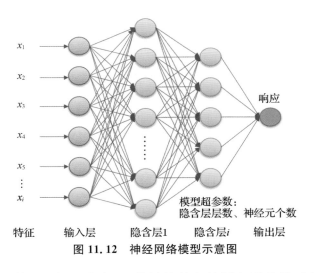

图 11.12　神经网络模型示意图

BP 神经网络算法包括两个方面:信号的前向传播和误差的反向传播,即计算实际输出时按从输入到输出的方向进行,而权值和阈值的修正从输出到输入的方向进行。当给网络提供一个输入模式时,该模式由输入层传送到隐含层,经隐含层神经元作用函数处理后传送到输出层,再经由输出层神经元作用函数处理后产生一个输出模式。如果输出模式与期望的输出模式有误差,就从输出层反向将误差逐层传送到输入层,把误差"分摊"给各神经元并修改连接权,使网络实现从输入模式到输出模式的正确映射,对于一组训练模式,可以逐个用训练模式作为输入,反复进行误差检测和反向传播过程,直到不出现误差为止,最终完成学习阶段所需的映射能力。

神经网络误差的反向传播如图 11.13 所示,即首先由输出层开始逐层计算各层神经元的输出误差,然后根据误差梯度下降法来调节各层的权值和阈值,使修改后网络的最终输出能接近期望值,采用梯度下降法计算目标函数的最小值,从而实现复杂模式分类和多维函数映射能力。梯度下降法(图 11.14)是一种常见的一阶优化方法,通常用于求解无约束优化问题[16]。对于连续可导激活函数,当梯度不断下降时可将函数逼近至局部极小值点,若目标函数为凸函数则该方法可确保收敛至全局最优解。

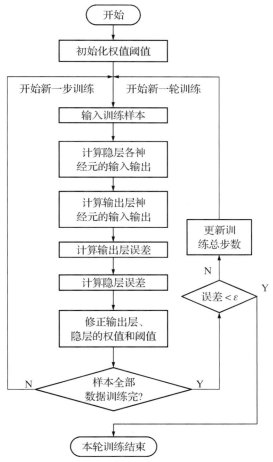

图 11.13 BP 神经网络运行流程图

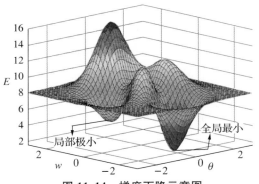

图 11.14　梯度下降示意图

假设一 BP 神经网络为拥有 d 个输入层神经元、l 个输出层神经元和 q 个隐含层神经元的多层前馈网络结构,其中 b_h 为隐含层第 h 个神经元的输出,输出层第 j 个神经元的阈值用 θ_j 表示,隐含层第 h 个神经元的阈值用 γ_h 表示,输入层第 i 个神经元与隐含层第 h 个神经元之间的连接权值为 ν_{ih},隐含层第 h 个神经元与输出层第 j 个神经元之间的连接权值为 ω_{hj}。

隐含层第 h 个神经元接收到的输入为:

$$\alpha_h = \sum_{i=1}^{d} \nu_{ih} x_i \tag{11.10}$$

输出层第 j 个神经元接收到的输入为:

$$\beta_j = \sum_{h=1}^{q} \omega_{hj} b_h \tag{11.11}$$

则神经网络的输出为:

$$\hat{y}_j^k = f(\beta_j - \theta_j) \tag{11.12}$$

神经网络均方误差为:

$$E_k = \frac{1}{2} \sum_{j=1}^{l} (\hat{y}_j^k - y_j^k)^2 \tag{11.13}$$

BP 神经网络基于梯度下降法对参数进行调整,给定模型学习率 η,对均方误差求导可得:

$$\Delta \omega_{hj} = -\eta \frac{\partial E_k}{\partial \omega_{hj}} \tag{11.14}$$

令 $\dfrac{\partial \beta_j}{\partial \omega_{hj}} = b_h$,$g_j = -\dfrac{\partial E_k}{\partial \hat{y}_j^k} \cdot \dfrac{\partial \hat{y}_j^k}{\partial \beta_j}$,$e_h = -\dfrac{\partial E_k}{\partial b_h} \cdot \dfrac{\partial b_h}{\partial \alpha_h}$,则调整后各神经网络参数为:

$$\Delta \omega_{hj} = \eta g_j b_h \tag{11.15}$$

$$\Delta \theta_j = -\eta g_j \tag{11.16}$$

$$\Delta \nu_{ih} = \eta e_h x_i \tag{11.17}$$

$$\Delta \gamma_h = -\eta e_h \tag{11.18}$$

循环上述迭代计算过程,直至训练误差达到目标条件后中止训练,神经网络累积误差为:

$$E = \frac{1}{m} \sum_{k=1}^{m} E_k \tag{11.19}$$

神经网络从初始解出发迭代寻优,每次迭代时先计算误差函数在当前点的梯度以确定搜索方向,若达到局部极小则参数迭代停止,但当误差函数拥有多个局部极小点时参数并未寻至最优解,此时应采用随机梯度下降法计算,从而跳出局部最优陷阱继续搜索。

11.2.5 材料逆向设计方法

现有关于机器学习技术在混凝土材料中的应用大多集中与单目标性能预测,对于多目标配合比优化设计研究相对较少,且未考虑原材料成本价格和碳排放量等约束条件限制[17-18]。传统的 BP 神经网络学习效率低,收敛速度慢,且易陷入局部极小值点。带精英策略的非支配排序遗传算法(Non-dominated Sorting Genetic Algorithm Ⅱ,简称 NSGA-Ⅱ)具有良好的收敛性和全局寻优能力,扩展性强,计算效率高,适合用于混凝土性能预测和多目标配合比优化设计[19]。

NSGA-Ⅱ算法的基本思想流程[20]如图 11.15 所示:首先,随机产生规模为 N 的初始种群,非支配排序后通过遗传算法的选择、交叉、变异三个基本操作得到第一代子代种群;其次,从第二代开始,将父代种群与子代种群合并,进行快速非支配排序,同时对每个非支配层中的个体进行拥挤度计算,根据非支配关系以及个体的拥挤度选取合适的个体组成新的父代种群;最后,通过遗传算法的基本操作产生新的子代种群;依此类推,直到满足程序结束的条件(表 11.2)。

表 11.2 Algorithm:带有精英策略的非支配排序遗传算法

Data:种群个体数 N,最大迭代次数 maxGen;
Result:帕累托最优解集
初始化种群个数,设置种群迭代次数 Gen=1;
while 当前迭代次数 Gen<设置的最大迭代次数 maxGen do
　　当前个体进行交叉和变异,产生子代;
　　评估每个个体的适应度,对个体按照适应度进行非支配排序;
　　对处在同一支配排序等级的个体再进行拥挤距离排序;
　　保留前 50% 的个体进入下一代;
　　更新当前的帕累托最优解;
end

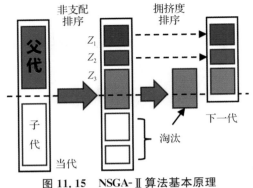

图 11.15 NSGA-Ⅱ算法基本原理

NSGA-Ⅱ引入拥挤距离作为评判个体与相邻个体间距离远近的指标。拥挤距离法用于计算每个解的距离,估计其周围解的密度,以保证种群的内部多样性,如图 11.16 所示。第 i 个个体的拥挤距离设为第 $i+1$ 和第 i 个个体的所有目标函数值之差的和,拥挤距离计算公式如下:

$$i_{\text{distance}} = \sum_{k=1}^{m} \frac{z_k(k+1) - z_k(k-1)}{z_k^{\max} - z_k^{\min}}, \quad 2 \leqslant i \leqslant n-1 \tag{11.20}$$

式中:m 是目标函数的个数;$z_k(i)$ 是第 i 个解的第 k 个目标函数值;$z_k^{\max}$ 和 $z_k^{\min}$ 分别是第 k 个目标函数的最大值和最小值;n 是属于指定前沿的解的个数。

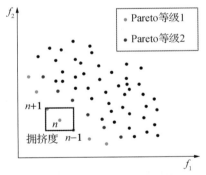

图 11.16 拥挤度距离计算

基于 BP 神经网络的 NSGA-Ⅱ算法是一种混合优化算法[21],它结合了 BP 神经网络和 NSGA-Ⅱ来解决多目标优化问题,通过 BP 神经网络开展混凝土多目标性能预测,得到多目标性能与混凝土配合比的非线性映射关系函数,将其作为对应优化目标的适应度函数,再引入带权重的混凝土原材料成本价格和碳排放量作为另一个优化目标的适应度函数,依据规范和工程要求,建立原材料及配合比之间的约束,采用 NSGA-Ⅱ进行混凝土配合比的多目标优化。BP-NSGA-Ⅱ算法流程图见图 11.17 所示,此结合算法的主要思想是利用神经网络来估计非支配排序和拥挤度距离等参数,以帮助进化算法更好地搜索多目标空间。

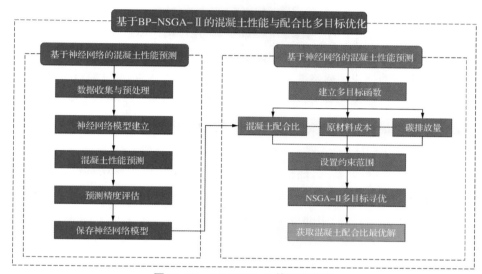

图 11.17 BP-NSGA-Ⅱ算法流程图

BP-NSGA-Ⅱ算法流程具体步骤如下:

步骤 1:建立目标函数。

引入 BP 神经网络算法替代传统公式作为多目标优化算法的适应度函数,可用下式表示输入变量与输出目标之间复杂的非线性关系:

$$\min g_1 = BP(X) \tag{11.21}$$

$$\max g_2 = BP(X) \tag{11.22}$$

式中:X 表示混凝土配合比输入变量组合。

混凝土原材料成本价格与碳排放量作为目标函数,表达式如下:

$$\min g_3 = \sum_{i=1}^{n} \nu_i x_i \tag{11.23}$$

$$\min g_4 = \sum_{i=1}^{n} \sigma_i x_i \tag{11.24}$$

式中:x_i 表示混凝土组成成分;ν_i 表示各个混凝土组成成分的单位质量成本价格;

σ_i 表示各个混凝土组成成分的单位质量碳排放量。

步骤 2：建立目标约束条件。

为了使得生成的配合比方案更加合理可行，需要对方案生成时的一些因素变量设定限制范围，约束条件的一般形式如下：

$$a_{il} < x_i < a_{iu} \tag{11.25}$$

式中：a_{il} 和 a_{iu} 分别表示第 i 个设计参数值限制范围的下限和上限。

步骤 3：BP-NSGA-Ⅱ多目标优化算法。

当目标函数和约束条件都确定下来之后，便可基于 NSGA-Ⅱ算法实现混凝土配合比参数的多目标优化，以确定同时满足混凝土耐久性、强度要求和经济成本、碳排放量最低的最优配合比参数 Pareto 最优解集。

以下是基于 BP 神经网络的 NSGA-Ⅱ算法的具体步骤：

（1）初始化种群：开始时，随机生成或选择一组个体作为初始种群。每个个体代表一个潜在的解决方案。

（2）评估个体：对种群中的每个个体，计算其在多个目标函数上的性能。这些目标函数通常是需要最小化或最大化的指标。

（3）非支配排序和拥挤度计算：应用 NSGA-Ⅱ的非支配排序算法，将个体划分为不同的非支配前沿（Pareto Fronts），并计算拥挤度距离来衡量解决方案在前沿中的分布密度。

（4）BP 神经网络训练：在这一步中，一个 BP 神经网络被用来学习如何为每个个体分配适当的非支配排序等级和拥挤度距离值。神经网络的输入可以包括个体的特征、目标函数值以及当前种群的非支配排序和拥挤度信息。神经网络的输出是为每个个体分配的非支配排序等级和拥挤度距离值。

（5）进化：在神经网络训练后，算法进入进化阶段。在每一代，使用神经网络为个体分配非支配排序等级和拥挤度距离值，然后应用 NSGA-Ⅱ的遗传操作，如交叉和变异，来生成下一代种群。

（6）停止条件：当满足停止条件（如达到最大迭代次数或找到满意的 Pareto 前沿解决方案）时，算法终止。

基于 BP 神经网络的 NSGA-Ⅱ算法的主要优点在于，它可以自适应地学习非支配排序和拥挤度距离参数，从而更好地引导搜索过程。这有助于增加算法的多样性，改进解的分布，以及更快地收敛到 Pareto 前沿。这种算法在解决多目标优化问题时可以提供更好的性能，并且适用于多种应用领域，如工程设计、资源分配和调度等。

11.3　操作流程与算例

11.3.1　界面说明

混凝土大数据库与智能设计系统 V1.0 主界面如图 11.18 所示，界面左侧为树状菜单栏（图 11.19），主要包括【数据库】和【智能设计】两大模块，右侧为具体的操作内容界面。【数据库】模块中包含的【我的数据】、【文献数据】、【实验数据】、【模拟数据】、【理论数据】和【图片数据】，【文献数据】中包含【宏观尺度】、【细观尺度】、【微观尺度】和纳观尺度；【宏观尺度】文献数据库中又涵盖了【氯盐腐蚀】、【硫酸盐腐蚀】、【冻融循环】、【混凝土疲劳】、【混凝土碳化】、【动态力学性能】、【抗压抗折韧性】，以及【ECC】、【UHPC】、【混凝土涂层】、【耐蚀钢筋】、【陶瓷涂层钢筋】和【钢筋阻锈剂】；【智能设计】模块包含【UHPC】、【ECC】和【氯盐腐蚀】等智能设计部分。

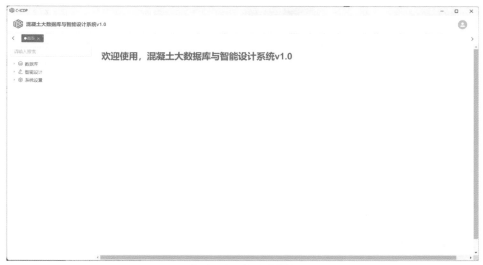

图 11.18　操作界面

图 11.19　操作菜单栏

11.3.2　操作介绍

1）混凝土数据库操作

以【氯盐腐蚀】数据库操作为例。

（1）点击左侧【氯盐腐蚀】子菜单模块可显示【氯盐腐蚀】数据库中存储的各项数据，拖动下方长条可滑动查看更多数据列，如图 11.20 所示。

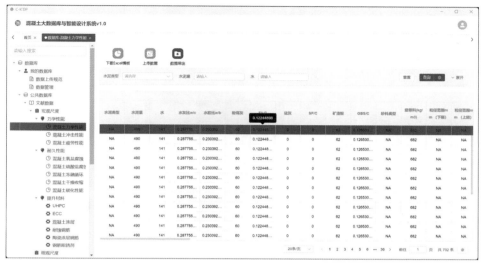

图 11.20　混凝土数据库界面

（2）点击上方【查询】功能可实现各项数据的一键查询，例如【水泥类型】下拉框选择【42.5】，【水泥量】输入框输入【335】，点击右上角【查询】按钮即可在数据库中实现快速检索，调出符合检索条件的数据信息。点击【重置】按钮可一键清除所有检索值，点击【查询】按钮右侧的齿轮小图标可弹出选择菜单，筛选检索条件，点击【展开】按钮可选择更多筛选检索条件（图 11.21）。

图 11.21　数据筛选查询

（3）点击右下方【20 条/页】下拉框可选择每页展示更多条数据（图 11.22），点击不同数字可切换至相应页面，在页数框输入数字可跳转至相应页面，点击右下角齿轮小图标可选择只显示勾选的数据列。

图 11.22　查看更多数据

（4）点击上方【数据导出】按钮可下载氯盐腐蚀数据库数据，弹出文件保存对话框（图 11.23），保存为 Excel 格式。

图 11.23　数据导出

2）智能设计操作

以【UHPC 智能设计】模块为例。

（1）数据处理

点击【数据处理】标签页。

① 数据划分

点击【导入原始数据】调用 UHPC 数据库原始数据集（图 11.24），点击【显示基本信息】在下方表格显示原始数据表，按水泥量是否大于 1 将表格划分为【实际用量表】和【比例用量表】，根据材料用量方式选择相应的表格数据并导入调用。

图 11.24　智能设计界面

② 去除无关字段

勾选需要去掉的无关字段（图 11.25），例如文献编号、引文格式、DOI 号，点击【去除】，【命令窗口】显示无关字段已删除。

水泥类型	水泥量	水	水灰比w/c	水胶比w/b	粉煤灰	FA/C	硅灰	SF/C	矿渣粉	GBS/C	砂料类型
2	550	190	0.345454545	0.271428571	0	0	150	0.272727273	0	0	2
2	550	190	0.345454545	0.271428571	0	0	150	0.272727273	0	0	2
2	550	190	0.345454545	0.271428571	0	0	150	0.272727273	0	0	2
2	550	190	0.345454545	0.271428571	0	0	150	0.272727273	0	0	2
2	550	190	0.345454545	0.271428571	0	0	150	0.272727273	0	0	2
2	550	190	0.345454545	0.271428571	0	0	150	0.272727273	0	0	2

图 11.25　调用数据库数据

③ 缺失值处理

选择【特征缺失值超过以下比例则删除】的特征比例(图 11.26),例如此处填【70%】,点击【缺失值信息统计】,【命令窗口】显示缺失值信息,点击【缺失值补充】,【命令窗口】提示缺失值补充完成,且删除了缺失比例过大的字段。

图 11.26　缺失值处理

④ 异常值处理

点击【绘制箱线图】绘制数据箱线图,弹框展示数据箱线图(图 11.27)。

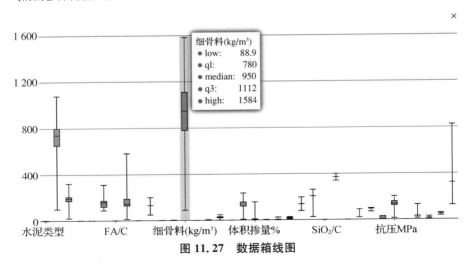

图 11.27　数据箱线图

点击【异常值统计】信息显示在【命令窗口】中,点击【异常值处理】显示异常值处理完成(图 11.28)。

图 11.28　异常值处理

(2) 特征分析

点击【特征分析】模块。

① 特征重要性排序

点击【选择特征】下拉框可勾选添加需要比较的特征(图 11.29),例如水泥量、

图 11.29　特征分析界面

水、水灰比 W/C、水胶比 W/B、粉煤灰、硅灰、矿渣粉,选择目标【抗压 MPa】,勾选【随机森林算法】,点击【开始排序计算】,排序结果显示在右侧,可查看比较各特征重要性(图 11.30)。

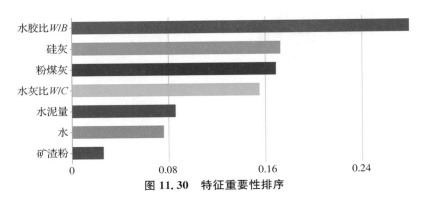

图 11.30　特征重要性排序

② 绘制特征分布图

点击【绘制散点图】、【绘制分布矩阵】和【绘制相关性矩阵】可分别查看各数据间的散点图、分布矩阵和相关性(图 11.31),点击【查看大图】可查看所有图。

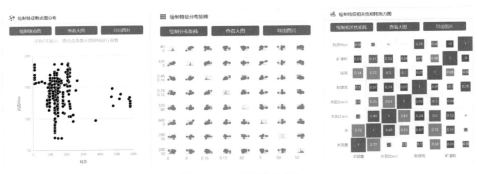

图 11.31　特征分布图

(3) 神经网络训练

点击【神经网络训练】模块。

① 数据集划分

神经网络训练界面如图 11.32 所示,选择特征与目标,将训练集划分为 80% 的【训练集】和 20% 【测试集】(图 11.33),勾选【随机化】,随机种子设为 42,勾选【归一化】,归一化范围为 0~1,勾选【标准化】,均值为 0,标准差为 1。

图 11.32　神经网络训练界面

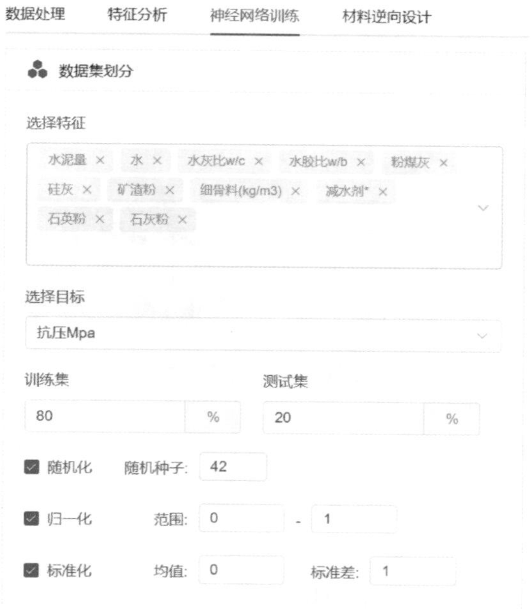

数据处理　　特征分析　　**神经网络训练**　　材料逆向设计

🔷 **数据集划分**

选择特征

水泥量 ×　水 ×　水灰比w/c ×　水胶比w/b ×　粉煤灰 ×
硅灰 ×　矿渣粉 ×　细骨料(kg/m3) ×　减水剂* ×
石英粉 ×　石灰粉 ×

选择目标

抗压Mpa

训练集　　　　　　　测试集

80　　% 　　　20　　%

☑ 随机化　随机种子: 42

☑ 归一化　范围: 0 － 1

☑ 标准化　均值: 0　标准差: 1

图 11.33　数据集划分

② 神经网络模型训练

设置神经网络模型参数(图 11.34),【隐藏层层数】设为 2,【隐藏层节点数】设为 100 和 50,【激活函数】选择 relu 函数,【优化器】选择 lbfgs,【权重衰减系数】为 0.001,【学习率】选择 constant,【最大迭代次数】选择 500,【随机种子】选择 42,点击【开始训练】,提示训练成功,点击【误差计算】,模型训练误差显示在表格中(图 11.35),点击【拟合结果图】显示测试值与预测值的拟合效果比较折线与散点图(图 11.36),点击【保存模型】保存训练模型。

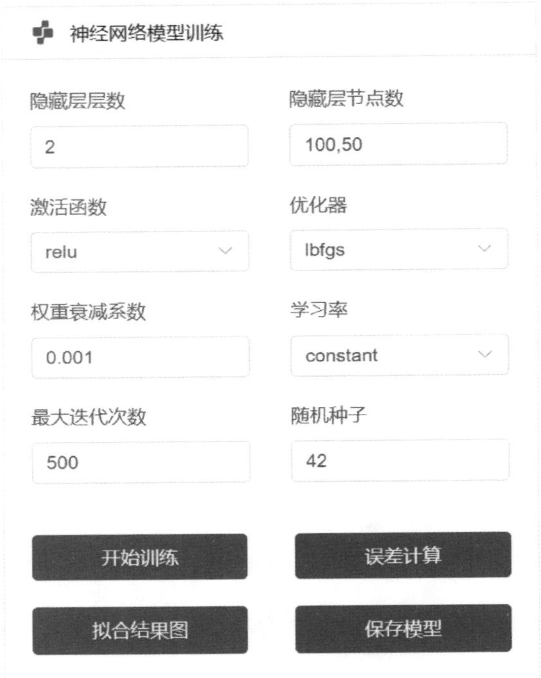

图 11.34 神经网络模型参数

均方误差 (MSE)	均方根误差 (RMSE)	平均绝对误差 (MAE)	决定系数 (R²)
195.58	13.99	9.38	0.78

图 11.35 预测误差

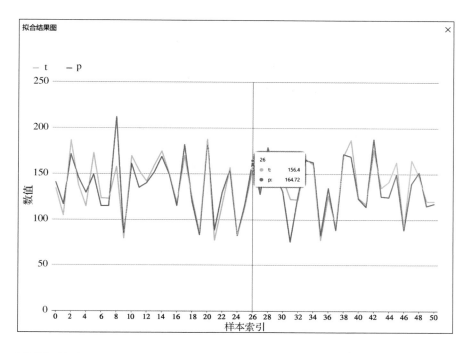

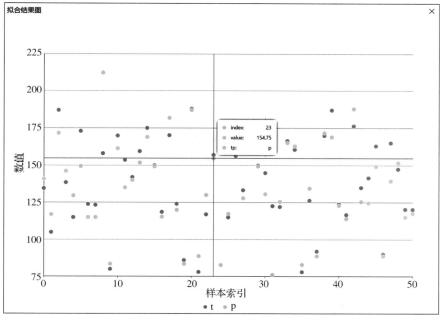

图 11.36　拟合结果图

③ 数据预测

点击【添加一行】按钮手动添加预测集数据,弹出【目标参数输入】对话框(图 11.37),手动输入完各项材料用量数据后(图 11.38),点击【确定】,点击【开始预测】按钮,在右图显示预测结果(图 11.39)。

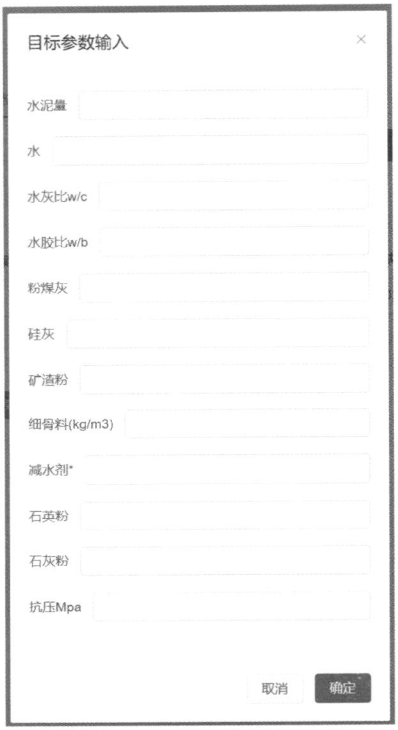

图 11.37　目标参数输入

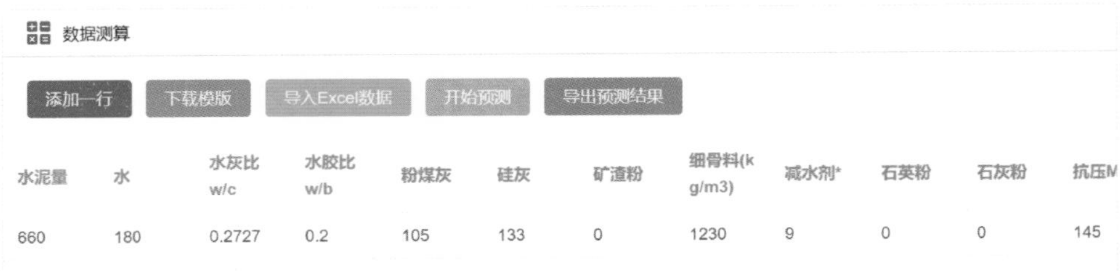

水泥量	水	水灰比 w/c	水胶比 w/b	粉煤灰	硅灰	矿渣粉	细骨料(k g/m3)	减水剂*	石英粉	石灰粉	抗压M
660	180	0.2727	0.2	105	133	0	1230	9	0	0	145

图 11.38　手动添加数据

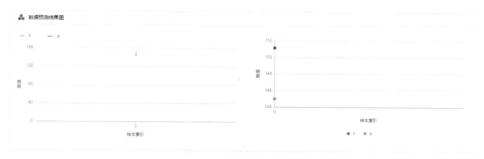

图 11.39　数据预测结果对比

或者点击【下载模版】(图 11.40),输入需要预测的数据并保存,点击【导入Excel 数据】导入预测集(图 11.41),点击【开始预测】按钮开始机器学习预测,右图显示预测结果,点击【导出预测结果】可导出查看预测结果(图 11.42)。

图 11.40　下载模版

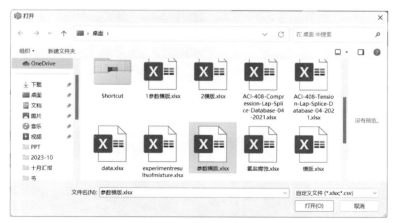

图 11.41　导入 Excel 数据预测

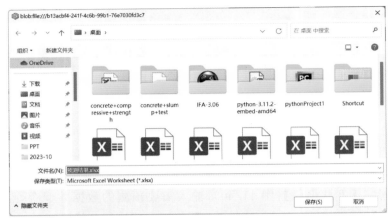

图 11.42　导出预测结果

（4）材料逆向设计

点击【材料逆向设计】模块。

① 约束条件设置

材料逆向设计界面如图 11.43 所示,填入各原材料成本价格和碳排放量,取默认值,设置权重占比,例如成本权重占比 70%,碳排放占比 30%,点击【数据拆分】按钮将经数据处理后的数据表拆分为【配比数据表】和【目标数据表】(图 11.44),命令行窗口提示拆分完成,点击【成本计算】和【碳排放计算】分别计算成本和碳排放,命令行窗口提示计算完成(图 11.45)。

图 11.43　材料逆向设计界面

图 11.44　数据拆分

图 11.45　成本和碳排放计算

② 神经网络训练

设置神经网络训练参数（图 11.46），划分 70%的数据为训练集，15%为验证集，15%为测试集，训练函数为 trainscg，训练最大迭代次数为 5，Pareto 分数为 0.45，种群大小为 10，点击【开始训练】，命令行窗口提示开始启动 matlab 软件执行神经网络训练，等待片刻后提示神经网络训练完成（图 11.47）。

图 11.46　神经网络参数设置

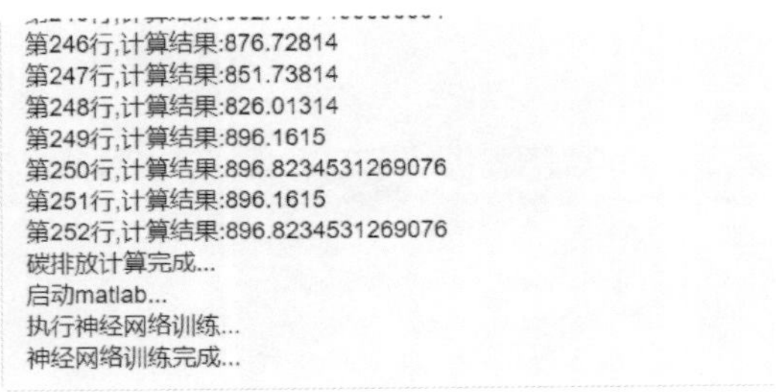

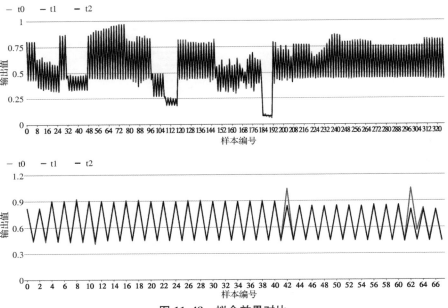

第246行,计算结果:876.72814
第247行,计算结果:851.73814
第248行,计算结果:826.01314
第249行,计算结果:896.1615
第250行,计算结果:896.8234531269076
第251行,计算结果:896.1615
第252行,计算结果:896.8234531269076
碳排放计算完成...
启动matlab...
执行神经网络训练...
神经网络训练完成...

图 11.47　神经网络训练

点击【拟合对比】查看拟合效果(图 11.48),点击【误差对比】查看优化前后的预测误差对比情况(图 11.49)。

t0
t1
t2
1
0.75
0.5
0.25
0
输出值
0 8 16 24 32 40 48 56 64 72 80 88 96 104 112 120 128 136 144 152 160 168 176 184 192 200 208 216 224 232 240 248 256 264 272 280 288 296 304 312 320
样本编号
t0
t1
t2
1.2
0.9
0.6
0.3
0
输出值
0 2 4 6 8 10 12 14 16 18 20 22 24 26 28 30 32 34 36 38 40 42 44 46 48 50 52 54 56 58 60 62 64 66
样本编号

图 11.48　拟合效果对比

③ 逆向设计

点击【添加一行】弹出目标参数输入对话框(图 11.50),输入各优化目标参数,点击【确定】,点击【预加载】上传数据,或者点击【下载模版】填入目标参数并保存(图 11.51),点击【导入 Excel 数据】导入 Excel 文件(图 11.52),点击【开始预测】按钮,命令行窗口提示启动 Matlab 软件执行配比预测,等待片刻后提示配比预测完成,点击右侧【查看结果】按钮查看配比预测结果(图 11.53),点击【导出数据】导出配比预测结果(图 11.54)。

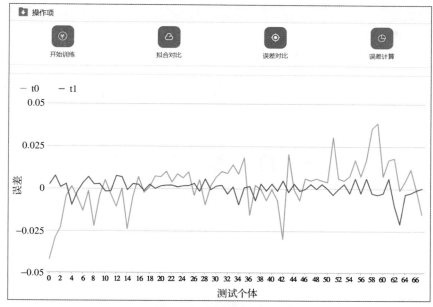

图 11.49　误差效果对比

图 11.50　目标参数输入

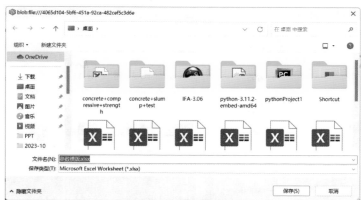

图 11.51　参数模板下载

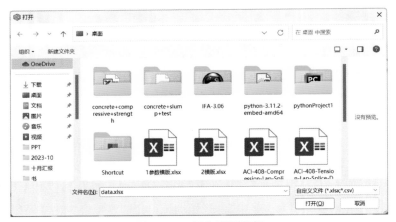

图 11.52　导入预测数据

图 11.53　显示预测结果

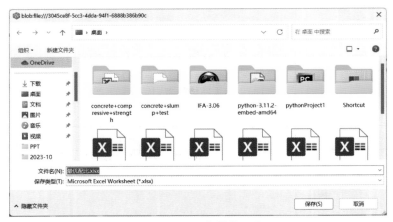

图 11.54　导出最优配比

11.3.3 算例及结果验证

1）算例 1：UHPC 材料机器学习训练预测与逆向设计

点击【智能设计】—【UHPC】子菜单。

第一步【数据处理】部分，通过【导入原始数据】，去除【文献编号】、【引文格式】和【DOI 号】等无关字段，开展【缺失值补充】和【异常值处理】。

第二步【神经网络训练】部分（图 11.55），选择混凝土基本材料特征【水泥量】、【水】、【水灰比 W/C】、【水胶比 W/B】、【粉煤灰】、【硅灰】、【矿渣粉】、【细骨料】、【减水剂】、【石英粉】、【石灰粉】等，选择【抗压强度】为训练目标，将数据集划分为 80% 的训练集和 20% 的测试集，勾选【随机化】、【归一化】和【标准化】，隐藏层层数为 2，每个隐藏层神经元个数分别为 100 和 50，开始训练得到训练拟合对比结果（图 11.56），模型训练误差列于表 11.3 中。

图 11.55　神经网络训练参数设置

表 11.3　神经网络模型训练误差

均方误差（MSE）	均方根误差（RMSE）	平均绝对误差（MAE）	决定系数（R^2）
115.04	10.73	8.03	0.87

通过提取文献[22]数据列于表 11.4 中，导入表中数据作为预测集，基于训练好的机器学习模型开展神经网络预测，数据预测拟合对比结果见图 11.57 中，神经网络模型预测误差列于表 11.5 内，预测值与真实值间的平均误差为 −2.4%，误差范围为 −11.7%～16.8%，表明预测结果较为准确。

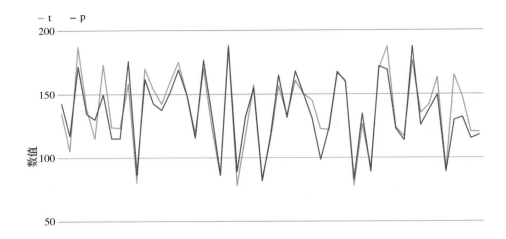

图 11.56　训练拟合对比结果

表 11.4　文献[22]预测集数据

水泥量	水	水灰比 W/C	水胶比 W/B	粉煤灰	硅灰	矿渣粉	细骨料	减水剂	石英粉	石灰粉	抗压强度/MPa
660	180	0.272 7	0.2	105	133	0	1 230	9	0	0	145
660	163.26	0.247 4	0.18	105	133	0	1 230	9	0	0	147.6
660	172.33	0.261 1	0.19	105	133	0	1 230	9	0	0	153.1
660	181.4	0.274 8	0.2	105	133	0	1 230	9	0	0	146.2
660	190.47	0.288 6	0.21	105	133	0	1 230	9	0	0	122.8
660	199.54	0.302 3	0.22	105	133	0	1 230	9	0	0	107.9
660	180	0.272 7	0.2	105	133	0	870.72	9	0	0	127.2
660	180	0.272 7	0.2	105	133	0	1 052.12	9	0	0	143.4
660	180	0.272 7	0.2	105	133	0	1 233.52	9	0	0	145.8
660	180	0.272 7	0.2	105	133	0	1 414.92	9	0	0	156.3
660	180	0.272 7	0.2	105	133	0	1 596.32	9	0	0	137.1

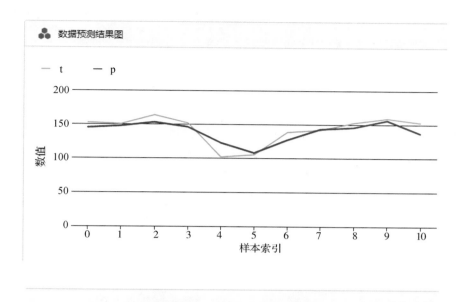

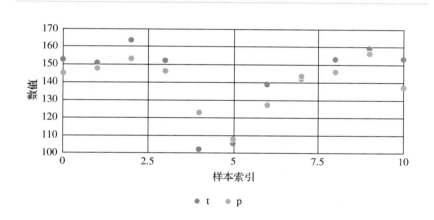

图 11.57 数据预测拟合对比结果图

表 11.5 神经网络模型预测误差

均方误差(MSE)	均方根误差(RMSE)	平均绝对误差(MAE)	决定系数(R^2)
100.20	10.01	8.13	0.47

2）算例 2：混凝土抗压力学性能机器学习训练预测与逆向设计

点击【智能设计】—【抗压抗折韧性】子菜单。

第一步【数据处理】部分，通过【导入原始数据】，去除【文献编号】、【引文格式】和【DOI 号】等无关字段，开展【缺失值补充】和【异常值处理】。

第二步【神经网络训练】部分（图 11.58），选择混凝土基本材料特征【水泥量】、【水】、【粉煤灰】、【硅灰】、【矿渣粉】、【细骨料】、【粗骨料】、【外加剂】、【温度】、【湿度】、【龄期】等，选择【抗压强度】为训练目标，将数据集划分为 80％的训练集和 20％的测试集，勾选【随机化】、【归一化】和【标准化】，隐藏层层数为 2，每个隐藏层神经元个数分别为 100 和 50，开始训练得到训练拟合对比结果（图 11.59），模型训练误差列于表 11.6 中。

图 11.58　神经网络参数设置

表 11.6　神经网络模型训练误差

均方误差（MSE）	均方根误差（RMSE）	平均绝对误差（MAE）	决定系数（R^2）
54.89	7.41	5.17	0.73

通过提取文献[23]数据列于表 11.7 中，导入表中数据作为预测集，基于训练好的机器学习模型开展神经网络预测，数据预测拟合对比结果见图 11.60 中，神经网络模型预测误差列于表 11.8 内，预测值与真实值间的平均误差为 8.4％，表明预测结果较为准确。

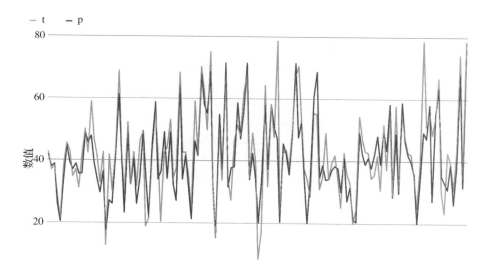

图 11.59 拟合结果对比

表 11.7 文献[23]预测集数据

水泥量	水	粉煤灰	细骨料	粗骨料	外加剂	钢渣	温度/℃	湿度/%	龄期/d	抗压/MPa
188	143	188	840	1 018	1.88	0	20	90	7	24.5
188	143	132	840	1 018	1.88	56	20	90	7	23.2
188	143	94	840	1 018	1.88	94	20	90	7	31.1
188	143	56	840	1 018	1.88	132	20	90	7	28.6
188	143	0	840	1 018	1.88	188	20	90	7	28.8
311	134	167	725	1 071	4.665	0	20	90	7	49.3
311	134	117	725	1 071	4.665	50	20	90	7	48.9
311	134	84	725	1 071	4.665	84	20	90	7	53.7
311	134	50	725	1 071	4.665	117	20	90	7	49.8
311	134	167	725	1 071	4.665	167	20	90	7	51
188	143	188	840	1 018	1.88	0	20	90	28	39.3
188	143	132	840	1 018	1.88	56	20	90	28	37.9
188	143	94	840	1 018	1.88	94	20	90	28	40.2
188	143	56	840	1 018	1.88	132	20	90	28	33.6
188	143	0	840	1 018	1.88	188	20	90	28	32.5

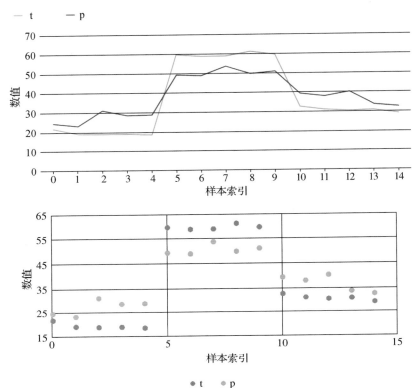

图 11.60　数据预测拟合对比结果

表 11.8　神经网络模型预测误差

均方误差(MSE)	均方根误差(RMSE)	平均绝对误差(MAE)	决定系数(R^2)
67.73	8.22	7.60	0.31

11.4　参考文献

[1] 邱锡鹏. 神经网络与深度学习[M]. 北京:机械工业出版社,2020.

[2] 周志华. 机器学习[M]. 北京:清华大学出版社,2016.

[3] 宋庆功,常斌斌,董珊珊,等. 机器学习及其在材料研发中的作用[J]. 材料导报,2022,36(1): 183－189.

[4] Guo S, Agarwal M, Cooper C, et al. Machine learning for metal additive manufacturing: towards a physics-informed data-driven paradigm[J]. Journal of Manufacturing Systems, 2022,62:145－163.

［5］赖根明,焦君宇,蒋耀,等.机器学习原子势在锂金属负极中的应用［J］.硅酸盐学报,2023,51
(2):469－475.

［6］Xu P,Chen H,Li M,et al. New opportunity:machine learning for polymer materials design
and discovery［J］. Advanced Theory Simulations,2022,5(5):2100565.

［7］刘晓,王思迈,卢磊,等.机器学习预测混凝土材料耐久性的研究进展［J］.硅酸盐学报,2023,
51(8):2062－2073.

［8］唐运军,孙舒畅.机器学习中的特征工程方法［J］.汽车实用技术,2020(12):70－72.

［9］邓建新,单路宝,贺德强,等.缺失数据的处理方法及其发展趋势［J］.统计与决策,2019,35
(23):28－34.

［10］George A,Vidyapeetham A. Anomaly detection based on machine learning:dimensionality
reduction using PCA and classification using SVM［J］. International Journal of Computer
Applications,2012,47(21):5－8.

［11］Couronné R,Probst P, Boulesteix A L. Random forest versus logistic regression:a large-
scale benchmark experiment［J］. BMC Bioinformatics, 2018,19:1－14.

［12］李国良,周煊赫,孙佶,等.基于机器学习的数据库技术综述［J］.计算机学报,2020,43(11):
2019－2049.

［13］Zupan J. Introduction to artificial neural network(ANN) methods:what they are and how to
use them［J］. Acta Chimica Slovenica,1994,41:327－327.

［14］Asaad R R,Ali R I. Back Propagation Neural Network(BPNN) and sigmoid activation function in
multi-layer networks［J］. Academic Journal of Nawroz University,2019,8(4):216－221.

［15］Dai H,MacBeth C. Effects of learning parameters on learning procedure and performance of
a BPNN［J］. Neural networks,1997,10(8):1505－1521.

［16］Amari S-i. Backpropagation and stochastic gradient descent method［J］. Neurocomputing,
1993,5(4/5):185－196.

［17］王鹏博,尹冠生,冯俊杰,等.基于 NSGA-Ⅱ与熵权 TOPSIS 法的混杂纤维再生混凝土配合
比多目标优化［J］.硅酸盐通报,2022,41(12):4189－4201.

［18］吴贤国,王雷,陈虹宇,等.基于随机森林—NSGA Ⅱ高性能混凝土耐久性配合比的多目标
优化研究［J］.材料导报,2022,36(17):111－117.

［19］Seshadri A. A fast elitist multiobjective genetic algorithm:NSGA-Ⅱ［J］. MATLAB Central,
2006,182:182－197.

［20］路艳雪,赵超凡,吴晓锋,等.基于改进的 NSGA-Ⅱ多目标优化方法研究［J］.计算机应用研
究,2018,35(6):1733－1737.

［21］韩斌,王建栋,李少平,等.基于 BP-NSGAⅡ模型的湿喷混凝土参数多目标优化研究［J］.矿
业研究与开发,2022,42(5):173－178.

［22］沈磊.C 140 超高性能混凝土制作与性能试验研究［J］.建筑科技,2018,2(3):96－99.

［23］宋少民,闫少杰,刘小端.铁尾矿微粉对大流态混凝土性能的影响研究［J］.混凝土,2017,
337(11):77－80.

第四部分

工程案例

12.1　跨海大桥

12.1.1　服役环境和工程需求

1）服役环境条件

该跨海大桥可分为跨海段和陆域段,其中跨海段因桥梁部位不同而受到环境作用各不相同。海域段的承台为水下区和潮汐区,墩身为潮汐区和浪溅区,箱梁为大气区。考虑到桥梁将受到海水的直接侵蚀,测试该区域的海水成分,其结果如表 12.1 所示。

表 12.1　海水化学成分分析

潮位	Cl^- /(mg/L)	SO_4^{2-} /(mg/L)	Ca^{2+} /(mg/L)	Mg^{2+} /(mg/L)	pH	总固体 /(mg/L)	总硬度 (毫克当量/L)
高潮位	18 989.9	3 389.9	325	973	7.7	19 021	84.1
低潮位	15 236.1	1 090.4	263	782	7.6	14 265	51.2

2）工程需求

该跨海大桥投资巨大,其设计服役寿命为 100 年。

3）耐久性参数

本节选取该跨海大桥面临的环境作用最恶劣的结构部位(承台、墩柱、箱梁)作为主要研究对象,计算分析其混凝土结构服役寿命。经过对该地区的其余钢筋混凝土大桥的调研分析,确定了该地区跨海桥梁混凝土结构的耐久性参数,如表 12.2 所示。

表 12.2　该地区跨海大桥耐久性参数

输入参数		承台混凝土	墩身混凝土	箱梁混凝土
环境参数	表面氯离子浓度/%	$N(5.5,1.3)$	$N(3.5,0.8)$	$N(1.5,0.5)$

续表 12.2

输入参数		承台混凝土	墩身混凝土	箱梁混凝土
材料参数	氯离子扩散系数/($\times 10^{-12}$ m²/s)		$N(1.5, 0.075)$	
	时间依赖系数	0.35	0.37	0.57
	临界氯离子浓度/%		$N(0.4, 0.08)$	
构造参数	保护层厚度/mm	80	75	40

12.1.2 混凝土结构服役寿命计算分析

1) 混凝土结构服役寿命分析

基于表 12.1,结合第 10.2.2 节提供的混凝土结构分项系数计算方法,不同可靠度指标下,混凝土结构的表面氯离子浓度、氯离子扩散系数和临界氯离子浓度的分项系数计算结果如表 12.3 所示:

表 12.3　分项系数取值表

可靠度指标	分项系数	承台混凝土	墩身混凝土	箱梁混凝土
1.28	γ_s	1.015 0	1.012 9	1.018 3
	γ_D	1.060 6	1.056 5	1.040 9
	γ_{Ccr}	1.088 9	1.135 6	1.244 7
2.57	γ_s	1.038 7	1.032 5	1.042 7
	γ_D	1.120 8	1.112 1	1.080 8
	γ_{Ccr}	1.207 3	1.332 1	1.663 7
3.72	γ_s	1.067 9	1.056 2	1.069 8
	γ_D	1.174 0	1.160 8	1.115 6
	γ_{Ccr}	1.344 7	1.588 8	2.388 2

基于表 12.2 和表 12.3 提供的混凝土结构耐久性参数,结合第 10.2.2 节提供的计算方法,可计算获得混凝土结构服役寿命。同时,由于混凝土结构耐久性参数是由实际工程测试得到,无需额外考虑环境温度、湿度和结合能力对氯离子扩散系数的影响,工程采样所测氯离子扩散系数均已经涵盖上述因素的影响,则基于第 10.2.2 章提供的混凝土结构服役寿命预测方法,在混凝土结构多目标性能预测系统 V1.0 的【寿命预测】模块输入上述参数,可得到如表 12.4 所示的混凝土结构服役寿命计算结果:

表 12.4　混凝土结构服役寿命计算分析　　　　　　　　单位：年

可靠度指标	承台混凝土	墩身混凝土	箱梁混凝土
非可靠度计算	153.53	199.37	371.88
1.28	136.06	170.99	271.28
2.57	119.51	144.41	191.16
3.72	105.69	122.46	132.85

依据表中所述耐久性参数，按照第 10.2.2 节提供的耐久性参数的分项系数计算式，可得到出该大桥承台、墩身及箱梁服役寿命在上述可靠度指标情况下均满足 100 年服役寿命要求。

2）考虑耐蚀钢筋的混凝土结构服役寿命分析

该大桥工程中应用新型耐蚀钢筋材料，该类型钢筋临界氯离子浓度是普通钢筋的 5 倍左右。使用该钢筋后可降低混凝土保护层厚度或放宽混凝土扩散系数要求从而在一定程度上起到降低工程成本的效应。

（1）保护层厚度不变

在考虑混凝土保护层厚度和各类可靠度指标不变的情况下，可计算出在保持大桥 100 年服役寿命前提下，可允许的混凝土氯离子扩散系数最大值，其结果如表 12.5 所示。

表 12.5　考虑耐蚀钢筋的混凝土结构服役寿命计算分析——保护层厚度不变

可靠度指标	承台混凝土		墩身混凝土	
	氯离子扩散系数/$(10^{-12}\ m^2/s)$	服役寿命/年	氯离子扩散系数/$(10^{-12}\ m^2/s)$	服役寿命/年
非可靠度计算	8.5	100.69	21.5	100.26
1.28	6.5	108.64	14.0	101.22
2.57	5.5	102.59	9.0	104.69
3.72	4.5	102.70	6.5	100.81

由于箱梁混凝土表面氯离子浓度小于耐蚀钢筋临界氯离子浓度，则可认为在箱梁中使用耐蚀钢筋可不考虑耐久性问题，箱梁保护层后续需满足构造设计。由表可知，当保证率为 90% 时，在保持桥梁承台 80 mm 保护层厚度情况下，采用耐蚀钢筋后承台混凝土氯离子扩散系数可由 $1.5\times10^{-12}\ m^2/s$ 放宽到 $6.5\times10^{-12}\ m^2/s$，墩身混凝土在保护层厚度为 75 mm 时，其氯离子扩散系数可由 $1.5\times10^{-12}\ m^2/s$

放宽到 14.0×10^{-12} m²/s；当保证率为 95% 时，在保持桥梁承台 80 mm 保护层厚度情况下，采用耐蚀钢筋后承台混凝土氯离子扩散系数可由 1.5×10^{-12} m²/s 放宽到 5.5×10^{-12} m²/s，墩身混凝土在保护层厚度为 75 mm 时，其氯离子扩散系数可由 1.5×10^{-12} m²/s 放宽到 9.0×10^{-12} m²/s；当保证率为 99.9% 时，在保持桥梁承台 80 mm 保护层厚度情况下，采用耐蚀钢筋后承台混凝土氯离子扩散系数可由 1.5×10^{-12} m²/s 放宽到 4.5×10^{-12} m²/s，墩身混凝土在保护层厚度为 75 mm 时，其氯离子扩散系数可由 1.5×10^{-12} m²/s 放宽到 6.5×10^{-12} m²/s。

（2）混凝土性能不变

在考虑混凝土性能和各类可靠度指标不变的情况下，可计算出在保持大桥 100 年服役寿命前提下混凝土保护层厚度最小值，其结果如表 12.6 所示。

表 12.6　考虑耐蚀钢筋的混凝土结构服役寿命计算分析——混凝土性能不变

可靠度指标	承台混凝土		墩身混凝土	
	混凝土保护层厚度/mm	服役寿命/年	混凝土保护层厚度/mm	服役寿命/年
非可靠度计算	35	110.58	20	102.53
1.28	40	119.03	25	105.63
2.57	45	121.61	35	142.20
3.72	50	123.13	40	128.35

由表可知，在保持桥梁承台混凝土氯离子扩散系数 1.5×10^{-12} m²/s 情况下，当保证率为 90% 时，采用耐蚀钢筋后保护层厚度可由 80 mm 放宽到 40 mm。墩身保护层厚度则可由 75 mm 放宽到 25 mm；当保证率为 95% 时，采用耐蚀钢筋后保护层厚度可由 80 mm 放宽到 45 mm。墩身保护层厚度则可由 75 mm 放宽到 35 mm；当保证率为 99.9% 时，采用耐蚀钢筋后保护层厚度可由 80 mm 放宽到 50 mm。墩身保护层厚度则可由 75 mm 放宽到 40 mm。混凝土保护层厚度仍需满足构造措施要求。

（3）保护层厚度和混凝土性能协同优化

在上述两个寿命预测过程中，分别固定了混凝土保护层厚度和混凝土性能参数，为进一步给出更合理的桥梁混凝土结构耐久性方案，本节基于耐蚀钢筋性能，综合考虑保护层厚度以及混凝土氯离子扩散系数，计算出保障 100 年服役寿命的混凝土结构耐久性设计参数，其结果如表 12.7 所示。

表 12.7　考虑耐蚀钢筋的混凝土结构服役寿命计算分析

可靠度指标	承台混凝土			墩身混凝土		
	混凝土保护层厚度/mm	氯离子扩散系数/（10^{-12} m²/s）	服役寿命/年	混凝土保护层厚度/mm	氯离子扩散系数/（10^{-12} m²/s）	服役寿命/年
非可靠度计算	55	4.0	101.20	40	6.0	102.53
1.28	60	3.5	114.21	50	6.0	105.63
2.57	60	3.0	106.31	55	5.0	100.71
3.72	65	3.0	101.54	60	4.0	105.54

由表 12.7 可知,当采用耐蚀钢筋后,可同时调整跨海桥梁承台、墩身的混凝土保护层厚度和氯离子扩散系数。对于该工程情况,仍有多种搭配方案满足混凝土结构百年服役寿命要求,可根据实际需求进行选取。

12.2　滨海城际铁路

12.2.1　服役环境和工程需求

1）服役环境条件

项目沿线城市历年年平均气温最高 14.3 ℃,历年年平均相对湿度在 60%～65%之间,历年最冷月平均气温在 −1.2 ℃～−4.6 ℃之间。项目途径滨海盐田地区,该区域地表水中氯离子含量超 75 000 mg/L,高于普通海水(20 000 mg/L)的 3.5 倍,硫酸根离子含量已超过 17 000 mg/L,高于普通海水(2 200 mg/L)的 7.5 倍,远超出《铁路混凝土结构耐久性设计规范》(TB 10005—2010)规定的 Y4 等级。另外,氯盐环境的作用等级为 L3、化学侵蚀环境的作用等级为 H4,均为严重侵蚀环境,属于强腐蚀环境。加之该区域属于冻融环境,盐冻腐蚀损伤更为显著。

因此,上述强腐蚀区域的桥梁桥墩、承台等混凝土结构耐久性问题十分突出,导致混凝土结构安全性降低,从而影响到桥梁铁路的运营。为保障桥梁结构的耐久性和安全性,需针对混凝土服役寿命、性能提升等开展专项研究。

2）工程需求

该项目的建设对于促进区域内产业协同发展,加快推进地区经济发展具有重要意义,其设计服役寿命为 100 年。

12.2.2　墩承台混凝土性能

1) 原材料与配合比

混凝土采用的原材料均符合《铁路混凝土结构耐久性设计规范》(TB 10005)、《铁路混凝土》(TB/T 3275)、《铁路混凝土工程施工质量验收标准》(TB 10424)、《通用硅酸盐水泥》(GB 175)、《用于水泥和混凝土中的粉煤灰》(GB/T 1596)、《建设用砂》(GB/T 14684)、《建设用卵石、碎石》(GB/T 14685)、《混凝土外加剂》(GB 8076)、《混凝土抗侵蚀抑制剂》(JC/T 2553)及其他相关标准中对混凝土原材料的性能要求。

依据相关规定设置四种墩承台混凝土配比,如表 12.8 所示:

表 12.8　墩承台耐腐蚀混凝土的配合比　　　　　　单位:kg/m³

编号	水泥	粉煤灰	防腐流变剂	抗侵蚀抑制剂	细骨料	粗骨料 5～10 mm	粗骨料 10～20 mm	水
DCT-1♯	336	144	—	—	667	327	762	140
DCT-2♯	336	144	—	24	667	327	762	116
DCT-3♯	288	144	48	—	667	327	762	140
DCT-4♯	288	144	48	24	667	327	762	116

2) 力学性能

墩承台混凝土的抗压强度如图 12.1 所示。可以看出,DCT-1♯～DCT-4♯混凝土抗压强度随龄期的增长不断增加,28 d 抗压强度即达到 C50 强度等级。对比 DCT-1♯和 DCT-2♯可知,DCT-2♯混凝土的各龄期抗压强度均略低于 DCT-1♯混凝土,表明抗侵蚀性抑制剂的掺入不会显著降低混凝土的力学性能。对比 DCT-1♯和 DCT-3♯可以看出,DCT-3♯混凝土的 3 d 抗压强度略低于 DCT-1♯混凝土,7 d 和 28 d 的抗压强度与 DCT-1♯混凝土相当,56 d 和 90 d 抗压强度甚至略高于 DCT-1♯混凝土,表明防腐流变剂的掺入同样不会

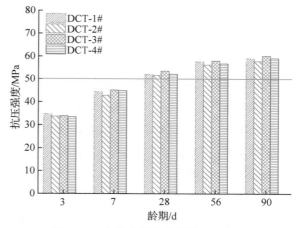

图 12.1　墩承台混凝土的抗压强度

显著影响混凝土的力学性能,尽管 3 d 混凝土的抗压强度略有降低,但随着龄期的延长,掺防腐流变剂混凝土的抗压强度持续增长直至超过对照组。

3）氯离子扩散系数

墩承台混凝土的电通量和氯离子扩散系数试验结果如图 12.2 所示。DCT-1♯～DCT-4♯混凝土的 56 d 电通量小于 1 000 C,56 d 氯离子扩散系数小于 3.0×10^{-12} m²/s,均满足《铁路混凝土结构耐久性设计规范》（TB 10005）中关于设计使用年限为 100 年、强度等级为 C50 混凝土的密实度及抗氯离子渗透性能要求。相比于 DCT-1♯混凝土,DCT-2♯混凝土的电通量降低约 31%,氯离子扩

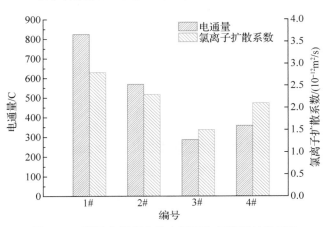

图 12.2　墩承台混凝土的电通量和氯离子扩散系数

散系数降低约 18%,表明抗侵蚀抑制剂的掺入能够提高混凝土的密实度,同时抑制氯离子在混凝土内部的传输,这主要是由于抗侵蚀抑制剂中含有堵孔组分,通过细化混凝土内部孔隙结构,最终降低侵蚀性离子传输速率。对比 DCT-1♯ 和 DCT-3♯混凝土可以看出,掺加防腐流变剂后混凝土的电通量可降低约 65%,氯离子扩散系数可降低约 54%,表明防腐流变剂对于混凝土密实度以及抗氯离子渗透性能的改善作用更为显著,这主要是由于防腐流变剂的掺入一方面可以降低 C_3A 和 C_3S 的含量,消耗氢氧化钙和铝酸盐水化产物,减少了硫酸盐侵蚀物含量,导致难以生成会劣化混凝土耐久性的钙矾石和石膏等物质,另一方面防腐流变剂中的高活性粉体材料通过二次火山灰反应产生的较低 Ca/Si 的 C-S-H 凝胶,不仅能够细化填充水泥石内部孔隙结构,改善界面过渡区微观缺陷,还能对氯离子产生物理吸附作用,大幅降低氯离子在混凝土中的渗透扩散速率。对比 DCT-1♯ 和 DCT-4♯混凝土可以看出,掺加抗侵蚀抑制剂和防腐流变剂后混凝土的电通量可降低约 57%,氯离子扩散系数可降低约 25%,表明双掺抗侵蚀抑制剂和防腐流变剂对于混凝土的密实度和抗氯离子渗透性能的改善作用并未达到"1＋1＞2"的效果,究其原因可能是抗侵蚀抑制剂的堵孔封闭作用与防腐流变剂的 C-S-H 凝胶密实填充效应之间存在一定的"相互制约"。

4）干燥收缩

墩承台混凝土的干燥收缩率试验结果如图 12.3 所示。可以看出除 DCT-1♯混凝土的 56 d 干燥收缩率大于 $400×10^{-6}$ 外，DCT-2♯～DCT-4♯混凝土的 56 d 干燥收缩率均小于 $400×10^{-6}$，表明抗侵蚀抑制剂和防腐流变剂的掺入均能改善墩承台混凝土的体积稳定性。根据墩承台混凝土 56～180 d 的干燥收缩率变化情况，可以看出 DCT-3♯混

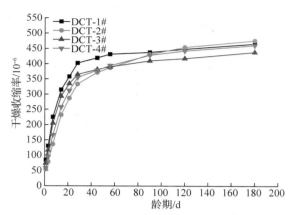

图 12.3　墩承台混凝土的干燥收缩率

凝土的干燥收缩率最低，其次是 DCT-4♯混凝土，最后是 DCT-2♯混凝土。值得注意的是，DCT-2♯混凝土的 180 d 干燥收缩率甚至高于 DCT-1♯混凝土。

12.2.3　墩承台混凝土多目标性能计算分析

1）力学性能

图 12.4　混凝土水化微结构

依据表 12.8 中提供的混凝土原材料和配合比信息，结合本书第 3 章的【构建微结构】模块计算方法，建立混凝土的水化微结构模型，以 DCT-1♯配合比为例，水泥-粉煤灰二元体系水化 28d 的微结构模型如图 12.4 所示。

其次，点击软件【计算细骨料堆积结构】模块，系统根据混凝土配合比自动计算细骨料体积分数，建立细骨料堆积模型如图 12.5（a）所示；然后，点击【计算粗骨料堆积结构】模块，系统计算粗骨料体积分数并建立其堆积结构模型，如图 12.5（b）所示。

混凝土水化微结构以及骨料堆积模型建立完毕后，进入混凝土多尺度力学性能计算模块。点击【加载模型】对所建立的水化微结构模型、细骨料堆积模型以及粗骨料堆积模型进行加载，其次点击【计算净浆力学性能】分析净浆抗压力学性能，计算得到净浆的抗压强度为 35.5 MPa；净浆抗压力学性能计算完成后，系统自动进入【计算砂浆力学性能】模块，通过施加荷载分析，得到砂浆的抗压强度为 48.5 MPa；

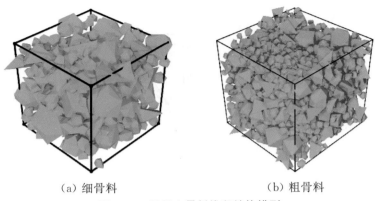

（a）细骨料　　　　　　（b）粗骨料

图 12.5　混凝土骨料堆积结构模型

砂浆强度计算完成后,系统进入【计算混凝土力学性能】模块,经计算得到,混凝土的抗压强度预测值为 57.7MPa,而测试强度约为 52.5 MPa,二者误差为 9.9%。逐尺度计算得到的净浆、砂浆以及混凝土的抗压应力-应变曲线如图 12.6 所示。

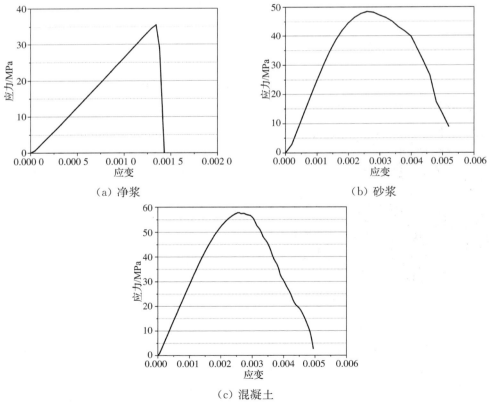

（a）净浆　　　　　　　　　　　（b）砂浆

（c）混凝土

图 12.6　混凝土多尺度力学性能

2）干燥收缩

工程案例中混凝土试件尺寸 100 mm×100 mm×515 mm，水胶比 0.3，粗骨料体积分数为 40％左右，密度 2 700 kg/m³，粒径范围为 5～20 mm，室外养护环境湿度为 60％，混凝土立方体受压强度 60 MPa，具体混凝土配合比如表 12.8 所示。

基于 Fick 第二定律和塑性损伤模型，研究了低湿度环境下混凝土内部的湿度场分布、干燥收缩裂纹分布和干燥收缩应变的经时演变规律。混凝土二维随机骨料模型、湿度场分布、干燥收缩裂纹分布和干燥收缩应变随时间的变化规律。如图 12.7 所示。

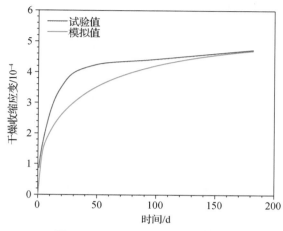

图 12.7 混凝土收缩计算分析

3）氯离子扩散系数

依据上述提供的混凝土原材料和四组配合比信息，基于本书第 3 章的构建微结构模块计算方法，首先计算出硬化水泥浆体的水化产物体积分数如表 12.9 所示。通过统计水化产物的体积分数，为计算出硬化水泥浆体的氯离子扩散系数提供了基础参数。

表 12.9 硬化水泥浆体物相体积分数

编号	Φ_{HD}	Φ_{LD}	Φ_{CH}	Φ_{AF}	Φ_{cap}	Φ_{u}
DCT-1#	0.22	0.03	0.03	0.46	0.14	0.12
DCT-2#	0.23	0.01	0.03	0.46	0.13	0.14
DCT-3#	0.24	0.01	0.02	0.48	0.15	0.10
DCT-4#	0.21	0.02	0.02	0.48	0.13	0.14

表中，Φ_{HD}、Φ_{LD}、Φ_{CH}、Φ_{AF}、Φ_{cap} 和 Φ_{u} 分别是低密度 C-S-H 凝胶、高密度 C-S-H 凝胶、氢氧化钙、铝酸盐相、毛细孔和未水化水泥的体积分数。基于硬化水泥浆体的物相体积分数以及配合比中骨料的体积分数，使用本书第 7 章介绍的求解氯离子扩散系数的多尺度计算方法，分别计算出硬化水泥浆体、砂浆以及混凝土的氯离子扩散系数，其结果如表 12.10 所示。

表 12.10　氯离子扩散系数　　　　　　　单位：10^{-13} m^2/s

编号	硬化水泥浆体	砂浆	混凝土
DCT-1♯	4.10	7.37	4.35
DCT-2♯	0.82	1.16	0.66
DCT-3♯	6.46	13.61	8.01
DCT-4♯	2.31	3.81	2.16

　　墩承台混凝土的电通量和氯离子扩散系数试验结果见图 12.2,本系统计算结果与报道结果相近或处于同一数量级,结果较为可靠。

　　4)混凝土结构服役寿命预测

　　由于滨海城际铁路途径盐田区域,该区域所处环境受盐侵蚀、冻融、干湿循环等作用影响,混凝土损伤剥落风险较高,在此分别考虑混凝土不发生保护层损伤剥落和混凝土损伤剥落后保的服役寿命。

　　(1)不考虑保护层损伤剥落

　　该项目墩承台混凝土结构分项系数取值可参考表 10.3 进行。其耐久性计算参数如表 12.11 所示:

表 12.11　混凝土结构耐久性参数

	输入参数	DCT-1	DCT-2	DCT-3	DCT-4
环境参数	表面氯离子浓度/(mg/L)	80 000			
	γ_s	1.40			
	温度/℃	14.5			
材料参数	氯离子扩散系数计算值/(10^{-12} m^2/s)	2.73	1.98	3.13	2.20
	氯离子扩散系数实测值/(10^{-12} m^2/s)	2.80	2.30	1.50	2.10
	γ_D	2.35			
	孔隙率	0.139	0.129	0.149	0.132
	时间依赖系数	0.630 4			
	氯离子结合系数	0.29	0.37	0.29	0.37
	临界氯离子浓度/%	0.05%混凝土质量分数			
	γ_{cr}	1.06			
构造参数	保护层厚度/mm	70			
	保护层厚度裕度值/mm	10			

　　不考虑混凝土保护层损伤剥落的情况下,上述四种配合比混凝土结构服役寿

命预测如表 12.12 所示,均满足百年服役需求。

表 12.12 不考虑混凝土保护层损伤剥落的混凝土结构服役寿命 单位:年

服役寿命计算参数	DCT-1	DCT-2	DCT-3	DCT-4
扩散系数计算值	186.74	305.69	149.27	266.18
扩散系数实测值	180.79	256.04	367.08	281.29

（2）考虑保护层损伤剥落

经第 10.2.2 节推荐,Δx_s 和 Δx_{FT} 硫酸盐侵蚀和冻融引起的混凝土保护层剥落厚度 Δx_s 和 Δx_{FT} 按团体标准《严酷环境下混凝土结构耐久性设计标准》(T/CECS 1203—2022)规定计算方法获取,具体混凝土结构构造参数如表 12.13 所示:

表 12.13 混凝土结构耐久性参数

构造参数	DCT-1	DCT-2	DCT-3	DCT-4
保护层厚度/mm		70		
保护层厚度裕度值/mm		10		
保护层剥落厚度值/(mm/年)		0.5		

考虑混凝土保护层损伤剥落的情况下,在混凝土结构多目标性能预测系统 V1.0 的【寿命预测】模块中,选择【硫酸盐侵蚀环境】或【冻融环境】,激活的选项框【保护层剥落厚度】中输入保护层厚度裕度值和保护层剥落厚度之和,可得到考虑保护层腐蚀剥落的混凝土结构服役寿命。结果显示,上述四种配合比混凝土结构服役寿命预测如表 12.14 所示,均不满足百年服役需求,应采用耐久性提升措施。

表 12.14 考虑混凝土保护层损伤剥落的混凝土结构服役寿命 单位:年

服役寿命计算参数	DCT-1	DCT-2	DCT-3	DCT-4
扩散系数计算值	45.07	55.65	40.35	52.68
扩散系数实测值	44.38	51.85	59.53	53.87

（3）考虑耐久性提升技术的混凝土结构服役寿命预测

该工程应用阻锈剂和耐蚀钢筋,掺 3% 胶凝材料质量分数的阻锈剂后钢筋锈蚀临界氯离子浓度可提升 3 倍;该工程中使用的耐蚀钢筋临界氯离子浓度提升 10 倍,在混凝土结构多目标性能预测系统 V1.0 的【寿命预测】模块中,勾选使用阻锈剂、特种钢筋,分别输入/选择阻锈剂提高临界氯离子浓度倍数和耐蚀钢筋,可得到混凝土结构服役寿命。在不使用耐久性措施抑制保护层损伤剥落的情况下,混凝土结构服役寿命预测如表 12.15 所示：

表 12.15　考虑耐久性提升措施的混凝土结构服役寿命　　　单位：年

服役寿命计算参数		DCT-1	DCT-2	DCT-3	DCT-4
使用阻锈剂	扩散系数计算值	70.52	79.43	65.83	76.96
	扩散系数实测值	69.99	76.67	80.47	77.83
使用耐蚀钢筋	扩散系数计算值	257.13	852.78	117.58	581.76
	扩散系数实测值	249.44	727.15	299.87	611.85

使用耐蚀钢筋的混凝土结构服役寿命均达到服役要求。

5）智能设计预测

依据上述工程数据中提供的墩承台混凝土原材料和配合比信息（表 12.16），结合本书第 11 章的混凝土智能设计计算模块，开始以混凝土抗压强度为目标响应的神经网络训练预测。

表 12.16　墩承台混凝土原材料配合比和性能信息

原材料/(kg/m³)						环境养护条件			性能
水泥量	水	粉煤灰	细骨料	粗骨料	外加剂	温度/℃	湿度/%	龄期/d	抗压/MPa
336	140	144	667	1 089	0	13.5	62	3	35
336	140	144	667	1 089	0	13.5	62	7	45
336	140	144	667	1 089	0	13.5	62	28	52
336	140	144	667	1 089	0	13.5	62	56	58
336	140	144	667	1 089	0	13.5	62	90	59
336	116	144	667	1 089	24	13.5	62	3	33
336	116	144	667	1 089	24	13.5	62	7	43
336	116	144	667	1 089	24	13.5	62	28	51
336	116	144	667	1 089	24	13.5	62	56	56
336	116	144	667	1 089	24	13.5	62	90	58
288	140	144	667	1 089	48	13.5	62	3	34
288	140	144	667	1 089	48	13.5	62	7	46
288	140	144	667	1 089	48	13.5	62	28	53
288	140	144	667	1 089	48	13.5	62	56	58
288	140	144	667	1 089	48	13.5	62	90	60
288	116	144	667	1 089	72	13.5	62	3	33

原材料/(kg/m³)						环境养护条件			性能
水泥量	水	粉煤灰	细骨料	粗骨料	外加剂	温度/℃	湿度/%	龄期/d	抗压/MPa
288	116	144	667	1 089	72	13.5	62	7	45
288	116	144	667	1 089	72	13.5	62	28	52
288	116	144	667	1 089	72	13.5	62	56	57
288	116	144	667	1 089	72	13.5	62	90	59
288	140	96	728	1 048	103.34	20	90	3	32.8
288	140	96	728	1 048	103.34	20	90	7	47.6
288	140	96	728	1 048	103.34	20	90	28	76.2
288	140	96	728	1 048	103.34	20	90	56	80
288	140	96	728	1 048	103.34	20	90	90	81.4

点击【智能设计】—【抗压抗折韧性】子菜单。

第一步【数据处理】部分(图 12.8),通过【导入原始数据】,去除【水灰比 W/C】、【水胶比 W/B】、【FA/C】、【SF/C】、【GBS/C】、【A/C】、【OM/C】、【文献编号】、【引文格式】和【DOI 号】等无关字段,完成【缺失值补充】和【异常值处理】。

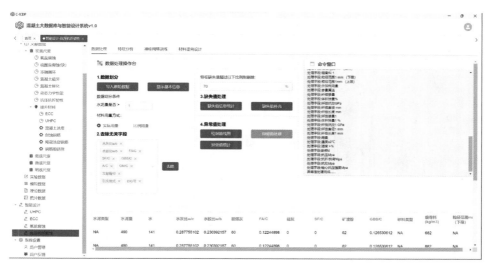

图 12.8　数据处理

第二步【神经网络训练】部分(图 12.9),选择混凝土基本材料特征【水泥量】、【水】、【粉煤灰】、【硅灰】、【矿渣粉】、【细骨料】、【粗骨料】、【外加剂】、【温度】、【湿度】、【龄期】等,选择【抗压强度】为训练目标,将数据集划分为 80% 的训练集和

20％的测试集,勾选【随机化】、【归一化】和【标准化】,隐藏层层数为 2,每个隐藏层神经元个数分别为 100 和 50,优化器选择 adam,开始训练得到训练拟合对比结果(图 12.10),模型训练误差列于表 12.17 中。

图 12.9　神经网络训练

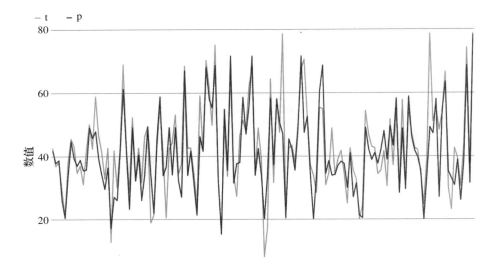

图 12.10　训练拟合对比结果

表 12.17　神经网络模型训练误差

均方误差(MSE)	均方根误差(RMSE)	平均绝对误差(MAE)	决定系数(R^2)
54.89	7.41	5.17	0.73

导入表 12.17 中的实际工程数据作为预测集,基于训练好的机器学习模型开展神经网络预测,数据预测拟合对比结果见图 12.11 中,神经网络模型预测值与真实值间的平均误差为 3.7%,误差在允许范围内,表明系统预测结果较为准确。

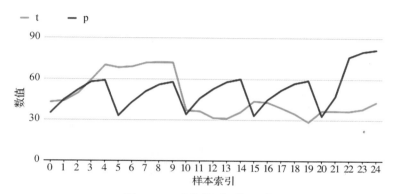

图 12.11　预测拟合对比结果

12.3　海底隧道

12.3.1　服役环境和工程需求

项目所在城市年平均气温 13 ℃,月平均最低气温为-4.5 ℃,极端最低气温为-16.9 ℃。工程所处海域平均水深 7 m 左右,最大水深 65 m,其中湾口最大水深 42 m。工程在不同地段的 19 个钻孔中抽取了地下水样,发现海域氯离子浓度最高 18 930.54 mg/L,硫酸根离子浓度最高 3 788.01 mg/L,钙离子浓度最高 1 866.95 mg/L,镁离子浓度最高 1 296.34 mg/L。滨海陆域段和海域段的混凝土结构在服役过程将面临高浓度的氯离子腐蚀,钢筋混凝土在氯离子环境中锈蚀风险较高。

12.3.2　衬砌混凝土性能

1)原材料与配合比

原材料单位 A:水泥:P·I 52.5 水泥;粉煤灰:I 级粉煤灰;磨细矿粉:S95 级

矿粉;砂:河砂,过 5 mm 筛;碎石:石灰石 5～10 mm、10～20 mm 粒径,粗细比为 6：4 组合;减水剂:A 类、B 类。

原材料单位 B:水泥:P·Ⅰ 52.5 水泥;粉煤灰:Ⅰ级粉煤灰;磨细矿粉:S95 级矿粉;砂:中砂;碎石:石灰石 5～20 mm 粒径;减水剂:A 类、C 类。

充分考虑混凝土减水剂,以及纤维、膨胀剂等因素,现场实验室衬砌混凝土配合比如表 12.18 所示:

表 12.18　混凝土配合比　　　　　　　　　单位:kg/m³

编号	原材料单位	水泥	矿粉	粉煤灰	砂	石	水	抗裂措施	减水剂	
									种类	含量
A	单位 A	250	145	75	730	1 095	150～155	—	A	5.2～5.6
B	单位 A	250	145	75	730	1 095	150～155	—	B	5.2～5.6
C	单位 A	250	113	60	730	1 095	150～155	47 kg 膨胀剂	B	5.2～5.6
D	单位 B	250	145	75	730	1 095	150～155	—	A	5.2～5.6
E	单位 B	250	145	75	730	1 095	150～155	—	C	5.2～5.6
F	单位 B	250	145	75	730	1 095	150～155	0.8 kg PP 纤维	C	5.2～5.6

2）力学性能

为保证隧道衬砌混凝土的力学性能和耐久性能,设计中要求隧道衬砌混凝土的强度等级达到 C50,表 12.19 为混凝土的抗压强度。由表 12.19 可知:二衬 C50 混凝土 3 d 强度在 25～37 MPa 之间,早期强度满足设计和施工要求;混凝土中掺加膨胀剂、纤维,不会降低混凝土早期强度,其 7 d 和 28 d 强度发展正常。总体而言,混凝土的早期强度发展迅速,有利于施工;后期强度发展正常,有利于混凝土耐久性的发挥。

表 12.19　混凝土抗压强度　　　　　　　　　单位:MPa

龄期	A	B	C	D	E	F
3 d	33.5	35.3	37.0	25.9	33.8	33.7
7 d	48.9	51.3	45.3	40.1	50.2	50.2
28 d	61.4	62.2	61.6	56.8	62.9	55.2

3）氯离子扩散系数

为了保证该隧道 100 年服役寿命要求,衬砌混凝土设计氯离子扩散系数要求

小于 4×10^{-12} m^2/s。衬砌混凝土试件养护温度为 20 ℃,测试不同系列混凝土氯离子扩散系数如表 12.20 所示。

表 12.20　衬砌混凝土氯离子扩散系数 　　　　　单位:10^{-12} m^2/s

配比	A	B	C	D	E	F
28 d	0.745	0.762	0.369 1	0.243 1	0.483 7	0.481 7

由表 12.20 可知:现场实验室二衬 C50 系列混凝土 28 d 氯离子扩散系数在 $2.4\sim7.6\times10^{-13}$ m^2/s,远小于设计值 4×10^{-12} m^2/s,满足设计要求。

12.3.3　衬砌混凝土多目标性能计算分析

1) 力学性能

依据表 12.18 中提供的混凝土原材料和配合比信息,结合第 3 章的【构建微结构】模块计算方法,建立混凝土的水化微结构模型,以编号 A 配合比为例,建立水泥-矿渣-粉煤灰三元体系水化微结构模型(图 12.12):

图 12.12　混凝土水化微结构

其次,分别点击【计算细骨料堆积结构】与【计算粗骨料堆积结构】模块,系统根据混凝土配合比自动计算细骨料及粗骨料的体积分数,建立得到细骨料与粗骨料堆积模型如图 12.13 所示。

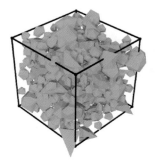
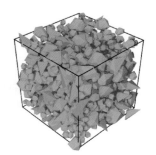

(a)细骨料　　　　　　　　(b)粗骨料

图 12.13　混凝土骨料堆积结构模型

随后,点击【加载模型】,加载水化微结构模型、细骨料堆积模型以及粗骨料堆积模型进行,通过【计算净浆力学性能】分析净浆抗压力学性能,计算得到净浆的抗压强度为 32.5 MPa;净浆抗压力学性能计算完成后,系统自动进入【计算砂浆力学性能】模块,通过施加荷载分析,得到砂浆的抗压强度为 45.3 MPa;砂浆强度计算完成后,系统进入【计算混凝土力学性能】模块,经计算得到,混凝土的抗压强度预测值为 54.5 MPa,而测试强度约为 61.4 MPa,二者误差为 11.2%。逐尺度计算得到的净浆、砂浆以及混凝土的抗压应力-应变曲线如图 12.14 所示。

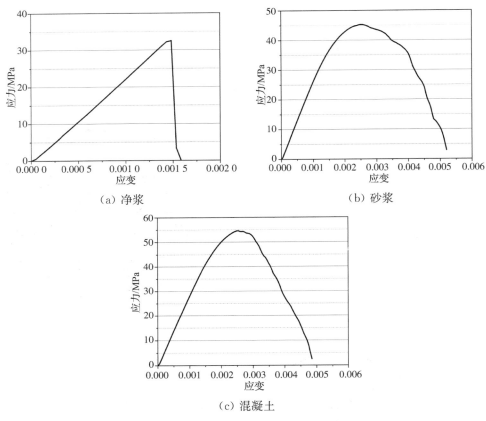

（a）净浆　　　　　　　　　　　（b）砂浆

（c）混凝土

图 12.14　混凝土多尺度力学性能

2）衬砌混凝土结构服役寿命

衬砌混凝土位于海底岩石中,海域海底 20 m 以内岩体中地下水量较大,其下部岩体富水性和渗透系数显著降低,地下水量减少,陆域部分相对地下水量较小。工程海域段地下水主要接受海水补充,其成分基本与海水类似,甚至有些地段由于海水中盐分在岩石中沉积,导致其氯离子浓度甚至高于海水中氯离子浓度。隧道所在海域最高氯离子浓度为 18 895.71 mg/L,考虑盐分沉积带来的氯离子浓度升高,衬砌混凝土结构服役寿命计算时偏安全地考虑表面氯离子浓度为 20 000 mg/L,环境湿度为 100%。此外,其余混凝土结构耐久性参数取值如表 12.21 所示。

表 12.21　隧道混凝土耐久性参数

输入参数		衬砌混凝土					
环境参数	表面氯离子浓度/(mg/L)	20 000					
	γ_s	$\beta=1.28$		$\beta=2.57$		$\beta=3.72$	
		1.20		1.40		1.70	
	环境温度/℃	13					
	环境湿度/%	100					
材料参数	氯离子扩散系数/ ($\times10^{-12}$ m²/s)	A	B	C	D	E	F
		0.745	0.762	0.369 1	0.243 1	0.483 7	0.481 7
	孔隙率	0.180	0.180	0.188	0.180	0.180	0.180
	γ_D	$\beta=1.28$		$\beta=2.57$		$\beta=3.72$	
		1.50		2.35		3.25	
	时间依赖系数	0.37					
	氯离子结合系数	0.20					
	临界氯离子浓度/%	0.05%(混凝土质量分数)					
	γ_{cr}	$\beta=1.28$		$\beta=2.57$		$\beta=3.72$	
		1.03		1.06		1.20	
构造参数	保护层厚度/mm	60					
	保护层裕度值/mm	$\beta=1.28$		$\beta=2.57$		$\beta=3.72$	
		8		14		20	

　　基于表 12.21 提供的混凝土结构耐久性参数,结合第 10.2.2 节提供的计算方法,在混凝土结构多目标性能预测系统 V1.0 的【寿命预测】模块输入上述参数,可得到如表 12.22 所示的混凝土结构服役寿命计算结果:

表 12.22　隧道衬砌混凝土结构服役寿命计算分析　　　　单位:年

可靠度指标	A	B	C	D	E	F
1.28	581.10	567.74	1 190.85	1 817.20	904.53	908.36
2.57	227.83	222.36	477.81	734.59	360.43	362.00
3.72	83.44	81.18	186.35	292.08	138.03	138.67

由于该工程是国内建设较早的海底隧道,其重要性不言而喻,因此工程选择混凝土配合比时按最高可靠度指标进行,CDEF 组混凝土样品满足 100 年服役寿命要求。

3)智能设计预测

依据上述工程数据中提供的隧道衬砌混凝土原材料和配合比信息(表 12.23),结合本书第 11 章的混凝土智能设计计算模块,开始以混凝土抗压强度为目标响应的神经网络训练预测。

表 12.23　隧道衬砌混凝土原材料配合比和性能信息

| 原材料/(kg/m³) | | | | | | | | 环境养护条件 | 性能 |
水泥量	水	粉煤灰	矿渣粉	细骨料	粗骨料	外加剂	纤维掺量	龄期/d	抗压/MPa
250	152.5	75	145	730	1 095	5.4	0	3	25.9
250	152.5	75	145	730	1 095	5.4	0.8	3	33.7
250	152.5	75	145	730	1 095	5.4	0	7	40.1
250	152.5	75	145	730	1 095	5.4	0.8	7	50.2
250	152.5	75	145	730	1 095	5.4	0	28	56.8
250	152.5	75	145	730	1 095	5.4	0.8	28	55.2

点击【智能设计】—【抗压抗折韧性】子菜单。

第一步【数据处理】部分,通过【导入原始数据】,去除【文献编号】、【引文格式】和【DOI 号】等无关字段,完成【缺失值补充】和【异常值处理】。

第二步【神经网络训练】部分(图 12.15),选择混凝土基本材料特征【水泥量】、【水】、【粉煤灰】、【矿渣粉】、【细骨料】、【粗骨料】、【外加剂】、【纤维掺量】、【龄期】等,选择【抗压强度】为训练目标,将数据集划分为 80% 的训练集和 20% 的测试集,勾选【随机化】、【归一化】和【标准化】,隐藏层层数为 2,每个隐藏层神经元个数分别为 100 和 50,优化器选择 adam,开始训练得到训练拟合对比结果(图 12.16),模型训练误差列于表 12.24 中。

表 12.24　神经网络模型训练误差

均方误差(MSE)	均方根误差(RMSE)	平均绝对误差(MAE)	决定系数(R^2)
66.34	8.14	6.11	0.67

导入表 12.24 中的实际工程数据作为预测集,基于训练好的机器学习模型开展神经网络预测,数据预测拟合对比结果见图 12.17 中,神经网络模型预测值与真实值间的平均误差为 4.9%,误差在允许范围内,表明系统预测结果较为准确。

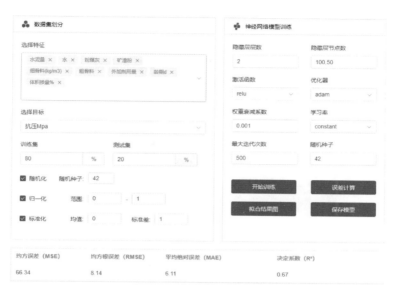

图 12.15 神经网络训练

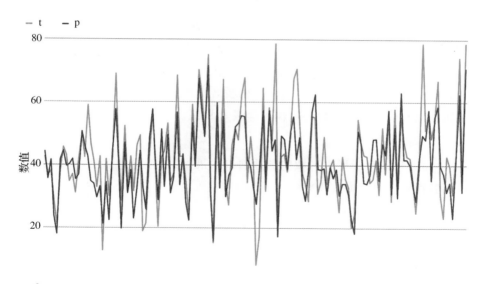

图 12.16 训练拟合对比结果

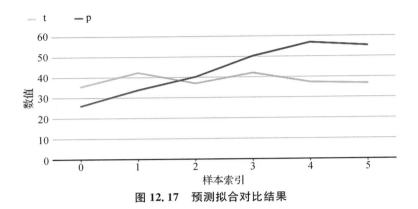

图 12.17 预测拟合对比结果

12.4 滨海公路跨河大桥

12.4.1 服役环境和工程需求

1）服役环境条件

工程紧邻化工园区，地勘报告显示工程途经地区存在盐渍土，根据工程调研调研数据和实际工程环境监测数据显示，工程沿线氯离子浓度最高 13 958.4 mg/L，硫酸根离子浓度最高 700 mg/L。按照《公路工程混凝土结构防腐蚀技术规范》（JTG/T B07—01）要求，北引桥区潜水、微承压水对混凝土具弱腐蚀性，北引桥桩基及承台环境作用等级为 C 级；主桥、南引桥区潜水及微承压水对混凝土具强腐蚀性，主桥及南引桥桩基及承台环境作用等级为 D 级。

2）工程需求

该项目的建设对于促进区域内产业协同发展，加快推进地区经济发展具有重要意义，其设计服役寿命为 100 年。

12.4.2 公路桥梁混凝土性能

1）原材料与配合比

项目采用原材料信息如表 12.25 所示：

表 12.25 原材料类型

水泥	水	粉煤灰	硅灰	矿渣	细骨料	粗骨料/mm	减水剂	阻锈剂
P·O42.5	饮用水	Ⅱ级	—	S95级	河砂	10~25	PCA-(Ⅰ)	MS-601

在高性能混凝土耐久性设计、原材料控制、混凝土制备及关键技术研究的基础上,在满足《普通混凝土配合比设计规程》(JGJ55—2011)要求的基础上,提出如表 12.26 和表 12.27 所示的滨海公路跨河大桥各结构部位高性能混凝土建议配合比。

表 12.26 GH-1 标现场施工配合比 单位:kg/m³

结构部位	水泥	细骨料	粗骨料	掺合料			减水剂	水
				粉煤灰	矿粉	阻锈剂		
桩基	252	696	1 043	42	126	—	4.20	151
承台	200	700	1 050	100	100	8	4.00	152
墩身	240	704	1 056	63	118	8	4.20	131
箱梁	240	700	1 050	92	130	8	4.62	140

表 12.27 GH-2 标现场施工配合比 单位:kg/m³

结构部位	水泥	细骨料	粗骨料	掺合料			减水剂	水
				粉煤灰	矿粉	阻锈剂		
桩基	230	731	1 010	63	126	—	4.19	150
承台	198	706	1 059	118	79	7.9	3.95	150
墩身	258	714	1 070	43	129	8.00	4.30	136
箱梁	308	710	1 064	44	88	8.00	4.40	136

2)混凝土性能要求

实验室 GH-1 标和 GH-2 标混凝土配合比采用了高性能减水剂,贯彻了低用水量、低水泥用量、大掺量矿物掺合料、低介质渗透的高性能混凝土配合比设计原则,混凝土工作性能、力学性能和耐久性性能良好。配制的各结构部位高性能混凝土的力学性能与耐久性能均满足设计要求(见表 12.28 和表 12.29)。

表 12.28 实验室 GH-1 混凝土力学与耐久性能汇总

结构部位	强度等级	抗压强度/MPa			氯离子扩散系数/$(10^{-12}\ m^2/s)$
		7 d	28 d	60 d	
桩基	C35	32.5	51.4	—	0.259
承台	C35	31.4	45.3	51.0	0.865
墩身	C45	35.1	56.3	—	0.734
箱梁	C50	45.6	62.8	—	0.573

表 12.29　实验室 GH-2 混凝土力学与耐久性能汇总

结构部位	强度等级	抗压强度/MPa			氯离子扩散系数/$(10^{-12}\ m^2/s)$
		7 d	28 d	60 d	
桩基	C35	31.4	47.4	—	1.440
承台	C35	29.2	47.1	50.9	1.290
墩身	C45	55.2	63.6	—	1.220
箱梁	C50	54.7	65.8	—	1.200

3）混凝土结构耐久性参数

前期基于大桥服役环境进行了混凝土结构耐久性设计。现场施工时，取同一批次的混凝土进行氯离子扩散系数的测试。施工期间对实际混凝土保护层厚度进行定期检测，获得实测的保护层厚度。此外，该项目在部分结构部位使用了阻锈剂，现场施工用钢筋发生腐蚀需要的氯离子浓度为 0.6 mol/L，掺入阻锈剂以后提高到 3 mol/L。滨海公路跨河大桥主桥各部位的临界氯离子浓度、氯离子扩散系数和保护层厚度参数如表 12.30 和表 12.31 所示。

表 12.30　滨海公路跨河大桥 GH-1 标

结构部位	临界氯离子浓度/(mol/L)	氯离子扩散系数/$(10^{-12}\ m^2/s)$	混凝土保护层厚度/mm
桩基	0.6	0.259	75
承台	3.0	0.865	70
墩身	3.0	0.734	70

表 12.31　滨海公路跨河大桥 GH-2 标

结构部位	临界氯离子浓度/(mol/L)	氯离子扩散系数/$(10^{-12}\ m^2/s)$	混凝土保护层厚度/mm
桩基	0.6	1.440	75
承台	3.0	1.290	70
墩身	3.0	1.220	70

12.4.3　桥梁混凝土多目标性能计算分析

1）氯离子扩散系数

依据上述提供的混凝土原材料和四组配合比信息，基于本书第 3 章的构建微结构模块计算方法，计算出水泥硬化浆体的水化产物体积分数如表 12.32 所示。

通过统计水化产物的体积分数,为计算出硬化水泥浆体的氯离子扩散系数提供了基础参数。

表 12.32　GH-1 硬化水泥浆体物相体积分数

结构部位	Φ_{HD}	Φ_{LD}	Φ_{CH}	Φ_{AF}	Φ_{cap}	Φ_u
桩基	0.19	0.08	0.03	0.43	0.19	0.05
承台	0.13	0.08	0.01	0.52	0.21	0.05
墩身	0.21	0.04	0.02	0.47	0.17	0.06
箱梁	0.19	0.03	0.02	0.51	0.17	0.07

表中,Φ_{HD}、Φ_{LD}、Φ_{CH}、Φ_{AF}、Φ_{cap} 和 Φ_u 分别是低密度 C-S-H 凝胶、高密度 C-S-H 凝胶、氢氧化钙、铝酸盐相、毛细孔和未水化水泥的体积分数。基于硬化水泥浆体的物相体积分数以及配合比中骨料的体积分数,使用本书第 7 章介绍的求解氯离子扩散系数的多尺度计算方法,分别计算出硬化水泥浆体、砂浆以及混凝土的氯离子扩散系数,并于不同部位混凝土的电通量和氯离子扩散系数试验结果进行对比,本系统计算结果与报道结果相近,精度较高,如表 12.33 所示。

表 12.33　GH-1 氯离子扩散系数　　　　单位:10^{-13} m²/s

结构部位	硬化水泥浆体	砂浆	混凝土	混凝土实测值
桩基	6.69	14.915	9.31	2.59
承台	7.04	16.89	10.60	8.65
墩身	3.58	6.86	4.11	7.35
箱梁	2.87	5.21	3.18	5.76

2)混凝土结构服役寿命预测

进行耐久性分析,以得到锈蚀概率达到 10% 之前的实际服务年限,即可靠度指标为 1.28。此外,由于氯离子扩散系数实测值为室外表征值,测试温度与环境年平均温度相当,故不考虑温度对离子扩散系数的影响。混凝土结构服役寿命分析所需相关耐久性参数如表 12.34 所示:

表 12.34　混凝土结构耐久性参数

输入参数		GH-1			GH-2		
		桩基	承台	墩身	桩基	承台	墩身
环境	表面氯离子浓度/(mg/L)			$N(3.0, 0.1)$			
参数	γ_s	1.0	1.0	1.0	1.000 3	1.000 2	1.000 2

输入参数		GH-1			GH-2		
		桩基	承台	墩身	桩基	承台	墩身
材料参数	氯离子扩散系数实测值/(10^{-13} m²/s)	$N(2.59,$ $0.01)$	$N(8.65,$ $0.01)$	$N(7.34,$ $0.01)$	$N(14.4,$ $0.01)$	$N(12.9,$ $0.01)$	$N(12.2,$ $0.01)$
	γ_D	1.000 8	1.000 1	1.000 1	1.0	1.0	1.0
	养护龄期/d	84					
	时间依赖系数	0.40					
	氯离子结合系数	0.40					
	临界氯离子浓度/%	$N(0.40,$ $0.08)$	$N(0.40,$ $0.08)$	$N(0.60,$ $0.08)$	$N(0.40,$ $0.08)$	$N(0.40,$ $0.08)$	$N(0.60,$ $0.08)$
	γ_{cr}	1.338 3	1.343 6	1.205 4	1.343 9	1.343 9	1.205 7
构造参数	保护层厚度/mm	75	70	70	75	70	70

基于表 12.34 提供的混凝土结构耐久性参数,结合第 10.2.2 节提供的计算方法,在混凝土结构多尺度性能预测系统 V1.0 的【寿命预测】模块输入上述参数,可得到如表 12.35 所示的混凝土结构服役寿命计算结果:

表 12.35　混凝土结构服役寿命　　单位:年

GH-1			GH-2		
桩基	承台	墩身	桩基	承台	墩身
1202.62	304.54	521.54	203.75	197.59	305.73

经混凝土结构多尺度性能预测系统计算显示,GH-1 和 GH-2 的桩基、承台、墩身的预期服役寿命均远大于 100 年,符合服役寿命要求。

12.5　跨江大桥

12.5.1　服役条件和工程需求

某跨江大桥结构形式为全钢-组合结构斜拉桥,其主梁采用钢-混组合梁。结构性能的提高、自重的减轻、原材料用量的减少,均有赖于工程材料性能的进步。传统钢-混组合梁的不足,主要由钢材和混凝土的力学性能差异所致。为充分发挥钢-混组合梁的优点,混凝土材料应具有抗压、抗拉强度高、弹性模量大、收缩、徐变小等特点。在水泥基材料中,超高性能混凝土是较为符合上述要求的一种材料,具有高抗压、高抗拉等优良的性质。相较于传统的钢-普通混凝土组合结构,高性能轻型化钢-混组合结构具有如下优点:

(1)结构重量轻,跨越能力强,用钢量减少。利用超高性能混凝土强度高、弹模大的特点,在内力相同的条件下,可减小混凝土结构截面尺寸,减轻桥面板重量,减低结构总重,减少恒载应力,提高承载比。

(2)收缩徐变应力降低,桥面板承担荷载比例提高,提升了钢-混组合结构的极限承载力。利用超高性能混凝土低收缩、低徐变的特点,可减小钢结构的收缩、徐变应力,提升钢-混组合结构的极限承载力。

(3)桥面板的抗裂性能显著提升,结构刚度及抗压弯稳定性提高。利用超高性能混凝土抗拉强度高的特点,可提升抗裂性能,提高结构刚度及其抗弯压稳定性。

该跨江大桥工程需要具有优异力学性能的超高性能混凝土材料,不仅具有高强度、高韧性和高耐久性等卓越的力学性能,还需具有以下优势:高弹性模量、低总收缩、低徐变和优良的抗弯拉性能,可通过常规养护获得材料优异性能。

12.5.2　混凝土力学性能

超高性能混凝土原材料均符合《通用硅酸盐水泥》(GB 175)、《用于水泥和混凝土中的粉煤灰》(GB/T 1596)、《建设用砂》(GB/T 14684)、《建设用卵石、碎石》(GB/T 14685)、《混凝土外加剂》(GB 8076)及其他相关标准中对混凝土原材料的性能要求(表 12.36)。

表 12.36　超高性能混凝土配合比

水泥	粉煤灰	硅灰	细骨料	钢纤维/%	水	聚羧酸高效减水剂/%
0.65	0.3	0.05	1.05	3.0	0.16	1.0

注:表中水泥、粉煤灰、硅灰均为占胶凝材料比例;减水剂掺量为胶凝材料的质量分数;钢纤维为体积分数;细骨料为相对于胶凝材料的质量比,水为相对于胶凝材料的质量比。

试验表明超高性能混凝土具有超高的抗压强度和较高的弹性模量,其立方体抗压强度达 169.2 MPa,弹性模量为 54.9 GPa。与普通混凝土相比,抗压强度提高 2.5 倍,抗拉强度提高 4 倍,弹性模量提高 1.5 倍。

12.5.3　混凝土多目标性能计算分析

1）力学性能

图 12.18　混凝土水化微结构

根据超高性能混凝土原材料和配合比信息,结合本书第 3 章的【构建微结构】模块计算方法,建立超高性能混凝土的水化微结构模型,水泥-粉煤灰-硅灰三元体系水化 28 d 的微结构模型如图 12.18 所示。

其次,点击软件【计算细骨料堆积结构】模块,系统根据混凝土配合比自动计算细骨料体积分数,建立细骨料堆积模型如图 12.19(a)所示;然后,点击【计算纤维堆积结构】模块,系统根据纤维体积分数建立其堆积结构模型,如图 12.19(b)所示。

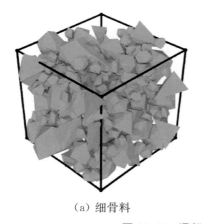
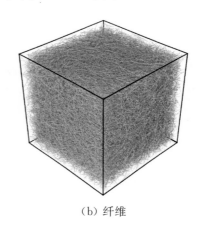

（a）细骨料　　　　　　　　　　　　　　（b）纤维

图 12.19　混凝土骨料堆积结构模型

混凝土水化微结构以及骨料堆积模型建立完毕后,进入超高性能混凝土多尺度力学性能计算模块。点击【加载模型】对所建立的水化微结构模型、细骨料堆积模型以及纤维堆积模型进行加载,其次点击【计算净浆力学性能】分析净浆抗压力学性能,计算得到净浆的抗压强度为 97.4 MPa;净浆抗压力学性能计算完成后,系统自动进入【计算砂浆力学性能】模块,通过施加荷载分析,得到砂浆的抗压强度为 124.4 MPa;砂浆强度计算完成后,系统进入【计算混凝土力学性能】模块,经计算得到,超高性能混凝土的抗压强度预测值为 162.1 MPa,而测试强度约为 169.2 MPa,二者误差为 4.2%。根据该系统,逐尺度计算得到的净浆、砂浆以及混凝土的抗压应力-应变曲线如图 12.20 所示。

2）弹性模量

根据第 12.5.2 中所给出原材料类型、混凝土配合比等信息，结合本书第 6 章的弹性模量模块计算方法，使用软件混凝土多尺度结构与性能预测 V1.0 中的【弹性模量】模块展开计算。各尺度的弹性模量如表 12.37 所示：

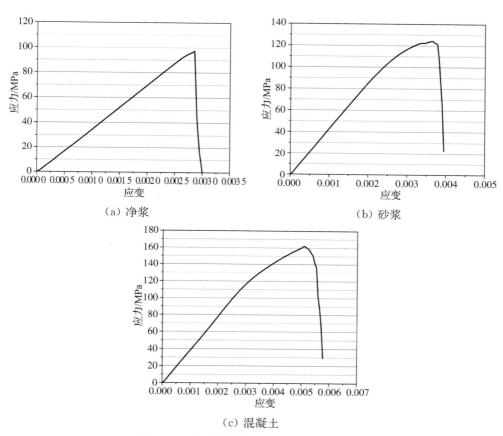

（a）净浆　　　　　　　　　　　　　（b）砂浆

（c）混凝土

图 12.20　超高性能混凝土多尺度力学性能

表 12.37　超高性能混凝土多尺度弹性模量　　　　　　　　单位：GPa

水化物尺度	水泥浆尺度	砂浆尺度	混凝土尺度	纤维混凝土
23.4	32.7	47.8	47.8	49.5

如表 12.37 所示，通过该模块可预测得到水化物尺度、水泥浆尺度、砂浆尺度、混凝土尺度以及纤维混凝土尺度下的弹性模量。比较结果发现，随着尺度的增大，计算得到的弹性模量逐步增大，这是高弹性模量物相不断加入的结果。同时砂浆

尺度与混凝土尺度下的弹性模量值相等的原因在于,该配合比中仅添加了细骨料而没有掺入粗骨料,所以这两个尺度下的弹性模量值一致。最终,通过多尺度方法计算得到的超高性能混凝土弹性模量值为 49.5 GPa,与工程中混凝土弹性模量测量值近似。